U0189562

人类崛起

THE FIVE MILLION YEAR ODYSSEY

[澳] 彼得·贝尔伍德（Peter Bellwood） 著　顾捷昕 译

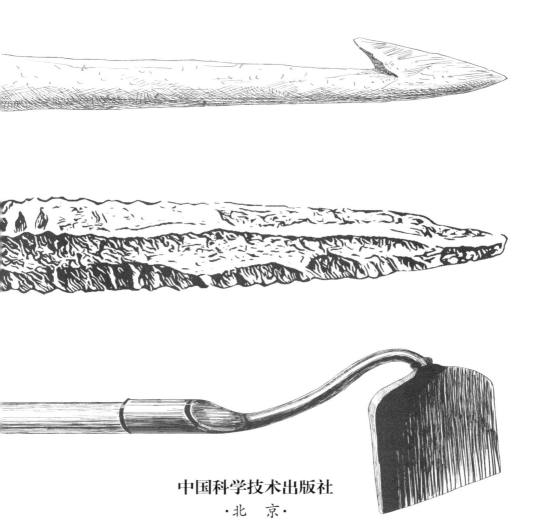

中国科学技术出版社

·北 京·

北京市版权局著作权合同登记　图字：01-2024-0644

图书在版编目（CIP）数据

人类崛起 /（澳）彼得·贝尔伍德
（Peter Bellwood）著；顾捷昕译 . — 北京：中国科学
技术出版社，2024.9
书名原文：The Five Million Year Odyssey: The
Human Journey from Ape to Agriculture
ISBN 978-7-5236-0435-9

Ⅰ . ①人… Ⅱ . ①彼… ②顾… Ⅲ . ①人类进化—普
及读物 Ⅳ . ① Q981.1-49

中国国家版本馆 CIP 数据核字（2024）第 039840 号

审图号：GS（2024）2471 号　本书插图系原文插附地图

策划编辑	方　理		责任编辑	方　理
封面设计	今亮新声		版式设计	蚂蚁设计
责任校对	张晓莉		责任印制	李晓霖

出　　版	中国科学技术出版社
发　　行	中国科学技术出版社有限公司
地　　址	北京市海淀区中关村南大街 16 号
邮　　编	100081
发行电话	010-62173865
传　　真	010-62173081
网　　址	http://www.cspbooks.com.cn

开　　本	710mm×1000mm　1/16
字　　数	326 千字
印　　张	26
版　　次	2024 年 9 月第 1 版
印　　次	2024 年 9 月第 1 次印刷
印　　刷	北京盛通印刷股份有限公司
书　　号	ISBN 978-7-5236-0435-9 / Q·265
定　　价	79.00 元

（凡购买本社图书，如有缺页、倒页、脱页者，本社销售中心负责调换）

谨以此书，献给我的孙辈

伊森（Ethan）、哈米什（Hamish）、利奥（Leo）、

伊斯拉（Isla）和埃利诺（Eleanor），也献给人类的未来。

前　言

几年来，我的家人和朋友一直提醒我：应该面向非专业人士写一本科普类历史书，介绍人类的起源——我称之为"500 万年漫漫征程"。在此我要先做个背景介绍：多年以来，我以专家的身份，写了很多考古学学术报告。由于专业性强，这些报告只有我的同事才能看得懂。我之前多次发表专著，而且其中有一两本也收获了不少非专业读者。尽管如此，写这本书的时候，我还是既郑重，又惶恐，将它视为新的挑战。

虽然这是一本科普书，但是我并不想刻意简化书中内容。书中有些问题相当复杂。毕竟人类行为本身就具有复杂性，我试着深入浅出地探讨这些问题。有些部分我写得格外艰难，我希望这些内容不仅会激发普通读者的兴趣，而且能得到某些同行认可，尤其是那些在考古学领域之外，利用其他学科的专业知识和技能，获取数据和信息并用于人类历史学研究的专家。

我曾是一名考古学教授。其实，自成年之后，我一直为本科生和研究生授课，介绍全世界史前人类获得的成就，但是如今我已经退休。我在东南亚和太平洋岛屿做过很多考古学研究项目，我也很幸运，有机会去世界各地旅游，参观许许多多考古胜地。我希望以后还能探访更多的历史遗址。

做了那么多研究，去过那么多地方，我到底有什么样的心得可以与广大读者分享，激发他们的兴趣，而不至于拾人牙慧，人云亦云呢？我希望，本书能够用历史的观点（或曰"长周期"），综合分析史前和文明期内人类族群的某些行为，其中许多族群至今依然存续。我探讨他们的起源、迁移，以及某些（已灭绝）族群的最终命运。本书从古猿说起，在一个重要的历史节点结束：文明古国范围之外，世界上大部分地区以公元 1492 年为节点。自那以后，世界迎来了空前的巨变，这已经不在本书讨论范围之内。在本书讨论的历史时期内，哥伦布大交换运动尚未开始，世界也尚未历经其后殖民时代的洗礼。

这本书其实也带有浓厚的个人色彩，它不仅介绍我在职业生涯中积累的知识，而且体现我的个人兴趣，也反映出我本人的信念——人类的过去属于我们每个人。我不仅从考古学家的视角探求历史，因为我已经发现，尽管考古学有其无可比拟的优势，但是仅凭考古学的研究，我们根本无法对史前史形成深刻而广泛的理解。我们不仅需要利用基因技术研究骨头化石，还必须关注稍后出现的人类语言，以及我们的祖先对这些语言的重构。我涉猎的领域不止一个，不敢自称在这些方面都是专家。但我坚信，在人类知识的大厦中，依然有足够的空间，让我这样一位作者，就那个永恒的问题——"我们所有人，到底从哪里来？"发表自己的看法。

考古学家如何发现语言和基因？

20 世纪 60 年代，我还在剑桥大学读本科的时候，就迷上了考古学，从此义无反顾，和考古打了大半辈子的交道。当时，考古学以历史和人类学为广泛背景，是一个独立的、实用的研究领域，有自己的理论和阐释体系。如今，考古学成了以科学方式探究历史的多学科网络中不可分割的一部分。科学家利用这一非常广泛的研究网络，凭借考古遗物、语言遗产以及脱氧核糖核酸（DNA）印迹追踪人类族群的历史。如今，越来越多的科学家分析活着以及去世的生物的 DNA，并依据分析结果创造新知。在 20 世纪 60 年代的人看来，这种 DNA 研究和个人计算机以及在线期刊一样，分明是科幻小说式的未来之梦。

1966 年，我做出一个命运攸关的抉择——自那以后，我探究人类史前世界的视角就深受这一决定的影响。那时，伦敦考古学院（Institute of Archaeology）的考古学家克莱尔·高夫（Clare Goff）[1]组织我们在伊朗西部洛雷斯坦省（Lorestan Province）挖掘一个古城堆。当地人称之为"tepe"，我就是现场的考古督导。项目结束之后，1967 年我接受新西兰奥克兰大学（University of Auckland）的邀请，就任考古学讲师。1973 年之后，我又在堪培拉的澳大利亚国立大学（Australian National University，ANU）任职。在两所学校任教期间，我开始游历更广阔的世界，眼光不再局限于欧洲、北非和中东一带。毕竟，我在剑桥大学学习的时候，这些地方才是我的研究重点。无论在奥克兰还是堪培拉，我都遇上了一些志同道合的同事。在这些人中，既有社会考古学家，又有语言学家，还有生物人类学家。我们乐于相互交流，就大家感兴趣的课题开展讨论。还有一点也让我感到幸运：我是考古学教师，而不是学生，所以我有充分的自由去研究那些自己认为重要的课题。

在新西兰，我发现东南亚和太平洋沿海地区的原住民种族是绝好的研究对象。他们的语言丰富多彩，能提供富有研究价值的社会人类学研究样本，其进化过程中的生物变异也多种多样。在那里居住的时候，我依然从事考古挖掘工作。除新西兰之外，我还遍访波利尼西亚热带群岛，其中的马克萨斯群岛（Marquesas Islands）和库克群岛（Cook Islands）更是具备极高的考古价值。但是我的关注点发生了变化，我不再仅仅研究出土文物，而对文物背后的推手——那些曾经存在过的真实的人更感兴趣。我渴望知道他们是谁，他们的祖先到底来自何方。

在 20 世纪中晚期的数十年间，太平洋群岛是研究人类历史的科学家钟爱的考察地点。尽管太平洋群岛各民族也在殖民时代留下了创伤，但是作为健全的、能够发挥各项功能的社群，这些民族一直存续至今。这就意味着，以各族群起源和迁移为重点，对这一地区开展研究，我们就有机会把民族学（对人种和社群的比较研究）、考古学、语言历史学和人类进化史（那时往往被称为"自然人类学"）各领域的发现整合在一起，进行综合考察。

实际上，无论是探险家还是人类学家，都曾对太平洋群岛上的社群进行过细致的观察和忠实的记录。从 16 世纪西班牙的航海家到 20 世纪的人类学家，比如布朗尼斯劳·马林诺夫斯基（Bronislaw Malinowski）和玛格丽特·米德（Margaret Mead），都遵循这一传统。此外，许多太平洋群岛的社群保留着年代悠久的宗谱，还以口口相传的形式诉说祖先的故事。考古学的研究成果又往往为这些故事的真实性提供佐证，每每令科学家惊叹不已。[2] 我感觉整个地区好比一个"实验室"：人们来到空无一人的岛上，他们的后代改变自己以适应环境，并在不算很长的时间内开枝散叶，分流为不同的社群。波利尼西亚和密克罗尼西亚群岛如今依然具备这种吸引力，而西部的新几内亚周边及印度尼西亚境内更大的岛屿，则保留着更久远（史前史研究术语中的"时间深度"）的历史记录，并反映着人类聚居行为的复杂性。

1973 年迁居到澳大利亚时，我扩大了研究范围，不再仅仅聚焦波利尼西亚群岛，还把眼光放到岛屿东南亚地区（包括印度尼西亚、马来西亚婆罗洲以及菲律宾），意在探寻波利尼西亚人和其他太平洋族群的起源。从学科细分的角度看，这些研究可归为两大类：东南亚考古学以及整个南岛语系史。南岛语系是世界上分布面积最广的语系之一，波利尼西亚诸语言都是这一大型语系的分支。之前，我一直对人口史感兴趣，从那时起，我不再局限于波利尼西亚族群史这一专项研究，转而开始考察其周边地区（东南亚、印度和中国各地）的人口历史。目前，我和澳大利亚国立大学保持合作关系，同时和越南境内的同事合作研究考古项目，考察中国华南地区和东南亚大陆境内古南亚语系族群（包括现代高棉人和京族人）以及壮侗语系族群（包括现代泰族人）在 5000 年前至 3000 年前的活动。本书第 11 章将详细介绍相关内容。

我不仅对波利尼西亚和东南亚的人口史感兴趣，过去 40 年间，我还对世界各地早期农业族群的历史有浓厚的兴趣——假定他们四处传播以食物生产为特征的生活方式、语言和基因，他们又是如何做到的呢？20 世纪 80 年代晚期，我逐渐意识到，可以从我从事的南岛语系族群（其中包括波利尼西亚人）史前史的研究中，总结出具有指导意义的基础理论。由于人类采用了食物生产技术，并以之取代在野外狩猎和采集觅食的生活方式，族群人口因此增长，为大范围跨海迁移提供了物质基础，而南岛语系族群的广泛分布正是这一迁移的成果。当然，古代南岛语系人拥有配备舷外托架和风帆的船只，而且他们善于在海上觅食。但是他们之所以能够历经多次航行，敢于冒险，迎接未知的明天，在陌生的地方建立居所，是因为那些可运输的驯化物种（用来生产食物的栽培植物和驯化动物）才是他们最坚强的后盾。这个理论确立之后，具有广泛而深远的意义，其运用范围不限于南岛语系族群，它有三个要点：史前人类获得食物生产技术；其族群在世界各地扩散；其族群传播各自的语言，而各大语系也因此形成。

在过去的 1 万年间，食物生产族群的起源以及随后的扩散状况决定了当今世界大部分地区的人类生物和语言分布格局，具有重大研究意义，但是本书的内容并不仅限于此。在本书中，我试着介绍整整 500 万年来人类漫长的进化历程。在寻根的过程中，我不仅考察我们人类祖先的史前史，而且追本溯源，研究那些更古老，如今已经灭绝的人亚族物种（和人类相似）的历史。在这一历程的起点，即 500 多万年前，地球上出现和猿类似的生物。最后，我们以殖民时代来临前为界，划定终点线。而这些殖民时代族群的后代，组成当今 21 世纪世界的深层结构。

整合多学科研究成果，以重构历史

在成文历史出现之前，到底发生了什么？我们如何得知？又如何抽丝剥茧，对其进行系统研究？当我们欣赏壮观的人类遗址，比如吉萨大金字塔或罗马圆形剧场的时候，我们可能会试着想象：很久很久以前，这里到底是怎样一番景象。如今，媒体（尤其是海量的纪录片）为我们提供了丰富的素材，有助于我们展开充分的想象。这些纪录片生动地再现历史，其中不乏多彩的细节、精美的服饰、讲述者的画外音、以假乱真的表演，以及激动人心的动作。当然，埃及人和罗马人也留下了文字记录的史料。但是，对于公元前 5 万年时一个普通人如何度过生命中的一天，我们能知道多少？根本没有只言片语能从那时流传到现在。

我们对历史了解的程度由时间深度决定。和古罗马相比，我们对史前某个隐蔽角落的生活场景更加缺乏了解。那时文字尚未诞生，历史研究者只能从出土的物件中寻找信息。500 万年前，我们酷似猿猴的祖先行走在非洲热带地区，由于缺乏任何直接信息，我们只能研究他们的骨骼和基因，然后与如今存活的人类的近亲——黑猩猩和倭黑猩猩进行比对，试图重构当时可能发生的场景。在漫长的进化历程中，人类萃取相关信息的方法也越来越先进。开始的时候，我们使用化石和石头工具；如今我们从族群和语言中萃取信息——正是这些族群和语言构成了纷繁复杂的现代世界。

凡此种种，意味着只有进行多学科研究，我们才有可能重构人类历史。四个重点研究领域——考古学、古人类学、遗传学和语言学提供核心数据组，而地球科学、动植物科学以及人类学范畴内的人类社会科学研究负责提供信息和数据，为上述核心数据组提供佐证。

那么这四种核心学科又具体研究哪些内容？考古学家挖掘并记录史前人类在从事文化和社会活动过程中留下的痕迹，并加以解读。在实际操作中，他们挖掘埋藏在地下的历史遗迹和文物，并记录具有历史意义的现存地上古建筑、古代遗址以及古代人类活动留下的其他痕迹。考古学家使用文物定义过去的文化，他们还复原许多经其他领域内的专家处理的材料，比如人类和动物遗骸、植物遗存、土壤样本以及年代测定样本。他们非常关注使用多种地球物理学年代测定方法编制的年代表，能够运用专业技能科学地探究历史文物，以确定它们的成分、来源和用途。

顾名思义，"考古"记录具有碎片化性质，考古文物都是在漫长的历史进程中尚未被完全侵蚀、分解的遗留物。因此，许多考古学家也使用近代或今日社群的人类学记录，通过比较来重构古代社群某些实际上根本不可能外显的特征。

古人类学家分析骨骼和化石（化石也是因地质因素而矿化的遗骨），并且研究多种多样的人亚族物种，其中包括我们自身这一物种，即智人。对人亚族物种进行分类，正是古人类学家用来表达观点的特定方式。人亚族中，许多物种早已灭绝，比如南方古猿、直立人和尼安德特人。但是它们的许多基因，或者通过直系血亲遗传，或者以混血（杂交）方式，留存在我们体内。本书会在之后数章详细探讨这些问题。在古人类学领域内对人亚族进行科学考察的过程中，"物种"和"灭绝"这些概念并非一成不变，也无法一锤定音。

法医人类学家是古人类学家的盟友，他们观察古代骨骼，从中萃取与史前族群的生活方式、病理学和人口概况（如出生率、死亡年龄分布）相关的信息，并记录这些信息。古生物学和法医人类学往往作为相关学科，被归入生物人类学这一上级目录内。

遗传学家则从活着的人类族群中提取血液、唾液或头发做样本；在保存条件合适的情况下，比如一直在水中浸泡，或者周围环境极度干燥，他们还能从古代骨头、牙齿甚至皮肤或头发上提取样本。如今，遗传学家使用特定的古今族群的DNA图谱重构古代全（核）基因组DNA——这也是他们用来表达观点的特定语言。遗传学家特别关注古基因组结构的时空分布。生成人类基因的核苷酸多达千万，遗传学家通过绘图来还原其中发生的突变，用于构建古基因组结构。这些结构有的已经消失，有的还留在我们体内。他们对比古基因组结构，识别由族群杂交或族群混合而出现的、可测定的混合（渗入）现象——其中明明白白地记录着人口历史。

语言学家将语言按语系分类，同语系内的语言有同源的发音、词汇和语法特征（所谓"同源"，意为拥有共同的祖先）；然后，他们仔细比较同语系内的各种语言，并继续细分，将关系密切的语言归入同一子类之中，以此研究各语系的内部历史。语言学家同样关注原始语言和语系的时空分布，识别其中的同源词汇并确认其含义，以重构史前社群和环境。

✦ "史前史"研究

读者很快就会发现，本书很少引用过去5000年间流传至今、使用世界上各类文字系统记录的历史。本书探究的是更基础、更重要的历史——文字出现之前的历史。我认为，使用"史前史"这一概念来指代文字发明之前而人类已经存在的这一阶段，完全没有问题。实际上，如今在这个世界上生存的每一个人的祖先都曾经历过

"史前史"这一阶段。

尽管我有时也使用"历史"一词，泛指自人类起源至今整个时间范围内所有与人类相关的事宜，但是本书重点介绍史前时期的人类族群，即在文明古国使用书面语言之前存在的人类群体。从生物谱系角度看，早在500万年前，人亚族出现，与今天依然存在的大型猿类动物（最典型的就是非洲的黑猩猩和倭黑猩猩）的祖先分开。从那时算起，史前史阶段占据了人亚族历史上99.9%的时间。只有最近的5000年内，我们才享受到文字带来的福利，拥有以书面文件为媒介的历史。而且世界上的大部分地区，直至2000年前，甚至200年前，仍处于史前阶段。

我知道，对某些追求更高伦理标准的人而言，"史前"一词意味着原始、落后。我们很多人看过那些搞笑的漫画，漫画中展示的史前生活无外乎洞穴、嘟嘟囔囔的原始人、刚刚发明出的石轮以及大木棍。但是"史前"这一概念并无贬义。史前未必意味着原始、落后，甚至未必特别古老。人们在史前还以口口相传的方式诉说过去的故事。别忘了，荷马的《奥德赛》就脱胎于口授传说，在荷马改用文字记录这部史诗之前，它已经以口述的形式流传了很多年。如今活在世界上的每个人，都有其史前祖先。而在距今更近的史前晚期，我们的祖先的智力水平和我们并无丝毫差别。每个地区的史前史结束的时间都不一样。埃及和中东有最古老的文字记录，而在有些偏远地带，直至哥伦布时代后期，才出现公之于世的文字，新几内亚高地和亚马孙河流域就是如此。

自书面历史出现以来，人类群体历来对人类的共同历史感兴趣，其中包括史前史。我猜，这种兴趣古已有之。历史界往往认为，古希腊历史学家希罗多德（公元前5世纪）是第一位史书作者。在写作过程中，希罗多德有意识地重构历史（我们如今称之为"真实历史"），而且也屡屡提及文字出现之前发生的事件。世界上许多古老的历史和宗教文献都引用某些方面的历史信息，并且对史前史展开想象，其原因也很明显：广义的历史一直具有无可替代的重要意义。为什么有些人在此地生活，而另一些人则在彼地安家；为什么在此地，某个特定的宗教占有主导地位，而在彼地，另一种宗教势力雄厚？这些都由历史决定。有时候，广义的历史（其中包括史前史）对灾难苦痛、巧取豪夺和战争杀戮加以粉饰，赋予这些悲剧以崇高的意义。有时候，它颂扬人类成就，答疑解惑，而且具有激动人心的力量。

自有文字记录开始，过去 5000 年间，早期的人类历史大多重点介绍统治者及其帝国的作用。但是，5 万年前，从非洲出发，一路走到中东的史前狩猎–采集者可能与埃及法老或罗马皇帝一样对人类造成决定性的影响。在人类族群历史中，任何个体的重要意义都不仅仅反映在其政治地位或军事成就上。即使人们对历史的记录往往并不忠实，有些史实甚至被时代和环境抹杀，但实际上，无论我们居住在地球的哪个角落，我们的所有祖先在创造未来（也就是今天存在的一切）的过程中，都尽了一己之力。

目录

c o n t e n t s

第一幕　人亚族登场

第三幕 智人登场

第1章　追踪500万年来的人类进化历程

⾏ 人亚族500万年间取得的成就

过去500万年间，人类和他们的人亚族祖先从二足古猿进化为主导全球的物种——我们称之为"智人"。当初人类总人口不过数千，如今地球共有80亿人；当初人们使用石头工具，如今80亿人中，许多人的生活已经被手机掌控；当哥伦布时代（1492年）开始的时候，我们的祖先使用的口语至少有8000种，其中大约6500种流传至今。我们以非洲古猿为起点，中间经历许多人亚族物种，然后进化为智人，并且实现了现代技术革命，达到令人目眩神迷的高度。如今我们在全球占据主导地位，但是这种成功却让许多人担忧不已。

这一切是如何发生的？过去500万年（或者更久）间发生的事件不仅浩如烟海，数不胜数，而且太多细节我们永远无从知晓。但是，草蛇灰线，伏脉千里，线索也并不难找。进化和迁移这两大重要进程贯穿地球上所有生命物种的历史，从病毒到鲨鱼无一例外，其中自然包括智人及其祖先。现存物种进化为新物种，而这些新物种的成员在迁移过程中接触并试图适应新的环境条件，又为持续的进化指明了新的方向。

这就是"进化—迁移—再进化"的无限循环，在前进过程中留下持续不断的印迹。这些印迹散布在时空中，像是沉默的见证者，耐心地等待有心人去发现它们并加以解读。理解这些印迹，就能厘清天地之间物种进化传奇故事的脉络。

这些印迹不全是生物特征，其中还包括两大类非生物性的人类成就：其一是考古文化，即史前人类生活方式记录；其二是由相关语言组成的各大语系，它们记录了史前人类的沟通方式。在史前阶段，我们的文化和语言与它们的人类创造者一样，也在不停演变，而且伴随人类走向世界各个遥远的角落。和化石及基因一样，文化和语言也是基础概念框架的一部分——本书围绕这一基础概念框架介绍人类的史前史。

从猿人到农业兴起，人类走过漫漫征程，这一进化历程就是我们的研究重点。本书详细介绍考古学家、古人类学家、遗传学家和语言学家如何辨识过去 500 万年间曾出现的各不相同的人亚族物种，其中包括我们自己，即现代人类物种，以及我们的直接祖先。本书一个最终目的就是帮助读者理解这些远古族群如何对未来造成影响，并共同奠定了我们人类在当今世界上的地位。但是我无意把智人送上神坛，视之为终极完美的物种。许多人都会说，我们配不上这样的赞美。

但是，我们也许还会问：在这漫长的进化过程中，智人到底起到了什么样的作用？首先，以 500 万年前为界。在那之前，我们人类尚未分化为独立的人亚族物种，没有什么独特之处——但是它的某些特征可能已经处于萌芽阶段；在古人类的基因宇宙中，我们人类仅仅是一道毫不起眼的微光，等待着机遇，等待着一朝脱颖而出，步入这个世界，成为新物种。之后我会按照目前已经掌握的知识描述这一物种登场的细节。但是在此我要强调的重点是，与长达 500 万年的人亚族整体的进化历程相比，我们是十分年轻的物种。根据脑形状和大小标准，被确认为接近现代人类状态的最古老的化石头骨仅仅有 30 万年的历史。我们这些活着的人类来自共同的祖先，这一祖先的出生年代也和上述化石头骨相仿，至少，这是遗传学家比较化石和世界上活着的人类族群的 DNA 之后得出的结论。

但是人属至少存在了 200 万年。首先，智人是人属中幸存的唯一物种。人属下原本有数个物种，其中包括直立人和尼安德特人。人亚族则至少存在了 500 万年。智人是出现较晚的具有鲜明特征的独立物种，这意味着，只要年龄和健康状况允许，智人可以和来自世界上任何地方的伴侣自由交配。至于他们在身体特征上的区别，如皮肤或毛发颜色，尽管易于感知，其实仅仅流于表面。

其次，现代人类最终起源于非洲撒哈拉南部，这也是在人亚族进化史晚期才发生的事件。这意味着，所有活着的人类具备的语言、文化创造能力和社群组织能力正是来自最初的智人。正如百年来语言学家、历史学家、人类学家和种族学家记录的那样，在全球范围内，智人运用这些基本能力创建了复杂多元的语言、文化和社群。只要愿意，智人就能够理解、学习和使用别人的语言。如今我们发现，尽管人类族群各有差别，但是所有人在基本行为和智力上都具备共同特征；同理，自现代人类这一物种在非洲出现时开始，直到至少 5 万年前，我们的祖先在旧大陆上游走，活动范围逐步扩大，从南非迁移到澳大利亚，那时他们也已经具备上述共同特征。

所以，如今全世界的人类在物种这一层面具备生物统一性。但是，情况并非一直如此。在智人走出非洲，扩散到其他地方之前，曾有许多不同的人亚族物种同时在旧大陆上漫游。甚至就在 100 万年前的非洲，依然存在多种不同的人属（近缘的物种归合为属）类别。在很长的时间内（比现代人存在的全部时间长数倍），这些各具特色的种属在地球上同时存在，所以他们体现出的多样化程度远远超过今天的我们。毕竟，我们如今观察到的多样性仅限于同一物种之内。所有其他人属物种最终灭绝，仅剩一支当时并不起眼的遗传谱系流传下来，一直延续至今，这一支就是智人谱系。在这些前智人物种之中，有的还和我们的智人祖先杂交，并在此过程中实现基因转移，如今我们身上还保留着这些基因。其中最典型的莫过于欧洲和亚洲的尼安德特人和丹尼索瓦人（Denisovan），本书第 4 章会详细介绍这些人属物种。

　　人亚族进化史至少有 500 万年，从这个角度看，我们无法否认的是，作为智人，我们受惠于远古祖先的成就，凭借"祖上的荫功"成为最成功的、如今独一无二的继承人——长达 500 万年的人亚族生物和文化进化历程成就了我们。正如 150 年前达尔文所说："人类的身体框架之内，依然保留着其低等出身的不可磨灭的印记。"[1] 这 500 万年的历程发生在一次进化分离之后，即人类祖先与如今存活的大型猿类的祖先之间的分化，尤其是与非洲赤道地区黑猩猩亚族（其下有黑猩猩和倭黑猩猩等物种）的祖先之间的分化。[2] 那次分化之后，人亚族的各项特征逐步形成。他们是具备灵长类生命形式的两足动物，不仅能直立行走，而且其脑容量逐步增加。黑猩猩亚族则沿着另一个方向进化，逐步成为如今在热带非洲生存的用指关节行走的黑猩猩和倭黑猩猩。

　　我们和如今在大自然中生存的大型猿类一样，都从古猿进化而来，它们是我们的近亲。贾雷德·戴蒙德（Jared Diamond）曾称我们为"第三种黑猩猩"[3]，但是按照猿的标准，我们脑容量巨大，我们还创造出精彩绝伦的文化。我们的祖先逐步扩散到世界上各个角落，而现存的大型猿类动物（黑猩猩、大猩猩、红毛猩猩）依然在非洲和东南亚热带地区生活，它们的生存条件越来越恶劣。如今全人类人口数量巨大，人类对地球的影响越来越大，让我们为之担忧。尽管如此，从进化的角度看，我们获得了巨大成功。至少到目前为止，我们依然是幸运儿。

脑容量、文化创造和人口数量

　　如何阐释人类在进化历程中获得的全面成功？下文提纲挈领，用历史背景下人亚族在两个方面的成就为例证，再现这一成功历程。第一个就是脑容量扩增，黑猩猩的平均脑容量为 380 立方厘米，而现代人类的平均脑容量为 1350 立方厘米。如图 1.1 所示，过去 350 万年的化石中，保留着人类脑容量增长的记录。在相对而言较短的进化时间内，人亚族脑容量能够实现 3 ~ 4 倍的增长，在哺乳动物史上，堪称奇迹。

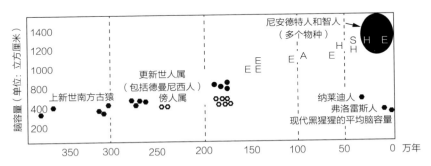

图 1.1　人亚族脑容量（容积）进化年代图。A= 先驱人（*Homo antecessor*）；E= 直立人；H= 海德堡人（*Homo heidelbergensis*）；S= 西班牙骸骨坑人（Sima de los Huesos，取其脑容量平均值）。数据部分来自 Dean Falk, "Hominin brain evolution", in S. Reynolds and A. Gallagher, eds., *African Genesis* (Cambridge University Press, 2012), 145–162）。

物种进化的成功还体现在人类行为上——人亚族文化和社群的复杂性日益增长。图 1.2 是示意图，只选取部分资料，重点展示经考古记录确认的标志着社会和经济组织进步的重大事件。其中包括技术发展（比如，从石头到金属）、食物供给（比如，从狩猎和采集到食物生产）和社会组织结构的发展（从核家庭群体到早期历史上的城邦帝国）。自 1 万年前起，伴随食物生产的兴盛，社会发展速度显然持续加快。

人类进化的成功还体现在第三个方面，即人口数量（估算值）的增加，但是我们更难用示例阐释人口发展史。我们能够从间接信息中推断史前的人口数量，比如，可比较的族群人口密度，不同时

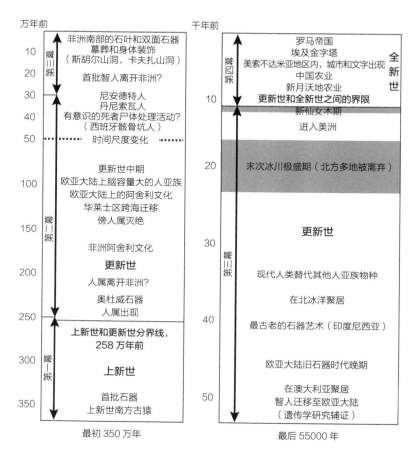

万年前

	非洲南部的石叶和双面石器
10	墓葬和身体装饰
20	（斯胡尔山洞，卡夫扎儿洞）
	首批智人离开非洲？

10 非洲南部的石叶和双面石器
墓葬和身体装饰
（斯胡尔山洞，卡夫扎儿洞）
20 首批智人离开非洲？

30 尼安德特人
丹尼索瓦人
40 有意识的死者尸体处理活动？
（西班牙骸骨坑人）

50 时间尺度变化

更新世中期
欧亚大陆上脑容量大的人亚族
100 欧亚大陆上的阿舍利文化
华莱士区跨海迁移
傍人属灭绝
150
非洲阿舍利文化

更新世
200 人属离开非洲？

奥杜威石器
人属出现
250
上新世和更新世分界线，
258 万年前

300 上新世

首批石器
350 上新世南方古猿

最初 350 万年

千年前

罗马帝国
埃及金字塔
美索不达米亚地区内，城市和文字出现
中国农业
新月沃地农业
10 更新世和全新世之间的界限
新仙女木期
进入美洲

20 末次冰川极盛期（北方多地被离弃）

更新世
30
现代人类替代其他人亚族物种

在北冰洋聚居

40 最古老的石器艺术（印度尼西亚）

欧亚大陆旧石器时代晚期

在澳大利亚聚居
50 智人迁移至欧亚大陆
（遗传学研究辅证）

全新世

最后 55000 年

图 1.2　按照本章介绍的"四幕剧"年代顺序，展示自 350 万年前开始的人亚族文化的演变与发展。第一幕始于 600 万年前，但是早期阶段未见明确的文化活动迹象。图分为两个区域，自左下方开始。注意纵轴线上时间单位的变化，所以图中以 350 万年前为开始。

间点上考古遗址的面积和数量。我们还能测定史前和如今存活的不同族群的 DNA 序列，比较其基因突变频率，并据此估算人口数量。我们认为，人口数量越大，其基因组突变事件发生的频率可能也越高——我们可以使用分子钟测定这类突变事件发生的年代。但是，我无法尝试编制以时间轴为参照的人亚族人口估算数量表，因为其中的不确定因素太多。总而言之，在人类进化历程中，人口数量迅速增长，这才是问题的关键所在。

最古老的人亚族群体人口稀少。12000 年前，全世界总人口可能少于 200 万。自 12000 年前开始，农业生产起步，继而逐渐发展并广泛传播，人类人口数量开始以前所未有的速度增长。到了 2000 年前时，全世界总人口大约已经达到 3 亿。自公元 1 年开始，人口数量骤增，到公元 1800 年达到 10 亿，到如今，世界总人口几乎为 80 亿。

这三种成就都是人类进化成功的例证，但是，它们随时间而变化发展的趋势不尽相同。早在 5 万年前，某些人亚族物种的脑容量就已经达到现代人类的水平，其中包括人类自身的智人祖先和近亲、如今已经灭绝的尼安德特人。与此同时，就文化的复杂性（比如艺术创作，身体装饰，有意识地埋葬死者）而言，人亚族物种也实现了重要进展，但是，直到 12000 年前之后，伴随着农业生产出现，人口数量才真正实现突破性增长。仅仅在 5000 年前之后，在世界上的特定区域，才出现令人瞩目的城邦、城市以及文字系统。在那之前，人类大部分都在以亲缘关系为基础的、信奉人人平等的小社群中生活。

综上所述，过去 500 万年来，人类的漫漫进化历程对我们的世界产生了巨大影响，其程度之深、范围之广堪比地球上发生的任一划时代的变化，比如冰期的来临、哺乳动物的出现。地球科学家西蒙·刘易斯（Simon Lewis）和马克·马斯林（Mark Maslin）指出，在地球 45 亿年的历史上，第一次出现这种情况——地球的未来逐步由单一物种掌控。[4]

🚶 人亚族进化四幕剧

回溯人亚族史前期内发生的事件，我们可以将人亚族进化历程视为依次发生的四幕剧，现简要介绍如下（参见图 1.2）：

第一幕：人属之前的人亚族（600 万至 250 万年前）。

第二幕：人属起源，直至智人化石出现（250 万至 30 万年前）。

第三幕：智人起源，直至农业生产出现（30 万至 12000 年前）。

第四幕：农业生产时代（12000 年前至今）。

第一幕（详见第 2 章）在非洲上演，主角是人亚族。这一阶段始于人亚族祖先与黑猩猩亚族祖先的分化，终于人属（如今存活的我们都属于人属物种）起源时期。本阶段内最重要的事件就是人亚族原型（prototype）的出现——极有可能在撒哈拉以南非洲出现（但是并非所有史前史学家都认可人亚族最终起源于非洲这一假说，参见第 2 章）。人亚族始祖的脑容量小，形似古猿，身体可能常常保持直立姿势，后来具备制造并使用石器的能力。到目前为止，我们尚未发现人亚族原型的化石。根据我们目前掌握的知识，继人亚族原型出场之后，第一幕中的其他演员也陆续亮相，其中包括两个后来灭绝的非洲人亚族：南方古猿属和傍人属，参见第 2 章，二者统称为"上新世南方古猿"。

在人亚族之中，人属的各项特征逐步显现。其中，脑容量的增加尤为重要，属于定义性特征；人属的到来，意味着第一幕的终结。但是，古老的人亚族并非一夕之间就从某一属或某一物种进化为另一属或另一物种。这一进程需要数百万年，不同特征的进化速度也不一样。比如，早在人亚族脑容量尚未出现任何显著增加的迹象之前，或者早在石器的使用之前，直立行走这一特征已经逐步成型。人属的出现并非一蹴而就，也并无确定的、唯一的年代。

250 万至 30 万年前，这出进化戏剧的第二幕在地球舞台上演（第 3、第 4 章），新的人属物种纷纷登场。第一幕中在非洲出现的上新世南方古猿此时逐步灭绝。据我们所知，在第二幕早期，大约 200 万年前，一个或多个人属物种（特别是直立人）离开非洲，迁移至欧亚大陆上易于到达的地区。

走出非洲的另一次重要迁移发生在第二幕晚期。由于此次迁移，新的人亚族物种逐渐在欧亚大陆上扩散，其中有如今已经广为人知的尼安德特人，也有最近在西伯利亚和东亚发现的丹尼索瓦人。还有一些脑容量大的人亚族留在非洲，这些智人在非洲家园继续独自进化。但是只有等到第三幕，我们才能从其骨骸中找到这一物种确实存在的证据。

第三幕（第 5 章和第 6 章）围绕一群新角色展开，他们就是现代人的祖先——靠狩猎和采集为生的智人。经考古学家测定，目前最古老的智人样本所处的年代在 30 万至 20 万年前。头骨形态比较和古 DNA 分析结果显示，这一物种的早期基因起源于非洲南部，时间可能在 70 万年前，但是目前尚未发现来自这一早期阶段的智人化石。

根据目前的考古学和遗传基因学年代的测定结果，在 7 万至 5 万年前，智人进入欧亚大陆。也就是说，科学家能够断定，如今存活的人类族群的祖先当时确实已经扩散到非洲以外的地区。在该课题研究中，还有许多待解之谜（详见第 5 章）。但是我们能够明确的是，进化大剧演到第三幕时，无论在非洲之内还是之外，古代智人存在的时间与其他人属物种（部分）重合，而且与其他人属物种杂交繁殖。欧亚大陆上的尼安德特人和丹尼索瓦人就是其中两个人属物种。

第三幕即将结束的时候，所有这些非智人人属物种都已经灭绝。毕竟，顾名思义，智人就是"智慧的人类"。他们更聪明，繁殖能力更强，在文化和人口两方面具备竞争优势。此外，还有一种可能性，就是人属物种之间的杂交导致上述物种的灭绝。第三幕中，智人还走出非洲和欧亚大陆，在世界各地适于居住的地方（除了偏远的海岛）建立聚居地，其中包括澳大利亚、新几内亚乃至美洲。

第三幕中，现代人类族群的祖先还留下了文化记录。和之前的文化遗存相比，这一阶段的人亚族文化有更丰富的细节。在5万年前之后，他们的文化愈加多彩、复杂。考古学家修复文化遗迹，再现了智人持续发展的文化传统，比如洞穴岩壁和可携带物体上的艺术画，下葬时用作装饰颜料的赭红色矿石，用来装饰身体的石制、骨制珠子和坠饰以及外壳。智人族群会遵循特定的仪式安葬死者，有时候会把手制的饰品或其他物品放进专门为逝者挖掘的墓穴中，供来生使用。除这些文化特征外，此时的智人还一直具备出海航行，进入极寒地带的能力。较之于更古老的人亚族，智人显然具有进化优势。他们的这些成就不容置疑，而且易于辨识，任何智人之前的人属物种都无法与之比肩。

第四幕（第7章及之后各章），即最后一幕始于12000年前的中东，之后在多个其他主要的农业起源地轰轰烈烈地上演，如今依然占据全球舞台。18000年前之后，最后一个冰期结束，全球气候显著变暖。正是在这一时期，第四幕开始，而智人成为唯一的主角。此时，已经分化的、独立于智人之外的所有其他人亚族物种全部灭绝。

此时，通过栽培植物、驯养动物，人类开始生产食物，这就是第四幕中推动人类进化的关键活动。食物生产体系因此萌发，这一体系易于传播，为人类迁移进入新的领地提供了物质基础，继而导致在可以从事农业生产的纬度地区的人口数量骤增。随着人口的增加，社会秩序持续改善，世界上很多地方出现城市和城邦，一系列科学和工业革命随之发生，世界逐渐演变为今日的格局。在这一阶段，世界上各大语系四处扩散，而早期农业和畜牧业人口的迁移又促进了语系的传播。

看完人类史前时期的进化四幕剧，只要愿意思考，任何人都会迅速得出结论：显然，每一幕的时长都短于上一幕。从人类分散和人口数量的角度看，与上一幕相比，进化速度都显著增加。人类进化好比沿着下坡滚雪球，坡度较陡的地方，雪球越积越大，滚落的速度也越来越快；在坡度平缓的地方，势头变弱，但是也不会完全静止。有些气候科学家甚至提出，应该划分出第五幕，取名为人类世，即属于人类的时代。但是，他们并未就第五幕开始的日期达成一致意见，农业起源、工业革命、原子弹的发明等都在候选名单上。

⚐ 人口增长和迁移：为何重要？

已知曾经存在的人亚族种属中，智人在进化战争中幸存，并在大约 3 万年前最终成为唯一的赢家。如今，世界人口依然持续增长，地球上生存资源的可及性又严重不平等，我们因此而背负着沉重的负担。

在现代人类事务中，不断增长的人口一直是推动历史前进的基本因素之一。当然，人口增长有时具有积极作用，有时造成不利影响。人口学家保罗·莫兰（Paul Morland）在其著作《人口浪潮》（The Human Tide）中就曾强调人口增长的意义。不过他的这本专著研究的是文明史，而非史前史。[5] 不断增长的人口数量激励人类迁移，而迁移到了新地方，占据食物产量高的土地之后，人口数量又会进一步增长。在 500 万年的人类进化史中，两者之间强大的共生互利关系一直发挥着巨大的推动作用。而在智人进化阶段，这一作用越发突出。毕竟，迁移是导致人亚族和大型猿类动物分化的重要因素之一。我们的祖先永远地离开了家园。

1492 年，殖民时代开始。而在那之前，现代人类即智人历经了两个前所未有的世界范围内的大迁移时期，最终导致人口显著增加。第一个发生在第三幕晚期，当时智人走出非洲，成功进入世界其他地区。自5万年前开始，我们的智人祖先经过一系列持续不断的迁移，先是以非洲为起点扩散，取道欧亚大陆进入澳大利亚和新几内亚。在15000年前迁移活动达到高潮，他们从亚洲东北部出发，最终在美洲建立聚居地。这一时期内的世界人口总量显著增长，新聚居地疆域辽阔、资源潜力丰富构成其中部分原因。

人口骤增的第二大时期发生在过去12000年间，其根本原因也是人口迁移，以及迁移过程中食物生产体系的扩散。有些农耕者和游牧者一边迁移，一边把食物生产方式传播到很远的地方。当然，整个迁移历程十分漫长，需要数世纪或数千年的时间。由于这一次次的迁移和许多现存民族与语系的起源及历史有关，所以在500万年的进化历程中，这些发生在第四幕的迁移对当今世界上的数十亿人有直接的影响。只要认真思考一下，为什么英国人和澳大利亚人都说英语，土耳其人说土耳其语，新西兰原住民说毛利语，亚利桑那州的印第安原住民说纳瓦霍语，我们很快就会发现，频繁的人类迁移就是背后的推手之一。

上文已经介绍了人类进化四幕剧中的演员，另外两个重要事项也不容忽略：舞台和时钟。

世界大舞台

在人类进化过程中，环境背景并非一成不变。毕竟，在过去260万年间，即更新世和全新世地质年代（详见第3章）期间，地球表面和大气受气候变化的周期性影响。极寒的冰期和极暖的间冰期交替出现，每一周期大约为10万年。而今日世界上招人喜爱又令人害怕的气候，就和那时的间冰期类似。每当周期交替的时候，气温、雨林地区的分布，以及全球海平面的高度都会出现大幅度的波动。其中，海平面的变化高达 130 米，相当于一座 35 层建筑的高度。

目前，全球海平面已经接近 12 万年以来的最高值。让我们想象一下，如果冰期来临，海平面下降 130 米，巨大的冰层从北极一直往南延伸到纽约和伦敦等地，那么世界海岸线会是怎样一番景象？外海地区海平面变化会对全世界造成影响：当大陆架因海平面太低而露出地面，各大洲边缘会形成平坦的海岸平原，世界上所有大型河流三角洲地区都会变成狭窄而深陷的河道，人们可以从好望角沿陆路一直走到合恩角，中间只需跨过几条河流。由于白令海峡已经干涸，所以亚洲和阿拉斯加州相接，婆罗洲岛、巴厘岛和马来半岛连成一片。这些史前大陆桥轮廓参见地图 3.1、地图 5.1 和地图 6.1。

当然，我们还能继续想象，在温暖的间冰期气候条件下，冰层融化，洪水汇入海中，海平面转而上升 130 米，又会发生什么。无论海平面上升还是下降，都会对海岸造成巨大影响，特别是在变化速度相对较快的情况下，这种影响尤其深远。在长达 260 万年的更新世期间，我们的祖先经历了多次冰期和间冰期的周期变化。冰川来来去去，海平面升升降降，他们则努力适应周围环境，来回挪移熬了过去。

如今，这一轮温暖的间冰期气候因人类活动而延长，后果我们无从知晓，所以许多人开始怀疑人类未来会变成什么样子。更新世的气候更替周期让我们能够从漫长的历史视角看待当今人类行为的后果。我不会宣称自己是气候科学家或政治家。但是我必须申明：我和很多人一样，担心目前的气候变化趋势，因为地球已经因此被推向百万年来最温暖的时期。

年代鉴定方法

在开始回溯人类进化历程之前，我们还需把最后一个重要事项弄清楚。要理解人类的过去，我们需要确切的时间表，以明确我们想要研究的许多古代族群存在的年代，以及重要事件发生的具体时间。显而易见，若是有一件特定的化石，要弄清楚它到底是上新世南方古猿化石，还是尼安德特人化石，又或者是现代人的化石，那么一定要弄清楚它的年代，是 200 万年前，20 万年前，还是仅仅 2 万年前？不仅化石，同一遗址中出土的所有石器，还有所有重要的历史遗存的年代测定都非常重要。要想准确解释这些遗物的来历，避免混淆，我们必须清楚它们的实际年龄。

所以，既然我们明明知道，即使最精确的日期也总是有统计学意义上的实验室误差，只能尽量缩小误差范围，那么又如何明确"绝对"日期（按照阳历年份确定的日期）？在这里，我必须抑制住冲动，不向读者一一解释在研究更古老的、完全没有文字记录留存的人类历史过程中，科学家们使用的所有年代测定方法，包括他们的实验室技术和统计学计算方法。如果读者希望了解科学家如何利用沉积岩中的古地磁极性变化记录测定年代，或者如何使用放射性碳法（又称碳–14 测年）、钾氩法（potassium–argon）、铀系法（uranium series）、电子自旋共振法（electron spin resonance）、光释光法（optically stimulated luminescence）、宇成核素法（cosmogenic nuclide）等（这些只是目前研究文献中运用最广泛的部分主要技术），通过测量不同原子颗粒的变化状态来判断遗存物的年代，那么必须自行寻找答案。本书中，我只能介绍使用这些方法测定年代而得到的实际结果。

此外，考古学研究并非鉴定史前史遗迹和遗物绝对年代的唯一手段。遗传学家能够读取多种不同的分子钟，用来计算相关族群和物种之间相对于其共同起源时期存在的时间跨度差异。语言学家可以观察历史记录中单个语言和词语的变化速度，并以此为依据，计算相关语言的大致共同起源年代。但是，与考古学和地球物理学年代鉴定一样，其中大多数方法非常复杂，而且需要使用非常专业的统计技术，所以无法在此详细解释。

在这里，我的主要目的是探讨当科学家把年代鉴定结果交还给史前史学家的时候，我们应该如何解读这些日期——要考虑其中牵涉的不仅有可能的实验室误差或计算错误，还有古代的历史背景。如今，实验室误差或计算错误并非造成不确定性的重要因素。但是古代历史背景是最重要的基础信息，而且它包括两个方面：第一是沉积背景；第二是从被测定的材料看，测定结果是否为直接日期。

第一个方面涉及沉积的历史背景，即作为测定对象的物体何以遗留在其所在地，也就是它被科学家发现，重见天日，并且成为研究对象的地方。沉积可分为一次沉积和二次沉积。如果一座墓穴中有一个保存完好、未曾被移动过的人类骨架，骨头在关节处依然保持连接，那它就处于初始背景中。如果它距今不到 5 万年，只要骨头中的胶原蛋白含有足够的碳组分，那么就可以采用放射性碳法直接测定它的年代。但是如果在坟墓中，除了这副骨架，旁边还有一块木炭，那么这块木炭未必处于初始背景中。除非有迹象表明，负责下葬的人在葬礼仪式期间有意点火，留下这块木炭；否则，掘墓者可能是从更深的地层处挖出了这块木炭，回填墓穴的时候又把它放回去的。也就是说，在被埋葬的人死之前的数千年，这块木炭已经留存在地层深处。

再举一个例子，假设我们在更新世河流沉积层中发现一块石器或化石头骨，如果石器是在使用过程中，直接由其使用者或主人放在当时正在形成的冲积平原环境中，那么这一遗物就处于初始背景。但是必须考虑另一种情况：沉积物早已形成，只是由于自然力而在当地再度沉积。所以工具或头骨可能与周围沉积物处于同一年代，但是也可能两者之间存在数千年，甚至数百万年的年代差异。研究过程中，只有结合地层地貌的专业知识，才能得出正确结论。

第二个方面是直接和间接年代测定之间的区别。比如，采用放射性碳法测定人骨架上的骨头的年代，这显然是直接测定——即使这些骨头取自曾经被二次移动过的环境背景。如果实验室对其年代的测算正确无误，那么无须考虑骨头出土的具体地点，得出的结果自然也是这副骨架主人的死亡时间。如上文所述，对该骨架旁边的一块木炭做年代鉴定之后得到的结果，相对于这块木炭就是直接日期。其正确性有保证，却未必适用于骨架。因为对于该骨架而言，这一结果是间接日期。

用来进行年代测定的材料本身也会引发争议。石器、陶器或金属器物的测定结果往往是间接日期，因为对这些非有机物进行年代测定往往有一定的局限性。科学家无法测定人类工匠到底在什么时候实际制造这些器物，测定结果只能是它们作为原材料的地质年代。但是，对于那些碳含量符合标准的有机物而言，完全可以采用直接年代测定方法，比如骨头、木炭以及包含其他放射性矿物质的沉积物。数十年来，在人类史前史的文献中，科学家声称，以出土文物样本年代测定结果为依据编制的年代表是正确的，但是质疑之声不绝于耳。

如果某位科学家混淆了历史背景，导致年代测定结果有误，那他本人可能就会被误导，在很长时间内都没有机会被纠正。在没有更多考古发现用作参照的情况下，其他科学家更是会深受其害。但是更常见的情况是，很多科学家会研究同一主题，新发现层出不穷。那些曾经发表过但其实不正确的年代表就成为与主流成果相左的个别异常值，自然无法令人信服。当我们借鉴那些与史前人亚族及其文化产品相关的研究成果时，一定要谨慎判别其中的"绝对年代"。当然，我们的质疑也应该以翔实的信息为基础。

第一幕
人亚族登场

第2章 人类起源

黑猩猩亚族（黑猩猩和倭黑猩猩）的祖先和人亚族祖先分化之后，人亚族开始了数百万年的进化历程，本章聚焦人亚族在起始阶段的进化史。显然，分化本身也是一个缓慢的过程。科学家最新的研究成果显示，这一分化可能发生于 960 万至 650 万年前。[1] 我们因此来到漫漫进化历程的第一幕，整个进程大约在 600 万至 250 万年前（详见第 1 章）。本章详细介绍上新世南方古猿，然后带领读者沿着人类的漫漫征程前行，最后抵达第一幕的终点：人属——也就是我们自己——早期物种在非洲出现。

第一幕中，有两个课题最为神秘：人亚族祖先如何最终与黑猩猩和倭黑猩猩的祖先分开，各自走上不同的进化道路？最早的脑容量大的人属族群在什么地方，从哪一个上新世南方古猿的谱系分支中出现？目前，我们无法给出简单明确的答案。

🚶 人亚族起源之谜

如果要把这个问题解释清楚，我们怕是要从约 30 亿年前地球生命的起源说起，一直讲到今天。其中有无数个生命形式环环相接，无数化石可做佐证。光写这一个答案估计就能出一部大部头的专著。本章从较近的时候讲起，即中新世末期。这一地质时期从约 2300 万年前持续到约 530 万年前。

中新世结束时，我们人类独特的进化历程才刚刚开始。我们的祖先逐渐摆脱了四足古猿的生存方式，"人"这一物种独有的特征日益明显。当时，在非洲热带某个地方，曾住着一只猿，它是人亚族和黑猩猩亚族共同的祖先。后者是自然界中幸存的与人类亲缘关系最近的物种。虽然大猩猩也和黑猩猩以及人有共同的祖先基因库，但是在进化谱系图中，大猩猩的分化年代更早。

　　现存的两个黑猩猩亚种分布在刚果河以北中非地区和西非地区，其栖息地点较分散。并无化石记录表明，黑猩猩过去曾经在距离今日家园很远的地方活动。黑猩猩善于爬树，行走时用指关节支撑，在地上保持下蹲姿势。如地图 2.1 所示，与黑猩猩同属的倭黑猩猩居住在刚果河以南更隐秘的地区。显然，大约 170 万年前，刚果河形成了一道天然的屏障，把这两个有着共同祖先的物种分隔开

地图 2.1　非洲大陆上与人属出现之前的人亚族物种相关的遗址，以及目前黑猩猩亚族在非洲的分布情况。

来。[2] 这两个物种都是非常聪明的群居动物。从性关系的角度看，黑猩猩群体中，存在由雄性主导的等级制度；而倭黑猩猩群体成员之间的关系相对平等，交配方面也无任何禁忌。

和黑猩猩亚族不同，早期的人亚族（其中中新世南方古猿是为人熟知的物种）在脑容量方面保留了猿的特征，但是在其他方面逐步进化。时间越长，其人亚族特征越明显，比如保持直立姿势，能用手握东西，下颌和面部的形状也更像人类。人亚族祖先还实现了惊人的地理意义上的成就。最迟在370万年前，非洲所有适于居住的地方似乎全都成为他们的领地。至少在撒哈拉以南，他们占据所有可居住地区。黑猩猩亚族和大猩猩亚族虽然是他们的近亲，但是长期固守家园，从未离开非洲西部和中部的热带林区。

早期人亚族的特征

猿猴是如何演变为人亚族的？要回答这个问题，首先得想想，我们这些活着的现代人，到底有哪些身体特征？黑猩猩亚族和大猩猩亚族都是我们的近亲，我们和它们之间有哪些区别？与猿类动物相比，我们有5个非常明显的特征。

其一，人类是二足动物。无论站着、慢走、大步走乃至奔跑过程中，我们的双手都是自由的。黑猩猩和大猩猩的双足偶尔也能直立，但是在地上移动时，它们总是保持下蹲的姿势，用指关节支撑。它们不具备只用两条腿就能长途奔走的技能。有意思的是，早在人亚族脑容量尚未出现任何显著增加的迹象之前，直立行走这一特征就逐步显露，这显然是进化过程中首个重大的身体变化，预示着人亚族的到来。图根原人（*Orrorin tugenensis*）化石出土于非洲肯尼亚，它可能是最古老的人亚族的股骨碎片，科学家测定其年代为600万年前。其股骨形态表明，当时图根原人已经能保持直立姿势，但是其脑容量可能依然与黑猩猩相当。

考古学家还在坦桑尼亚的莱托里发现，350 万年前，中新世南方古猿在硬化的火山灰里留下了脚印；他们又在埃塞俄比亚阿法尔地区的哈达尔遗址中，发现 320 万年前的女性南方古猿"露西"（Lucy）留下的部分骸骨。此外，南非还出土了最古老的中新世南方古猿遗骨化石。所有这些都证明，中新世南方古猿确实具有直立行走的特征。露西能够直立行走，其骨盆和人类相似，但是脑容量只有 400 立方厘米，仅仅比黑猩猩亚族平均脑容量稍大一点。用现代人类的标准看，中新世南方古猿的身材如孩童一般。露西高 1.1 米，体重约为 29 千克（略轻于黑猩猩）。图 2.1 是露西和一位早期人属女性的比较图，后者生存的年代比露西晚 150 万年。

其二，与黑猩猩亚族乃至所有其他哺乳动物相比，现代人类脑容量更大（如图 1.1 和图 2.2 所示）——不仅绝对容量超过其他哺乳动物，大脑与体重的比值也更大。黑猩猩亚族的体重是现代人类平均体重的 75%，但是其脑容量仅为现代人类的 25%（黑猩猩亚族脑容量约为 350 立方厘米，人类为 1350 立方厘米）。但是，脑容量的进化大部分发生在人属起源之后。在过去 200 万年间，人类脑容量显著增加。南方古猿属和傍人属是更早的人亚族下的两属，他们的脑容量和黑猩猩亚族极其相似。由此可见，从进化时间看，脑容量大的这一特征落后于直立行走的特征。

其三，我们的大拇指可以与同一手掌中其他每个手指两两相对，捏合在一起。有了这个技能，我们才能制造出神奇的器物，其中既有石器，又有精美的艺术作品。此外，我们还能弹奏各种乐器。猿类动物，其中包括黑猩猩亚族，无法如此精准地抓取物体，但是它们能娴熟地用双手和双脚抓住树枝。跟脑容量大（这一特征）类似，人亚族精准抓物的能力也是在直立姿势最先出现之后很久才开始发展的。但是观察露西的骨架（复原模型），我们不难发

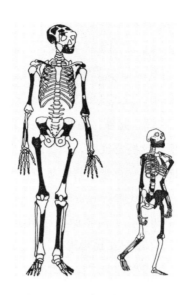

图 2.1　右边是露西的骨架，由科学家复原而成。露西出土于埃塞俄比
　　　　亚阿尔法地区哈达尔遗址，是距今 320 万年的女性南方古猿。左
　　　　边是早期更新世人属的重塑骨架，这位女性出土于肯尼亚图尔
　　　　卡纳湖（Lake Turkana）畔的库比福勒遗址，距今大约 170 万年。
　　　　图中黑色部分都是留存至今的遗骨。图片引自 Milford Wolpoff,
　　　　Paleoanthropology, 2nd ed.(McGraw-Hill College, 1999)，为书中第
　　　　136 幅图。

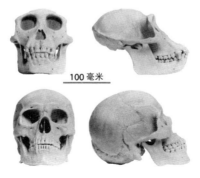

100 毫米

图 2.2　黑猩猩与现代人类颅骨之比较。现代人类的头盖骨更大、更高，
　　　　更接近球形，眉骨不突出，面部内陷，更平坦，犬齿较小，下巴
　　　　突出。头骨模型为澳大利亚国立大学考古和人类学院收藏品，照
　　　　片由玛姬·奥托（Maggie Otto）拍摄。

现，早在中新世南方古猿时期，这一特征就有萌芽形式出现。

其四，人亚族的咽喉经逐步进化，能够发出一系列复杂的声音，我们称之为"口语"。恩格斯认为，语言、劳动、直立行走以及可捏合在一起并精准抓取的手指（恩格斯原话为"自由的手"）这四项因素把人类从与猿猴类似的状态中解放出来。[3] 1884 年，恩格斯指出，双手自由便可以劳动，而劳动又是一种交际活动，所以人类在劳动时必须使用语言和对方交流。因此，语言这项人类（尤其是现代人类）的基本特征逐步形成。人类不仅拥有身体、脑子和双手，还利用语言和数千乃至数百万同胞合作，创造社会和文明。用人类学家的术语说，这就是"文化"。上新世南方古猿存在的时期与在非洲出土的经有意敲击制成的片状石器的年代重合，由此看来，他们可能是最早开始创造文化的人亚族。

其五，与其他灵长类动物相比，现代人类显然毛发最少。寄生在人类阴毛和头部的虱子具有独立的进化历史。这表明，约在 300 万年前时，在同黑猩猩亚族彻底分化之后，某些人亚族物种，或者（至少是）那些人属的直接祖先的体毛开始脱落。之前，他们的体毛不仅浓密，而且遍布全身，与阴毛和头发浑然一体。科学家提出，体毛脱落之后，在热带非洲白昼的高温环境中，人亚族可以通过排汗更高效地散热。由于人亚族可以直立行走，他们在周围环境中移动时，其裸露的、无毛发的身体与阳光垂直相交，但是其头皮又被毛发覆盖，能够保护他们不受太阳辐射的伤害。在白天酷热的时候，许多其他大型捕食性哺乳动物正在休息，因此人亚族的这一特征确保他们能在白昼活动，提高了狩猎觅（肉）食的效率和安全性。[4]

上一个问题解决之后，下一个问题随之浮现：这些人亚族的特征如何形成，又是以什么为基础演变而成的呢？

∮ "遗漏的一环"——人亚族和黑猩猩亚族神秘的 共同祖先

在普通大众看来，至少，在那些已经认可达尔文进化论（达尔文观察大自然后提出，类人猿是人类的祖先）的大众看来，"遗漏的一环"——猿人过渡环节一直是人类进化史中最激动人心、最神秘的话题。其实，一代又一代的古人类学家前赴后继，寻求踪迹，如今基本认定：上新世南方古猿及其祖先可能就是之前遗漏的一环，即人猿过渡物种。这的确是惊人的成就，但是其中也掺杂丑闻。

1891 年，丹麦解剖学家尤金·杜波瓦（Eugène Dubois）在爪哇中部梭罗河（Solo River）岸边的特里尼尔（Trinil）遗址内挖出一副颅骨，他后来称之为"爪哇直立猿人"（*Pithecanthropus erectus*），如今考古学家称之为"直立人"。而"直立人"有可能正是所谓"遗漏的一环"。它也是第一个大致符合条件的候选物种。当时，科学家围绕脑容量小的"爪哇人"展开激烈的讨论，但是众说纷纭，并无定论。之后，1912 年，考古界又迎来一项新发现。当时，在英格兰南部皮尔丹（Piltdown）的一个砾石坑中，出土了一副大脑颅骨，还有和猿类似的下颌。"皮尔丹人"一经发现就引起了热议。有科学家认为，它才是"遗漏的一环"，真正的猿人过渡物种。如果情况确实如此，那么和"爪哇人"不同，"皮尔丹人"的脑子已经进化，这是否意味着，早期人类的脑容量已经变大？但是当时人们并不知道，所谓的"皮尔丹人"其实是一场骗局。它其实是一副现代人的颅骨，被人配上了处理过的红毛猩猩的下颌。

令人惊奇的是，科学家们花了 41 年的时间（到 1953 年）才戳穿这一骗局。尘埃落定之后，全世界的古人类学家想必都长舒了一口气。自从首个上新世南方古猿的颅骨于 1924 年在南非的汤恩

（Taung）出土以来，"皮尔丹人"显得越来越可疑。直至进化后期，人亚族脑容量才逐渐增大，"皮尔丹人"脑子大，但是下颌处于原始状态。上新世南方古猿的脑量小，其下颌和牙齿却已经具备明显的人亚族特征，杜波瓦发现的爪哇人就是如此。他们和冒牌货"皮尔丹人"相差甚远，皮尔丹人因此退出历史的舞台。

但是上新世南方古猿只能告诉我们人亚族进化史第一幕后期的故事。遗憾的是，到目前为止，任何人都没有发现黑猩猩亚族和人亚族共同的直接祖先的遗骨，也未发现经确认来自黑猩猩亚族祖先的任何化石。只有当化石记录表明，这一物种具备这样的身体特征，既能进化为用指关节支撑身体行走的黑猩猩亚族，又能进化为直立行走的人亚族，才会成为令人信服的候选物种，才有可能填补上"遗漏的猿人过渡环节"。20 多年前，古人类学家米尔福德·沃尔波夫提出：一种擅长爬树的小型非洲灵长类可能就是人亚族和黑猩猩亚族的共同祖先。它的体重应该在 35 千克左右，比现代黑猩猩的平均体重轻，身体大小应该和上新世南方古猿（比如露西）类似。[5] 这种灵长类动物可能像现代黑猩猩和大猩猩那样，能在大树顶部随意移动，而不是像长臂猿和红毛猩猩那样，把身体挂在树枝上，如荡秋千一般来回摇摆。

无巧不成书，就在 2020 年我写到这一章时，《自然》杂志上刊登了一篇文章，介绍德国南部一个黏土坑出土的小型猿类动物化石，距今大约 1160 万年，地质时期为中新世。[6] 这种古老的灵长类物种被科学家取名为"丹努维乌斯·古根莫西（*Danuvius guggenmosi*）"，其体重在 17 至 31 千克。发现该化石的考古学家认为，这种动物能够在地上保持双足直立的姿势，其双脚相对扁平，又可以在树杈上行走，手脚都能抓握物体，同时还擅长攀爬。所以，他身上兼具人亚族和黑猩猩亚族的潜在特征。文章作者用业内术语"不仅会爬树而且能直立行走"描述这一物种的特殊能力，并提出了这样一种可能性：它也许正是人亚族和黑猩猩亚族的共同祖先。实际上，丹努维乌斯的挖掘者，德国古人类学家马德琳·博姆（Madelaine Böhme）甚至提出，距今 700 万年前，人亚族直立行走特征的进化主要发生在欧亚大陆上，而不是非洲。[7]

丹努维乌斯的出土的确引人深思，但是也有权威专家质疑：该物种尚未进化到能够直立行走的状态，它可能只是树猿（arboreal ape）亚族的某一物种。[8]黑猩猩亚族和人亚族真正的共同祖先应该处于"合适的"时间段内：960 万年前至 650 万年前。对研究者而言，这依然是个未解之谜。

∮ 人亚族和黑猩猩亚族分化

本节内容以如下假设为前提：人亚族的进化在非洲发生——这也是大部分古人类学家的共识。毕竟，非洲大陆是人亚族遗址分布最集中的地方。自 500 万年前以来的人亚族进化更是在非洲大陆上留下了大量证据，几乎让人无法质疑这一假定。那么，黑猩猩亚族祖先和人亚族祖先如何逐渐分化，形成两个不再互通的基因库，并各自走上独立的进化历程，逐渐形成新物种？

最简单的答案就是，中新世后期，在非洲热带丛林中，有一群黑猩猩亚族 / 人亚族的祖先和他们的亲戚分离，流落到其他地方。也许其中有几个成功地跨过一条宽敞的河流，就像 170 多万年前，有些倭黑猩猩的祖先显然在旱季延长的时候穿过刚果河，从此和黑猩猩分化，形成了新物种。[9]黑猩猩亚族不经常游泳，如果最初的人亚族也是如此，那么这个解释就有可信度。之后，由于经历基因突变、选择和漂变（genetic drift）[10]等进化过程，分离的族群之间不可能产生具有生育能力的后代。即使这些族群的后代有朝一日再聚在一起，从基因角度看，它们也不存在繁殖具有生育能力的后代的可能性。如此一来，就会形成这样的两个物种：从生殖角度看，它们泾渭分明，各自独立，但是它们从同一个物种进化而来，有共同的祖先。

我们也许会问，需要多长时间，才能从一个共同祖先中分化出两个中等大小的灵长类物种，致使这两个物种完全实现生殖隔离，或者通过首代不孕确保生殖隔离（比如驴骡和马骡，就是马和驴的后代，它们都无法生育）。根据近期哺乳动物化石比较研究成果和分子钟相关资料汇编，我们做出估算：这一过程可能需要 100 万到 200 万年。[11] 但是，黑猩猩和倭黑猩猩可能也经历了很长时间的分离期，如果把他们放在一起，这两个物种依然可以交配，并繁殖后代。

人亚族到底历经多久的进化时间，才成为完全独立的新物种？实际上，我们根本无法准确回答这一问题。毕竟，人属之中，所有其他物种如今都已灭绝，只有智人存续至今。我们找不到现存的人亚族近亲（虽然黑猩猩是我们的近亲，但是他们不属于人亚族），无法通过比较找寻答案。说起比较，古 DNA 研究成果显示，智人和尼安德特人至少花了 70 万年，甚至 100 万年，才由一个共同祖先族群分化为两个物种（详见第 4 章），但是他们可能依然具备繁殖后代的能力。就在 45000 年前，欧亚大陆上，尼安德特人仍然和智人混杂交配，将部分尼安德特人基因转移到现代人类族群中。直到今天，现代人类族群中依然存在占比很小的尼安德特人基因，表明这两个物种的混交后代具备再生育的能力。人类进化故事中，物种界限并非一成不变，起码我们观察到各物种之间存在基因交流现象。但是与其他人亚族物种相比，有些规模特别小的人亚族物种（之后我们会加以介绍）属于例外。经过长期隔离之后，这些超小型物种与其他人亚族物种之间无法实现基因交流。

实际上，科学家普遍认为，人亚族和黑猩猩亚族祖先的分化不可能一蹴而就，更有可能是一个长期而且时断时续的过程。它们的基因库时而分离，之后又再次混合。毕竟，在非洲热带地区大背景中，环境阻碍有时严重，有时又会缓解。由于分化发生在一个连续疆域之中，也就是说，我们考察的是"同域"（sympatric）物种生成的过程，由单一的物种分化为两个或多个生殖隔离的基因库。这可能是个时断时续的过程，也许经历数百万年的分离、再杂交和再分离的循环，只有当基因混合停止的时间足够长，生殖隔离得以强化，才能实现无法逆转的分化。鉴于以上因素，我们估计，人亚族和黑猩猩亚族大约花了300万年实现分化（960万年前至650万年前），最近的遗传学和统计学建模也支持这一结论。[12]

飞离旧巢：人亚族起源

化石记录表明，最迟在500万年前，即上新世之初（地质时代中，上新世始于530万年前，终于260万年前），人亚族祖先族群确实已经从猿类近亲中分化出来。关于这些最古老的，已经确认的人亚族，我们获得的最基础的知识来源于东非热带地区——那里出土的这一批化石的年代大多在500万年前至350万年前。到370万年前时，南非也出现了人亚族的踪迹。[13]

东非化石来自东非大裂谷（如地图2.1所示）中裸露的沉积物。东非大裂谷是板块运动（由大陆板块移动引起）造成的一系列幽深的断层线，全长3000千米。东非大裂谷始于黎凡特南部的约旦河谷，穿过红海海底，进入阿法尔地区（阿法尔三角地带），而非洲和阿拉伯半岛之间的曼德海峡又位于阿法尔三角区腹地；东非大裂谷继续往南延伸，穿过东非湖区，直抵赞比亚和马拉维（Malawi）。东非大裂谷真正位于东非的部分包括数个大型湖泊。数百万年前，这些湖泊水岸边有丰富的食物，那里正是人亚族出没的地方。在所有可能会吸引人亚族的环境（景观）特征中，长年不断的水源肯定是其中最重要的一个因素。

东非大裂谷还有丰富的火山活动历史，这就意味着，那些埋藏化石的地质层与火山沉积层相互交错，而地质学家可以使用钾氩法以及其他地球物理方法测定这些交错地层的年代。火山年代表能够为非洲人亚族史前史早期阶段提供基准时间线。在这一环境背景下，我们在史前河流和湖泊留下的层状沉积物中，发现了多个人亚族的化石遗骨，而这些人亚族的直立行走特征越来越明显。人亚族祖先俱乐部中，首批可能的成员属于两个中新世晚期的物种，乍得沙赫人和图根原人。500 万年前，他们分别在乍得和肯尼亚居住（至少，目前为止，科学家仅在这两地发现它们的化石遗骸）。目前发现的只是零碎的遗骨，至于它们在人亚族进化史上到底扮演了什么样的角色，众说纷纭，并无定论。但是从如今尚存的骸骨的形态看，许多古人类学家认为它们更可能是人亚族祖先而非黑猩猩亚族祖先。

下一批登台的演员属于两个相继出现的属，即中新世晚期的地猿属（Ardipithecus）和上新世的南方古猿。首先出场的地猿属（该属中有卡达巴地猿和始祖地猿两个物种）善于爬树。科学家称，其遗骨出土于埃塞俄比亚考古遗址。并非所有的古人类学家都承认地猿属是人亚族。有些人认为，地猿属可能是东非上新世南方古猿的祖先。由于上新世南方古猿化石数量更多，所以我们更熟悉南方古猿。继上新世南方古猿之后，人属出现。该属在人属起源过程中扮演什么样的角色已经成为所有相关讨论中的焦点。

🚶 上新世祖先：南方古猿

科学家已经发现大量上新世南方古猿化石，其中最古老的化石出土于东非，年代在 450 万年前至 400 万年前之间。至少 370 万年前，上新世南方古猿就已经扩散到南非以及今天的撒哈拉沙漠地区。古生物学家在科若托洛（Koro Toro）发现南方古猿羚羊河种遗骸。经测定，这些化石是自 360 万年前至 300 万年前留下的牙齿和下颌碎片；科若托洛位于乍得北部提贝斯提高原（Tibesti Mountains）正南方，距离乍得沙赫人出土的地方不远。这一发现引人注目，因为科若托洛所在之地，正是今天的撒哈拉沙漠。最有可能的情况是，当时正处于上新世气候温暖湿润的周期。和如今的气候不同，夏季季风带来的降雨能够到达非洲北部大部分地区，因此那里植被丰富，吸引了四处迁移的南方古猿。

南方古猿的广泛分布激发了科学家的兴趣：这意味着这些人亚族居住在从埃塞俄比亚至南非之间广袤的土地上，有些地区被森林覆盖，有的是开阔的平原，而在西面——今天的撒哈拉沙漠中部也留下了它们的踪迹（但是目前尚未发现证据能够清楚表明它们曾进入撒哈拉北部）。由于南方古猿能够直立行走，而且有足够的精力长途跋涉，所以它们会游荡到很远的地方寻找对生命至关重要的水源，旱季来临时尤其如此。[14] 如果南方古猿吃肉食（科学家无法确定这一点），它们就能够在狩猎的时候跟随成群的野兽走到很远的地方。所以说，直立行走这一特征让它们获得更多的觅食机会。

尽管非洲东部和南部化石分布广泛，但是在非洲的许多地方，科学家尚未发现人亚族化石，西部和中部尤其如此。其中原因可能是，那些地方不具备形成并留存化石的条件。显然，环境对化石的保存和发现有重大影响，比如，潮湿的热带雨林中，化石很难保存；但是如果环境干燥，没有森林覆盖，而且沉积层分布广泛，又裸露在地表，那就最容易发现化石。东非大裂谷地带中，就有不少这样的地方。

环境和景观也会随时间而变化，侵蚀和泥沙沉积更是造成这种变化的重要因素。如果洞穴充满沉积物，或者坍塌，最终被埋藏到现代地层表面以下很深的地方，那么科学家就只有凭运气才能发现这样的洞穴。许多记录着古人类活动的化石就埋藏在这样的古代洞穴之中，比如南非约翰内斯堡附近的洞穴，中国北京附近的周口店洞穴，以及西班牙北部的阿塔普埃尔卡山区洞穴群都是如此。在考古学家发现这些洞穴之前，它们被石头和泥土沉积物堵塞，地质学中，这样的沉积物被称为"角砾岩"（breccia）。阿塔普埃尔卡山中洞穴的发掘也纯属偶然：当时为了修建铁路，矿业公司开挖石灰岩山体，无意间发现宝藏（详见第 3 章）。

考虑到这些因素，根据目前的考古发现，可以做出如下推论：最迟在 370 万年前，除了遮天蔽日的雨林和干旱无水的沙漠地带，人亚族的足迹几乎遍布撒哈拉以南的整个非洲大陆。这是个惊人的发现，因为这就意味着，当时人亚族的居住范围非常广，远远超过他们的任何猿类近亲。显然，他们那时就已经具备迁移的优势。为什么？

其一，答案可能藏在人亚族的身体和脑部特征之中。上新世南方古猿的化石表明，他们身体和脑部的人亚族特征越来越明显。其二，人亚族逐渐摆脱猿猴的习性，其行为在往人的方向进化。比如，刚刚从埃塞俄比亚阿法尔地区沃兰索-米勒出土的南方古猿湖畔种（*Australopithecus anamensis*）化石表明，380 万年前，这种南方古猿的脑容量仅有 370 立方厘米。[15] 但是，南非斯泰克方丹（Sterkfontein）出土的南方古猿化石表明，360 万年前时，这一物种的脑容量已经增长到 408 立方厘米。[16] 250 万年前时，某些后期南方古猿（或是早期人属）的脑容量已经达到 450 立方厘米，远远超过现代黑猩猩亚族的平均脑容量（为 350 立方厘米，参见图 1.1）。在后期南方古猿进化为首批人属成员的过程中，人亚族脑容量一直持续上升——但是增速不快。

南方古猿完全进化为双足动物，他们的腿比胳膊长，可以迈大步行走，但是脚的形态差别很大。[17]他们手的形状和我们很像，手的能力也在逐步发展，与现代人类的距离逐步缩小——后者能够精确地抓住物体。[18]但是，南方古猿的手和脚依然保持了猿类的握持能力，所以爬起树来毫不费力。从科学家重塑的露西骨架模型中，能够明显地看到这些特征（参见图2.1）。

南方古猿还保持了另一项和猿猴类似的特征，即男性体重稍微超过女性，这就意味着，两种性别的南方古猿在身量大小方面的差别与今天的大猩猩类似，甚至比大猩猩的雌雄差异更大。[19]南方古猿中，女性身高大多低于1.2米，而大个子男性的身高可能达到1.5米。200万年前之后，随着人属的崛起，男女身高体重的差异开始变小，许多古人类学家认为，这种趋势反映了男女合作水平的提高，其中以繁殖和养育孩子为目的的合作尤为密切。

☝ 人类是唯一会制造工具的动物吗？

晚期的南方古猿可能已经开始从事各种具有人类特征的活动，其中一项就是制造石头工具，但是科学家并不能确定，那些最古老的石器到底出于谁手，是最后的南方古猿，还是最初的人属，还是两者都有。某些最古老的石器出土于洛迈奎（Lomekwi）遗址，地点就在如今的肯尼亚，离图尔卡纳湖不远。科学家声称，这里的石器距今约330万年，如果这个年代是正确的，那么几乎可以肯定，上新世古猿正是这些石器的制造者。

根据考古记录，260万年前，人类的祖先开始频繁使用石器，比如，埃塞俄比亚的伯克朵拉（Bokol Dora）1号遗址和高娜（Gona）遗址出土的石器就来自这一时期。[20]高娜出土的部分动物骨头上留下了石片切割的痕迹——那时人亚族就会用石器切肉。很有意思的是，以肯尼亚的洛卡来雷（Lokalelei）遗址为例，科学家真的可以把这些石片重新拼接为完好的石核。他们研究这种"重拼"现象，提出如下假说：有经验的前辈负责演示，而学习者努力模仿，如此这般，制造石器所需的技术就流传下来。[21]

再来看看石器的用途。显然，人亚族想要从骨头上切肉，肯定会使用石片做锋利的刀具。但是杰西卡·汤普森（Jessica Thompson）及其同事又提出：最初的石器并非刀具，而是粗糙的锤子和夯锤，用来砸碎动物的骨头和头盖骨，以取食富含脂肪和蛋白质的骨髓。[22]

无论人亚族出于什么样的原因开始使用石器，我们都应该记住，科学家经观察发现，大猩猩也能够利用来自天然环境中的石头工具或者有机物，其中包括拿起一块砾石当作锤子或夯锤，取出食物或其他想要的材料。[23] 在实验室里，科学家也教会大猩猩和红毛猩猩制作石片以取出用作酬劳的物体。但是，根据目前的观察结果，并无任何猿类动物在野外环境中经常从石核上打下石片当工具使用，只有人亚族这样做。所以，"人是唯一会制造工具的动物"这句话虽然是很久之前的科学论断，但是如今看来，依然有一定道理。[24] 之后我们仍将讨论这一问题，因为在进化过程中，人亚族两大特征——会使用工具和脑容量增长——之间可能有一定的联系。

🚶 250 万年前的飞跃：早期人属

200 万年前，上新世南方古猿这一经古人类学家认定的物种逐渐消失，有的逐渐进化为人属，有的逐步走向灭绝。距今最近的上新世南方古猿化石可能是南非马拉帕洞穴（Malapa Cave）中出土的一群南方古猿（其中有两个男性，一个女性，还有三个婴幼儿，科学家认为他们可能是一家人）的部分骨架；古人类学家称他们为

"南方古猿源泉种"（*Australopithecus sediba*），他们生存的年代为距今 200 万年前。

相对而言，数个"粗壮型"南方古猿物种留下了最清晰的灭绝记录，其中有些被归入单独的一属，即傍人属。大约 100 万年前，出没在非洲东部和南部的傍人属逐渐消失。和"纤细型"南方古猿（他们可能是人属的直接祖先）相比，这些粗壮健硕的南方古猿的脸和牙齿更大，矢状嵴（sagittal crest）更突出。矢状嵴沿颅骨顶部中线分布，用来固定强健的面部肌肉。由于傍人属有巨大的颌骨和臼齿，所以需要健硕的咀嚼肌。粗壮型和纤细型南方古猿生于同一年代，也许比邻而居，这两种亲缘关系紧密的物种之间或许存在竞争关系（早期人属可能也是粗壮型南方古猿的竞争对手）。因为这两类南方古猿在体形大小、外貌、饮食甚至性行为和生殖兼容性方面都有明显的差别，所以依然被视为独立物种。气候变化也许也是导致粗壮型南方古猿灭绝的因素之一。最近有科学家提出，非洲东南部气候越来越干燥，某些植物物种消失，而其中就有粗壮型傍人属（*Paranthropus robustus*）的食物，后者也因此逐渐灭绝。[25]

到 200 万年前时，晚期的南方古猿出现更显著的人亚族特征，因此可以说，我们自己这一属，即人属出现，而人属的祖先正是类似于猿猴的上新世南方古猿——这是古人类学家难得达成的共识。大约 2000 万年前，在人属起源过程中，人亚族的进化依然保持缓慢渐进的节奏，并未发生突然的、剧烈的变化，但是和之前的 300 万年相比，进化速度又确实更快。人属到底是在什么地方出现的？非洲东部和南部都出现了早期人属物种。

古人类学家目前已确认的早期人属物种包括鲁道夫人（*Homo rudolfensis*）、能人（*Homo habilis*）、匠人（Homo ergaster）和<u>直立人</u>——大约 260 万年前至 160 万年前之间，他们在非洲东部和南部生活。这些物种之间到底存在什么样的亲缘关系？科学家依然无法确定，下文中将会使用"早期更新世人属（Early Pleistocene *Homo*）"一词，作为这些物种的统称。图 2.3 以直观的方式反映了早期更新世人属的进化过程。图 2.4 则选取部分人亚族头骨化石，用正视和侧视图展示其主要尺寸以及轮廓差别，而这些正是科学家用来辨别这些物种的特征依据。

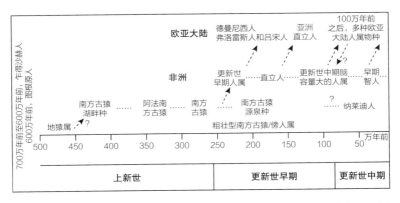

图 2.3 非洲的人亚族物种以及他们进入欧亚大陆的年代。图中数据引自许多文献。其中最重要的有，Susan Anton et al., "Evolution of early Homo," *Science* 345 (2014): 1236828；以及 Xijun Ni et al., "Massive cranium from Harbin in northeastern China," *The Innovation* 2 (2021): 100130。

如图 2.3 所示，早期的人属成员和南方古猿在年代上重合，以 200 万年前为界，在那之前人属逐渐替代南方古猿。但是目前科学家无法精确识别他们之间的基因关系。早期更新世人属和南方古猿的区别体现在身体尺寸和脑容量大小上，前者的平均值超过后者大约 30%。大约 200 万年前时，能人和鲁道夫人物种的成员经过长期进化，脑容量增加到 510～800 立方厘米，远远超过晚期南方古猿脑容量平均值。如今，我们人类的脑容量平均值约为 1350 立方厘米，但是个体的脑容量千差万别。

埃塞俄比亚出土了一块下颌骨，发现者声称它是人属化石，有

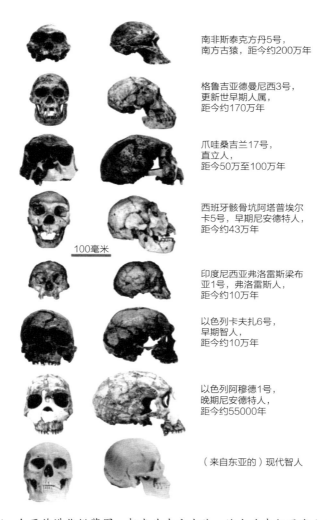

南非斯泰克方丹5号，
南方古猿，
距今约200万年

格鲁吉亚德曼尼西3号，
更新世早期人属，
距今约170万年

爪哇桑吉兰17号，
直立人，
距今50万至100万年

西班牙骸骨坑阿塔普埃尔
卡5号，早期尼安德特人，
距今约43万年

印度尼西亚弗洛雷斯梁布
亚1号，弗洛雷斯人，
距今约10万年

以色列卡夫扎6号，
早期智人，
距今约10万年

以色列阿穆德1号，
晚期尼安德特人，
距今约55000年

（来自东亚的）现代智人

100毫米

图 2.4　人亚族进化纵览图：起点为南方古猿，终点为我们现代人类。每个颅骨都标注了出土地点、物种和大致年代，但是并非按谱系排序。大部分颅骨模型是澳大利亚国立大学考古和人类学院收藏品。照片由玛姬·奥托拍摄。弗洛雷斯人的颅骨是原始样本，征得梁布亚（Liang Bua）团队（Matt Tocheri 和 Thomas Sutikna）同意后在此复制。德曼尼西3号（Dmanisi 3）和阿塔普埃尔卡5号颅骨模型为©Bone Clones 版权所有，征得其同意之后在此复制。阿穆德1号（Amud 1）颅骨模型系澳大利亚博物馆藏品，征得该博物馆同意后在此复制，照片由亚伯拉姆·鲍威尔（Abram Powell）拍摄。

280 万年的历史。如果无误，那它就是迄今为止最古老的人属化石。这意味着，如果确有必要，我们就得把人属出现的年代从更新世早期提前到上新世晚期。[26] 值得注意的是，在上新世晚期，一项重要的人属特征尚未显现——大约 200 万年前，人属物种脑容量才开始逐步增长，而这也是人属物种出现的标志。尽管如此，如果人属物种出现的年代真的能提前的话，却又符合另一些古人类学家的观点：用来定义新属（物种）的各项特征不可能恰恰在某一天全部出现，也不可能集中在某个单一的族群，或全部源自某一地区。它们并非某一次基因大规模变异以及之后传播引起的结果。与之相反，这些特征可能以所谓的"马赛克"方式进化：在这里出现一个新特征，在那里又冒出另一个新特征，以各类晚期南方古猿为起点，经过 50 万年或更长的时间，依次在非洲的广大地区缓慢出现。正如上文所述，在此之前，人亚族和黑猩猩亚族的分化也是以马赛克的方式逐步实现的。唯一可以确定的是，至少 200 万年前，人亚族中，已经进化出脑容量足够大，可以归类为"非南方古猿"的物种。而那些尚未进化的南方古猿依然独立存在，直到 100 万年前才逐渐灭绝，其中又以粗壮型南方古猿最为典型。

非洲早期的更新世人属中，纳里奥科托姆（Nariokotome，位于肯尼亚图尔卡纳湖滨）遗址出土的一具骨架可能是保存状态最好的化石。这副骨架近乎完整，其主人是个小男孩，也可能刚刚进入少年时期。他被称为"纳里奥科托姆男孩"，或者"图尔卡纳男孩"，距今大约 160 万年。如果成年，他的身高应该会达到 1.65 米，与身量矮小的现代男性类似。纳里奥科托姆男孩完全习惯了直立行走，如果成年，他的脑容量大约会比南方古猿大 1 倍。[27] 人亚族脑重量占人体总重量的比例也在持续增长，南方古猿估算平均值为 1.2%，纳里奥科托姆男孩为 1.5%，而现代人则是 2.75%。[28] 图 2.1 是另一具早期更新世人属骨架模型，也来自图尔卡纳湖滨。骨骼主人为女性，与纳里奥科托姆男孩处于同一时代。

因此，纳里奥科托姆男孩是刚刚出现的人属物种的早期成员，他的脑容量和身体相对较大。不同的古人类学家对他到底隶属于哪个物种有不同的看法，有的说他是匠人，有的则认为他是直立人。这个小男孩是早期更新世人属的典型代表，他是在陆地上生活的双足动物，身上已经脱去了许多与猿猴相似的骨骼特征——这些特征正是科学家用来定义上新世南方古猿的标准。由此可见，从物种进化的角度看，在纳里奥科托姆男孩所处的年代，早期更新世人属这一物种也逐步进化，步入成年期。

🚶 人类行为起源

为什么脑容量的扩增发端于早期更新世人属族群？1995 年，莱斯利·艾洛（Leslie Aiello）和彼得·惠勒（Peter Wheeler）详细论证如下观点：人亚族食用肉或骨髓，能够从脂肪和蛋白质中直接获得能量，有助于脑容量扩增。如果仅仅食用水果、坚果、块茎和草籽，就很难达到这样的效果。[29] 其实有些人很早之前就想到了这一点。容我再次引用恩格斯于 1884 年发表的见解："但是，肉食对大脑产生最重要的影响，能为大脑输送源源不断的养分，和之前（仅仅吃素食）相比，为大脑的发展提供了更丰富的物质支持。"[30]

又或者，在人亚族物种内部，沟通和社交水平不断提升，这才是激发脑容量扩增的因素？还是食肉与社交共同促进脑容量扩增？更大的脑容量是否意味着个人与规模不断扩大的社群之间，形成了更广泛的合作网络？[31] 更大的合作群体能够提供更坚固的防御，更有效地应对捕食性动物和敌人的进攻。由于直立行走既是早期人亚族的特征，又是其生活方式，他们往往在开阔空旷的地面上活动，和那些在密林中生活的物种相比，更容易遭到捕食性物种的攻击。[32]
合作群体还能够在养育孩子的过程中互帮互助，在人属早期成员
中，这可能是增强社交联系的重要因素。我们可以推知：不断增长
的社交需求促进人际沟通，这些成员开始意识到他们之间的亲属关
系，甚至还会使用最基本的语言进行交流。

　　不止于此，还有些科学家坚称，物质文化尤其是工具的使用可
能也在促进早期人属族群脑部进化中起到了积极的作用。[33] 除了使
用工具获取肉和骨髓（可能还使用火烹饪肉食），他们可能还使用
草绳编成背带，背着无助的婴儿，在母亲的子宫之外为婴儿创造相
对安全的环境，让其大脑能发育成熟。人类的婴儿必须在发育的早
期阶段分娩，否则会被卡在母亲的骨盆中。从出生到成熟，现代人
类的脑容量从大约 350 立方厘米增长到 1400 立方厘米，即增长到
最初的 4 倍。因此，和大型猿类的婴儿相比，人类婴儿在产后需要
母亲更长时间、更精心地照料和哺育。

　　从理论上讲，其他的技术进步肯定也起到了重要的作用，但是
除了简单的石器，实在很难找到遗迹遗物可以证明那段时期内的技
术进步。由于年代久远，如今几乎找不到直接证据。早期人属成员
可能在狩猎时使用投掷物，比如木制矛杆之类。他们用手、胳膊和
肩膀发力，能够较为精准地将矛杆掷出；他们也许还使用棍子，用
来挖出埋在地下的块茎和其他美味的小块食物。总之，他们使用这
些创新工具，能够为群体提供更多食物。他们还用兽皮制成容器，
用来盛放食物和液体。有了这些容器，存取食物更方便，孕妇的健
康状况得以改善，怀孕的成功率和频率因此上升，又会促进生育率
的提升。

　　上文中，我已经提到了早期人属成员可能具备取火的能力。一
旦知道需要什么样的原材料，并且懂得如何操作，生火其实并没有
那么困难。如果掌握了窍门，保持火焰不熄也并非难事。可惜的

是，在许多沉积地带，木炭很容易分解、消散，所以在考古遗迹沉积物中，很难找到实实在在的火堆遗迹。火烧过的骨头只能说明火确实存在，但是为了品尝美味只需要把肉烧熟，未必需要燃烧骨头。

进化生物学家理查德·兰厄姆（Richard Wrangham）认为，早期更新世人属族群已经会使用火，但是许多考古学家并不同意。他们认为根据考古记录，100万年前之后，人属族群才开始使用火。[34]他们指出，更早的人亚族把块茎植物和生肉砸碎、切片，让这些食物更容易下咽，但是他们不会用火把食物烤熟。正如兰厄姆所说，人类的牙齿较小、表面平滑，没有大型犬齿，也没有粗大的肠子，这些都表明，我们习惯食用消化煮熟的食物，其中包括煮熟的肉和富含淀粉的蔬菜。我们并非茹毛饮血的食肉动物，观察人亚族祖先的齿系，不难得出结论：他们也不吃生肉。煮熟的食物更易消化，继而释放蛋白质和碳水能量，为大脑的发育提供支持。有了火，早期人属可能会在天黑的时候点燃篝火，驱散掠食性动物。与此同时，围着篝火吃东西又让他们有更多的社交机会。再者，寒冷的晚上，他们还能借旺火取暖。

在地上居住的早期人属社群到底有多少人？根据人种学记录，狩猎–采集族群往往有 50 ~ 100 人。尽管我们无法直接从人种学记录中解读200万年前的人类行为，但是它至少提供了一个可能的参考数据。根据考古遗址中用来制作工具的石头原材料被移动的状况，考古学家约翰·戈莱特（John Gowlett）做出估算：早期更新世人属群体的领地为 80 ~ 150 平方千米。[35]许多考古学家认为，在这些领地内，存在一些长期聚集地。由于这些地方堆积着石器和废弃的动物骨头，所以容易分辨。

位于肯尼亚图尔卡纳湖东岸的库比福勒遗址可能就是这样的一个聚集地。这里有可以重新拼合的石器和羚羊肱骨碎片。考古学家猜想，人亚族就是在这里击碎石头和羚羊肱骨。[36] 这里的动物骨头大部分为中型到大型猎物的骨头。如果当时人亚族直接捕获这些猎物，该群体中的成员就要迅速分享新鲜肉，避免等到食物腐烂的时候才开始吃。食物分享过程中的合作自有其回报。

早期人类到底是使用投掷物直接狩猎，还是被迫跟在食肉动物后面"捡漏"——趁着肉食动物在正午打盹的时候靠近被猎食动物的尸骸，抢些残存的肉？古人类学家为此争论不休。由于留存的证据不足，我们难以区分上述两种行为模式。这两种模式也可能同时存在，并无明显的理由迫使我们排除这种可能性。我仍然愿意相信考古学家格林·艾塞克（Glynn Isaac）的假说。根据在库比福勒遗址获得的经验，他于 1981 年提出关于早期人类大本营及相关行为的假说：

依据（早期人亚族）食物分享假说，我们预测大本营中存在如下现象：工具、食物的运送、食肉、采集到的植物食物、劳动分工以及固定的聚集地（社会群体成员至少每天或经常在这里聚集，而且这里应该堆积着废弃的石器和食物残渣）。考古学家在坦桑尼亚的奥杜威遗址和肯尼亚的库比福勒遗址观察到的考古遗址构造就验证了许多上述预测。[37]

从这个角度看，人亚族，尤其是人属之所以取得成功，也得益于一些非生物因素：群体范围内的合作和分享。此外，日常活动中善用工具这一点也越来越重要。早期更新世人属的另一项卓有成效的技能就是他们的长途迁移能力，这种迁移本身就是令人瞩目的成功。

第二幕
人属登场

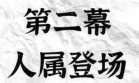

第3章 走出非洲

如前文所述，200万年前，某些上新世南方古猿物种进化为脑容量更大的人属，那些没有进化的上新世南方古猿走向灭绝。这一独立基因库从此消失，其中包括粗壮型南方古猿（或称"傍人属"）。一个新属蓄势待发，人属的崛起指日可待。早期人属有诸多优势：脑容量大，完全习惯了双足直立姿势，具备使用双手精准抓取物体的能力，工具使用文化日益成熟，而且他们很快具备迁移到遥远的新环境的能力———一路长途跋涉，他们真的能走到世界的尽头。凭借这些优势，他们很快成为地球上首屈一指的物种（参见图2.3、地图3.1和图3.1）。下一步又会发生什么？

本章介绍人类进化史第二幕的第一部分，在这一时期，早期更新世人属可能不止一次离开非洲，沿陆路走到格鲁吉亚、中国和爪哇。身材矮小的人亚族则在某个时期继续前行，渡过海沟，到达印度尼西亚东部的弗洛雷斯岛（Flores）和菲律宾的吕宋岛，在与世隔绝的状态下生存下来，直到大约5万年前智人最终出现时，才打破他们宁静的生活。大约100万年前，脑容量较大的更新世中期人亚族开始在非洲和欧亚大陆上扩散，其中包括智人和尼安德特人的祖先。本章就此结束。

为了帮助读者理解后续各小节内容，我有必要介绍用来定义"更新世"的年代划分标准。

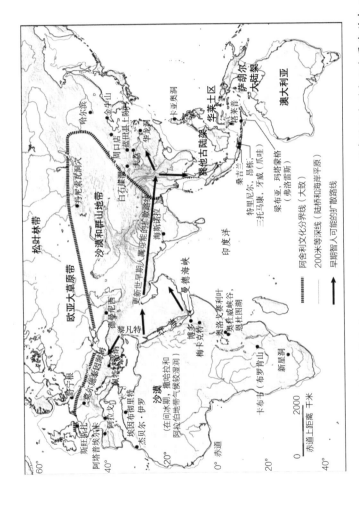

地图 3.1 非洲和欧亚大陆上与人属相关的考古遗址以及人亚族遗物出土地点。图中的阿舍利文化分界线引自 A. P. Derevianko, Three Global Human Migrations in Eurasia, vol. 4: The Acheulean and Bifacial Lithic Industries (Russian Academy of Science, 2019), 769。

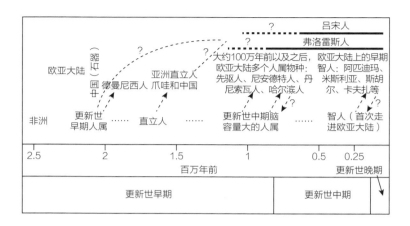

图 3.1 欧亚大陆上早期和中期更新世人亚族物种及其与非洲祖先之间的可能关系。前后 200 万年间，出入非洲的实际人数依然无法确定。其中，脑容量较大的更新世中期人属物种的具体情况更加扑朔迷离。

更新世年代表：基本信息

我在第 1 章就强调过，在梳理目前积累的人亚族相关历史知识的过程中，精确的年代表具有重大意义。同样，我们还必须考虑更新世期间地球环境发生的长期变化，尤其是那些由自然现象造成的周期性变化。这种周期决定了更新世冰期和间冰期的交替分布。

自 19 世纪开始，科学家就根据地层形成的顺序和生物的发展情况，将地球历史划分为不同的时代。本书第 2 章介绍了中新世和上新世时期的人类进化史。本章的重点就是紧随其后的更新世人类进化历程。地质学家公认，更新世始于 258 万年前，这一时代的标志性事件有两件：地中海浮游动物群（plankton fauna）的物种构成发生变化，冰期—间冰期循环更替更加频繁。在此期间，高纬度地区被冰川覆盖的周期屡屡到来，与温暖的间冰期交替出现，一直持续到 11700 年前。此时最后一次短暂回潮的冰期结束，气候科学家称之为"新仙女木期"。新仙女木期之后，全新世来临并持续至今。其实，全新世仅仅是又一个更新世间冰期的轮回而已。它是许多轮间冰期中最新的一次，而人类活动造成全球变暖，人为拉长了这一轮间冰期。

科学家以进化和考古研究为目的，将更新世划分为三个跨度不等的时期：早期、中期和晚期。我们根据这一细分标准，整理人亚族化石和文物记录（图 2.3 和图 3.1）。

更新世早期从 258 万年前持续至 78 万年前，它结束的日期与地球磁极的逆转有关。在许多岩石和沉积物中，都留下了这次逆转的痕迹。更新世早期，南方古猿逐渐消失，人属出现并开始扩散。

更新世中期从 78 万年前持续至 129000 年前，它结束的日期正是倒数第二个间冰期开始时。更新世中期是数个主要的脑容量较大的人属物种（详见第 4 章）繁荣昌盛的时代，其中包括尼安德特人和丹尼索瓦人。同时，它也是早期智人在非洲崛起的时代（详见第 5 章）。

更新世晚期从 129000 年前持续至 11700 年前，在此期间，智人成为明星物种。这一时代结束的日期也是寒冷的新仙女木期结束时。倒数第二个间冰期发生在更新世晚期，这一温暖的周期始于 129000 年前，终于 118000 年前，前后大约 11000 年。与今天的气候环境条件相比，那时候的全球平均温度高 2℃，海平面高 9 米。之后全球气候越来越冷，在漫长的过渡期之后，进入最后一轮冰川肆虐的周期（大众媒体称之为"冰河世纪"）。在 25000 至 18000 年前，全球陷入极寒气候，这段时期被称为"末世盛冰期"（Last Glacial Maximum），气候条件恶劣。与今天相比，山脉雪线高度下降约 1000 米（垂直距离），海平面下降约 130 米，热带大洋海面温度平均下降 3 ~ 5℃。[1]

更新世冰期—间冰期循环周而复始，人亚族迁至亚洲

更新世始于大约 260 万年前，自那时至今，由于地球在轨道上绕太阳公转以及绕自转轴自转的过程中，其运动方向呈周期性变化，即"米兰科维奇循环"，地球也历经多次气候旋回。"米兰科维奇循环"反映了太阳系中其他星球不同引力的交互作用的影响，地球气候因此持续波动，寒冷干燥的冰期和温暖湿润的间冰期循环交替。比如，如今我们正在享受全新世间冰期的暖湿气候。

科学家通过测量两个氧气同位素随时间变化的比值，绘出地球历史上的温度波动状况。科学家既要从海底沉积物中取出海洋浮游生物碳酸钙外壳中的氧气样本，又要从石灰岩洞穴中取出碳酸钙钟乳石中的氧气样本，还要考察格陵兰岛、喜马拉雅山和南极洲冰层，从史前形成的气囊中封存的二氧化碳中抽取氧气样本，才能据此测量地球的历史温度。

这些地质气候记录表明，在人属 200 万年的历史内，地球至少已经历经 20 次（或更多次）"冰期—间冰期—冰期"的循环。更新世期间，气候循环的烈度逐步增加。在过去 90 万年间，每次循环持续大约 10 万年。但是在那之前，一次循环仅持续 4 万年，而且强度也更低。

对于那些必须在地球气候条件下生存并迁移的人亚族祖先而言，冰期和间冰期堪称冰火两重天。人亚族祖先必须应对这些不同的气候条件，遭遇冰期时，冰层与沙漠扩张，他们应声后撤；每逢间冰期，冰消雪化之后，诱人的草地和稀疏开阔地出现在眼前，他们又走上旅途，再次占领之前被冰川覆盖的领地。这两种极端的气候条件都鼓励人亚族祖先动身迁移，其原因不同，迁移方向也不一样。

本章主要介绍更新世早期的人亚族的进化史，但是在这一时期内，我们很难厘清冰期—间冰期气候波动的精确细节与人亚族史前史上的具体事件之间的关系。相关记录过于稀缺。目前我们能够断言的是，在更新世早期，也许得益于气候条件的改善，人亚族首次离开非洲，从南方出发，穿过撒哈拉沙漠和阿拉伯半岛，来到地中海东岸之前无人居住的黎凡特地区。

但是，气候变化本身仅仅体现为降雨量和温度的波动，并非唯一的推动人类迁移的因素。我在第 1 章就已经指出，更新世经历了一轮又一轮的气候循环，在全球范围内，海平面也会反复变化，变化幅度最高达 130 米。在冰川作用下，大陆架和大型岛屿都会露出海面，成为旱地。

因此，今天被南海淹没的巽他大陆架露出海面，而西印度尼西亚大型岛屿（爪哇岛、巴厘岛、婆罗洲岛和苏门答腊岛）也因此与东南亚大陆连成一片。在澳大利亚，北面的萨胡尔大陆架（Sahul Shelf）自阿拉弗拉（Arafura）海中升起，南面的巴斯海峡（Bass Strait）也高于海平面，将澳大利亚、新几内亚和塔斯马尼亚等连成一片。白令大陆桥连通阿拉斯加和西伯利亚东北部的楚科奇半岛（Chukotka Peninsula）。冰河世纪中，那里有成群的驯鹿、麝牛和猛犸象。它们都喜爱冰原环境。

难怪早期人亚族有时会借助这些大陆桥迁移到远方。比如，他们从东南亚大陆出发，穿过干旱地带进入爪哇岛和婆罗洲岛；从西伯利亚走到阿拉斯加；从欧洲大陆走进不列颠群岛。某些早期人亚族能够跨过狭窄但是永久性的海沟，登上岛屿，印度尼西亚东部和菲律宾诸岛就曾经被人亚族占据。在智人抵达之前，早期的人亚族是否已经来到萨胡尔大陆（新几内亚和澳大利亚）？这个问题值得探究，我会在第 5 章加以简要介绍。到目前为止，尚无证据表明这些前智人时代的人亚族曾踏足美洲。

🚶 逃离故园

许多古人类学家认为，为了从非洲抵达亚洲，更新世早期人属要么从尼罗河流域出发，取道西奈半岛进入黎凡特南部地区；要么干脆游泳或漂流，横渡位于红海南端的狭窄的海上通道——曼德海峡，直接抵达对岸，即今日也门境内（参见地图 3.1）。曼德海峡如今宽 29 米，但是在海平面极低的冰期，它可能比现在窄得多，甚至还会在短期内露出海面，成为旱地。[2]

这里就存在一个悖论：每逢更新世冰期，海平面降低，曼德海峡变窄，易于横渡，但是由于全球的潮湿气体被冰层锁住，陆地上靠近冰层的地方气候极端干燥。撒哈拉沙漠、阿拉伯沙漠和西奈沙漠对于当时的人亚族而言，都是很难通行的地带。与之相反，每当间冰期来临，降雨量增加，这些沙漠又充满生机，易于通行，但是曼德海上通道又变宽，难以泗渡。

即使海平面升高，如果当时的人亚族有类似筏子的工具，甚至是一根漂浮的木头，那穿过曼德海峡也并非难事。鉴于弗洛雷斯人的祖先在 100 万年前已经来到四周永久环海的印度尼西亚弗洛雷斯岛（我还会在下文讨论这一神秘的现象），那人亚族抱着浮木过海也未必就是天方夜谭。但是，200 万年前，我们的祖先到底在什么样的环境条件下从非洲走向亚洲，我们最多只能猜测而已，这就像弗洛雷斯岛之谜那样，真相湮没在历史长河之中。

🚶 早期非洲外迁之旅：多少次？

更新世期间，米兰科维奇循环造成气候变化，对我们人属的史前史产生巨大影响。因此，科学家猜想：地球气候对环境的影响是周期性的，那么在更新世早期和中期，人亚族可能会多次从非洲进入黎凡特和欧亚大陆的其他地方，也可能多次返回。所以我们可能会问：早期人亚族到底曾沿着同样的路线离开非洲多少次？甚至又返回多少次？[3]

记载人亚族和哺乳动物进化史的化石或分子记录告诉我们，人亚族迁移的频次未必有那么高，但是也许目前的记录尚不完整，很多信息我们无从得知。如果我们仅仅以人亚族的化石为依据，那么许多古人类学家会告诉我们，尽管按照米兰科维奇循环理论，在更新世中，地球历经了 20 轮甚至更多轮的气候更替周期，但是人亚族的"走出非洲之旅"只有几次而已。还存在这样的可能性：化石记录数量太少，分布也太分散，掩盖了更复杂的史前史真相。难道说，尽管缺乏更多明显的证据，在更新世间冰期内，人亚族其实就不可能多次从非洲迁移到亚洲，甚至还多次在冰期从亚洲返回非洲吗？

针对上述问题，存在两种可能的答案，但是这两种答案恰恰相反。现阶段，没有人知道到底哪一种答案最接近真相。

在没有直接证据的情况下，我们依然接受这种假说：在更新世早期，尤其是潮湿的间冰期，人亚族先锋曾数次沿尼罗河河岸走出撒哈拉地区，取道西奈半岛进入亚洲，或者泅渡曼德海峡直接到达也门。在以色列和阿拉伯古老的湖畔地区，考古学家开掘出了鬣狗、河马、羚羊、水牛的化石。经研究发现，这些更新世中期和晚期的动物源自非洲。同时出土的，还有距今较近的人亚族物种制造的石器。这意味着，这样的动物迁移时有发生，但是它们可能并未深入亚洲腹地。[4] 但是，由于早期人亚族的相关化石记录稀缺，可能永远无法提供确凿的证据帮助我们得出明确的结论。每次迁移相隔的时间也可能太短，所以人亚族的颅骨和面部并无显著的变化，以至于古人类学家观察不到人亚族进化的痕迹。

反对者认为上述多次从非洲迁移的假说太过乐观，他们观察到与上述考古发现相矛盾的两个现象，呼吁科学家不要急于认定"多次迁移假说"，应该更谨慎地思考这一问题。第一个重要问题是更新世早期人亚族往往单独迁移。[5] 比如，格鲁吉亚（很快我还要探讨这个关键的地方）出土的距今 170 万年的德曼尼西人化石与亚洲动物共存，而不是非洲动物。第二个重要问题是与其他物种的竞争关系（涉及竞争排斥原理，即 "competitive exclusion"）。哺乳动物，其中包括人亚族，只有在经潜在的竞争物种许可的情况下，或者在迁移物种具有特定的基因或行为优势的情况下，才能在新领地安家。西奈半岛是非洲通往亚洲的陆上通道，而那里也是一个狭窄的瓶颈地带，未必总是能吸引潜在的人亚族迁移者，在干旱的冰期尤其如此。

对于首批离开非洲的人亚族迁移者而言，竞争因素可能根本不是问题，因为那时他们在亚洲根本没有同为人亚族的竞争者。再者，亚洲的动物刚开始的时候可能由于缺乏经验（面对直立行走的狩猎者的时候，由于不适应，所以不会逃跑），会被人亚族轻易地猎杀、捕食。但是，如果后来的迁移者在到达亚洲前，就已经进化出基因优势，例如非洲智人迁移至欧亚大陆后，凭借已发展成熟的基因优势，在更新世晚期逐步取代了欧亚大陆上的尼安德特人，那么上述优势就显得无足轻重。而在更新世早期，这种可能性似乎更小。不过，还是应该先看看，考古证据又告诉我们哪些信息。

🚶 早期更新世人属来到北非和亚洲

最早的人属成员到底如何在撒哈拉以南非洲范围内迁移，又如何扩散到其他地方，对此我们了解甚少。但是有一点千真万确，就是他们绝对从撒哈拉以南非洲走了出去。考古学家有几项重要发现，为之提供了确凿的证据。

首先，人亚族从非洲南部出发，穿越撒哈拉地区。艾因布彻里特（Ain Boucherit）遗址位于阿尔及利亚境内阿特拉斯山脉（Atlas Mountains）北缘，背靠撒哈拉地带（具体位置参见地图3.1）。那里的河流沉积层中出土了石器以及动物骨头，骨头上有锋利器具切肉留下的痕迹。经测定，那里的（多个）地层年代在240万年前至190万年前。[6] 从加工技术可以看出，这些工具全部属于奥杜威（Oldowan）石器，这一石器制造技术得名于坦桑尼亚奥杜威峡谷（Olduvai Gorge）附近的多个考古遗址，而奥尔德瓦峡谷位于撒哈拉以南非洲。北部非洲和南部非洲的同时代石器全都采用奥杜威技术制造，即从石核上打下石片，然后将其中一端制成锋利的刀口或者尖头，作为大型工具使用。除了这些大型砾石工具，还有大量可用的边缘锋利的小石块，它们是加工过程中产生的边角料。

作为原始证据，这些石器表明，人亚族不仅掌握了石器技术，还会从骨头上取肉。在撒哈拉地带的两边发现了同一年代由同样的技术制成的石器。这说明，某类人亚族（目前尚未在艾因布彻里特遗址发现任何人亚族化石）曾经穿越今日的撒哈拉沙漠地带。当时，正值晚期南方古猿向最初的人属过渡的时代。但是，并无证据表明，人亚族曾经直接从非洲跨越地中海进入欧洲。整个更新世期间，直布罗陀海峡的宽度至少为10千米，如今其宽度为14千米。

但是亚洲的情况不同。有迹象表明，早在距今200万年前，人亚族已经几乎到达中国北方的北京。令人惊叹的是，那里距离西奈半岛有8000千米，中间隔着环境较恶劣的中亚沙漠和高山地带。但是在黄河附近的陕西省蓝田县上陈村，考古学家找到了人亚族存在的证据。经测定，这些文物的年代在240万年前至210万年前。和艾因布彻里特遗址一样，上陈遗址中的石器也采用与奥杜威类似的技术，但是科学家在这里并未发现人亚族化石。[7]

今天的北京在隆冬时节并不温暖，但是开掘上陈遗址的考古学家认为，这些早期人亚族在那里生活的时候，正值全球气候相对温暖的时期。他们可能为了躲避寒冷的天气而走向南方，或者用野兽毛皮（把带毛的一面穿在里面）裹住身体，抵挡寒冷；他们可能使用火，住在洞穴里，而不是栉风沐雨；他们还可能能够觅食，摄入足够的脂肪、骨髓、碳水化合物和维生素以维持生命。[8] 我猜想，他们不仅想办法取暖，而且南迁。他们可能在追踪他们喜爱的猎物物种的过程中，不知不觉来到南方。

如上文所述，如果最初的欧亚大陆迁移者已经靠狩猎获取肉食，他们可能也具备那一项"先发"优势：那些一直生活在欧亚大陆上的猎物物种尚未发觉危险，不知道应该躲避这些新来的人亚族。[9] 最初在欧亚大陆上安家的人亚族可能会利用这一条件在新的环境中迅速移动。由于能够轻易捕获猎物，有充足的肉食，所以，在这种优越的环境中，他们的数量激增。后来者未必如此幸运——无论在撒哈拉以南非洲，还是在欧亚大陆，哺乳动物都适应了与饥饿的人亚族共存的环境，变得更加警觉。首批来到亚洲的人亚族好比中了大奖，但是奖金很快就被耗光。

艾因布彻里特和中国黄河流域的考古发现让我们意识到，在人亚族的史前史上，首次走出非洲之旅可能早已发生。但是，在这两个遗址中，考古学家都未发现人亚族遗骨。最古老的人亚族化石出土的地方就是格鲁吉亚的德曼尼西，该遗址位于高加索地区一个废弃的修道院内。那里四周草木丛生，是个容易让人触景生情的地方，而那里出土的人亚族化石和上文所述的石器相比要迟大约 50 万年。

2017 年，我和妻子克劳蒂亚（Claudia）有幸参观德曼尼西遗址。正是在这里，考古学家发现了 5 具人亚族颅骨。他们原本以为这只是肉食动物留下的一堆遗骨。这群人亚族也许一直靠捡漏获得肉食，但是考虑到他们与剑齿虎、狼和鬣狗比邻而居，这种觅食方式可能并不明智。[10] 这些颅骨埋在火山灰土壤之中，下层是玄武质熔岩流的不规则表面。这些熔岩流地质表面是 180 万年前形成的，所以科学家推测，这些人亚族颅骨大约有 170 万年的历史。

　　这 5 具德曼尼西人颅骨的发现具有重大意义。德曼尼西人脑容量小，仅在 550 ～ 730 立方厘米。从这方面看，他们和在非洲东部和南部出土最古老的人属化石（其年代大约在 200 万年前，参见地图 2.1）类似。德曼尼西人面部突出，眉骨粗大，考古学家认为他们属于更新世早期人属单一物种，不同的古人类学家曾经分别称其为"直立人"或"格鲁吉亚人"。根据颅后骨架分析，德曼尼西人身高大约为 1.5 米，可能比类似年代的非洲图尔卡纳男孩的成人男性亲戚稍矮。与同时期居住在非洲和中国的人属相同，他们也使用奥杜威石器，从动物骨头上切肉，但是他们的牙齿未必总是保持在健康状态——有个人的牙齿完全脱落。所以科学家认为，他可能只吃软食物。这是否意味着，他只能吃烧熟的食物？

　　由于德曼尼西人的年代可能比阿尔及利亚和中国出土的最古老的石器晚 50 万年，所以如下假定未必合理：这一族群正是从撒哈拉以南非洲走出的第一批人亚族。但是，他们提供了强有力的证据——最初走出非洲的人亚族脑容量小，身材矮小。德曼尼西遗址提供了丰富的化石记录，唯一超过它的地方，正是撒哈拉以南非洲。

🚶 直立人：来到中国和爪哇

　　德曼尼西遗址意义重大，远近闻名，而中国也有多处人亚族遗址。从年代上看，那里出土的人亚族化石也很古老，但是稍迟于德曼尼西人。其中，距今 80 万年的直立人"北京人"最为著名。北京人出土于北京附近周口店镇的角砾岩洞穴之中，脑容量平均为1000立方厘米，接近更新世中期的人亚族的脑容量（参见第4章）。

在中国，考古学家还发现了年代更久远的人亚族化石，其中包括陕西蓝田出土的更新世早期颅骨，距今大约160万年。该遗址靠近黄河中游，而且和上文提到的上陈村相距不远。科学家普遍认为这块颅骨的主人也属于直立人，但是它的脑容量仅为780立方厘米，与德曼尼西人类似，而德曼尼西人所处的年代也仅仅比这块颅骨稍早一点。蓝田人和周口店人亚族前后相差100万年，他们是一脉相传，同属直立人，还是分别属于两种不同的物种？下文我还会探讨这个问题。

最早的南半球直立人可能是从北半球出发，穿越赤道附近茂密的雨林，抵达印度尼西亚爪哇岛的（俗称"爪哇人"，即尤金·杜波瓦发掘出的"爪哇直立猿人"）。[11] 对于深入险境的狩猎者和采集者来说，雨林环境比较恶劣，因为大部分食物资源都在距离地面很高的地方。后来某些人类族群才逐步适应这种环境条件，他们在掌握了相关技术，学会了利用陷阱捕获动物之后，更是在密林中如鱼得水。相比之下，早期的人亚族似乎更喜欢开阔的地方。

今天的爪哇是个岛屿，但是当地球处于冰期时，巽他大陆架升出海面，爪哇岛、苏门答腊岛与亚洲大陆连为一体。如果首批迁移者等到冰期海平面下降，而后徒步穿越巽他大陆架，由于当时气候干燥，在雨林中可能会出现开阔的或者树木稀疏的草地，那么这些迁移者就会利用这些更便利的通道南下。[12] 在这样的景观环境中，迁移者可能有机会捕获大型动物，比如野牛、剑齿象之类的古生物，还有鹿。但是由于缺乏很好的历史遗迹保存条件，所以仅凭爪哇的考古记录，我们无法确认人亚族化石与猎物化石之间的直接联系。

人亚族到底是在什么时候首次踏上爪哇的土地的？我们不得

而知。在最新的研究报告中，科学家声称，化石记录表明，人亚族大约于 130 万年前到达爪哇中部的桑吉兰（Sangiran）。[13] 但是其他遗址出土的与人亚族相关的遗物更加古老，有的距今 180 万年。科学家在爪哇还发现了许多与直立人相关的遗存，但是其年代有待考证，地层背景也不够精确。

在地图 3.1 中，我简要标示了我认为最有可能的更新世早期人属在亚洲的大致迁移方向，其中直立人又是那里最典型的人属族群。但是，有一个重要问题依然悬而未决：100 万年前，人亚族离开非洲家园，外迁过多少次？一次，两次，还是多次？玛西亚·庞塞·德·莱昂（Marcia Ponce de Leon）及其团队指出，颅骨内脑腔轮廓的比较研究结果表明，和爪哇的直立人相比，德曼尼西人的额叶组织更原始。[14] 为解释这一现象，他们提出假说：人亚族两度走出非洲，第一次大约在 200 万年前，第二次大约在 160 万年前。图 2.3 中，我也提到了这种可能性。在图 3.1 中，我进一步探讨这一假说，因为除了直立人，还有弗洛雷斯岛和吕宋岛上身材矮小的人亚族也表明，确实存在这种可能性。具体内容参见下文。

🚶 弗洛雷斯岛之谜

早期人亚族来到巽他古陆东缘，眺望巴厘岛和婆罗洲岛尽头的茫茫大海，他们并未停下迁移的脚步。在远方岛屿的天际线上，还有一座座高耸的火山。弗洛雷斯岛就是这样一个诱人的地方，它离爪哇岛更远，位于印度尼西亚东南部的努沙登加拉群岛（Nusa Tenggara，又名"小巽他群岛"）。但是去往弗洛雷斯岛的路途更加艰难，因为即使在海平面降低的冰期，也没有像巽他陆桥那样的通途。人亚族必须不止一次渡海，才能从亚洲大陆到达弗洛雷斯岛。

大约 100 多万年前，人亚族终于登上弗洛雷斯岛。按照生物地理学分区，亚洲和澳大利亚之间的岛屿属于华莱士区（Wallacea）。这一分区得名于阿尔弗雷德·罗素·华莱士（Alfred Russel Wallace），他与达尔文一样，都是19世纪的博物学家，而弗洛雷斯岛正位于这一分区。即使在冰期，华莱士区也并未出现与亚洲大陆相连的陆桥。区内全部都是由于火山弧地壳运动而形成的岛屿和群岛，每个岛屿都被深海包围。

2004年，科学家发表与梁布亚遗址相关的首篇文章。梁布亚是位于弗洛雷斯岛西部的一个洞穴，科学家在那里发现了一具比较完整但是非常短小的人亚族骨架。这副骨架的主人是一位女性，显然死的时候她脸朝下趴在水坑里。洞穴中除了她的骨骸，还有石器和其他兽骨。石器也是使用奥杜威技术制造，骨头则主要来自年幼的侏儒剑齿象，上面还有锐器取肉留下的割痕。剑齿象是一种长着长鼻子、形似大象的动物，于更新世晚期在印度尼西亚逐步灭绝。弗洛雷斯岛上的剑齿象体形小，像是在小岛环境中侏儒化了。科学家在世界上许多小岛上都观察到这一过程：由于岛上食物来源有限，大型哺乳动物可能会变小（但是小型哺乳动物如老鼠等又会变大）。

弗洛雷斯人首次出土时，科学家在洞穴内使用放射性碳年代测定法推断这一人种大约在12000年前灭绝。但是如今，这些科学家认为，他们当初误读了梁布亚的地层断代数据。在受侵蚀期间，洞穴中的梁布亚地层为不连续沉积，之后又存在再沉积现象。近期，科学家在放射性碳年代测试法之外，又采用其他地球物理学方法测定年代，做出了更清晰的判断：化石记录表明，不止一个弗洛雷斯人曾在梁布亚生活（科学家考察洞穴中发现的其他人亚族骨骸，认为这里的弗洛雷斯人可能多达8个），其生存年代在19.5万年前至5万年前。自那以后，弗洛雷斯人逐渐灭绝。[15]

最近，科学家又在弗洛雷斯岛中部的露天遗址如玛塔蒙格

（Mata Menge）发现了体形更小的人亚族骨骸（其中包括一个小型下颌骨，但是没有颅骨），这可能就是梁布亚族群的祖先。同时出土的还有石器以及更多的兽骨，这些兽骨分别属于剑齿象、科莫多巨蜥和巨鹳。经测定，埋藏这些遗物的沉积层的年代在 130 万年前和 70 万年前。根据目前的化石记录，并无任何迹象表明，人亚族在那之前就在岛上居住。[16] 科学家认为，弗洛雷斯人及其祖先（两处的化石可能属于同一人种）可能在岛上生活了 100 多万年，其间处于高度隔绝状态，和所有其他人亚族生物并无往来。显然，如果弗洛雷斯人与其他脑容量较大的人亚族（比如直立人）出现基因混合，那他们的脑容量不会如此之小。

弗洛雷斯人的身高极矮，体重极轻，脑容量极小（分别大约为 106 厘米、28 千克、420 立方厘米），而且他的骨盆、手（尤其是腕骨）和细长的双脚都保留了上新世南方古猿的特征，而梁布亚出土的化石年代相对较晚，为什么会出现这种"落后于生存时代"的现象呢？最常见的解释有两种。古人类学家黛比·阿古（Debbie Argue）及其同事支持第一种解释：与直立人不同，弗洛雷斯人的祖先来自更新世早期另一个人属族群。这一族群脑容量小，而他们的后代在弗洛雷斯岛上独自生存 100 多万年，仍然保留了这一特征。[17]

最近科学家比较研究人亚族的足骨，发现弗洛雷斯人足骨的形状介于埃塞俄比亚南方古猿（比如"露西"）和更新世早期人属（其中包括德曼尼西族群）之间。由此看来，上述第一种解释有可能成立。[18] 但是，如果目前测定的爪哇和弗洛雷斯遗址年代都是正确的，那么在距今 130 万年前之后，人亚族才初次登上这两个岛屿。从年代上看，这些人亚族不太可能是南方古猿的直接后代。因为在那时，南方古猿属可能已经灭绝。

第二种解释就是，弗洛雷斯人的祖先刚刚登岛的时候，原本也是体形较大的直立人。这些直立人之前就在巽他古陆上某处居住，但是自从到了弗洛雷斯岛，就像剑齿象一样，身体和脑部都开始侏儒化，最终变成出土化石的样子。假如人亚族确实是在距今130万年前才穿过赤道到达南半球，那么这种解释似乎也说得通。但是弗洛雷斯人足部细长，又该如何解释？支持第二种解释的科学家提出，这可能是一种进化过程的返祖现象——又回到了之前上新世南方古猿的状态。

菲律宾又出现了新的证据，为第一种解释提供支持（参见下一节）：弗洛雷斯人是一种体形小的人亚族，他们很早就来到弗洛雷斯岛，身上还保留着上新世南方古猿的特征；之后就在华莱士区之内与世隔绝，度过漫长岁月。如果这种说法正确，那么人亚族到达爪哇岛以及华莱士区的时间可能就比130万年前更早。我在上文还提到了科学家近期根据人亚族脑颅内模提出的另一个假说：人亚族两次从非洲进入欧亚大陆，德曼尼西人是第一次迁移后产生的族群，而爪哇人就是第二次迁移后的产物。如图3.1所示，弗洛雷斯人可能和德曼尼西人一样，也是人亚族第一次迁移后的产物。但是，这种假说是否正确，实在太难判断。

弗洛雷斯岛上还有一个未解之谜，它和侏儒剑齿象有关。与那些和弗洛雷斯人共存的剑齿象相比，它们在岛上的祖先个头更大。所以说，它们确实是在印度尼西亚东部四面环海的岛屿上才开始侏儒化的。但是，既然弗洛雷斯人靠剑齿象的肉生存，那他们为什么没有很快将这一物种赶尽杀绝？毕竟，这个岛屿面积确实不大，而且事实上人亚族和剑齿象在岛上共存100万年之久。科学家认为，智人可能就不会如此温良。

有趣的是，科学家近期对非洲和印度尼西亚大型草食动物的灭绝现象开展研究，其结果表明：早期人亚族未必总是造成这些大型草食动物灭绝的罪魁祸首，气候变化才是更重要的因素。因为气候变化会影响食草动物和食叶动物的植物食物来源。[19] 弗洛雷斯人可能在狩猎时心生胆怯，或者足够聪明，不愿意把剑齿象这个能够提供肉食的主要物种全部杀死。其实，弗洛雷斯人也许直接猎杀剑齿象，又或者搜寻被科莫多巨蜥杀死的剑齿象残骸。但是无论如何，剑齿象都是他们的主要肉源。

所有谜题中，最神秘的就是，这些人亚族到底是怎么登上弗洛雷斯岛的呢？科学家在弗洛雷斯考古遗址中发现了许多更新世动物骨头，但是其中根本没有来自爪哇的哺乳动物，如鹿、猪、牛、犀牛和老虎等。这说明，历史上这个岛屿也不曾通过陆桥直接与爪哇岛或亚洲大陆连为一体。剑齿象和真正的大象一样，能够把长鼻子当通气管用，游到岛上（顺便说一句，真正的大象并未登上弗洛雷斯岛）。古人类学家马德琳·博姆甚至突发奇想，猜测矮小的人亚族可能骑在剑齿象背上，在岛屿之间往来畅游。这确实有点幻想色彩，但是也很难证明这事绝对不可能发生。[20] 相比之下，科莫多巨蜥是岛上的原住民，早在澳大利亚大陆的部分地块在大陆漂移过程中与印度尼西亚东部的火山岛弧相撞的时候，科莫多巨蜥就进入了弗洛雷斯岛。

所以目前我们唯一能够确认的，就是如下论断：无论是更新世早期，还是其他任何时候，都没有人曾经徒步从爪哇岛或婆罗洲岛走到弗洛雷斯岛，因为根本没有陆桥相通。迁移者只可能是采用某种方法漂流过去。小巽他群岛中，各岛屿之间的南北向海上通道水流湍急。如今的考古学家认为，那些人可能取道北面的印度尼西亚中部苏拉威西岛，再沿中间各岛屿之间的海上通道继续前行，而这些中间岛屿也是在更新世海平面降低的时期才裸露出来的。

但是，苏拉威西岛同样位于华莱士区内，从来也不曾与巽他大陆架连为一体。如此看来，这道谜题实在难解。这意味着，弗洛雷斯人的祖先势必渡过望加锡海峡，即苏拉威西岛和东婆罗洲岛之间的永久性海沟。目前，苏拉威西岛塔莱普区（Talepu）出土的石器年代在 20 万年前和 10 万年前。可见那时岛上就有人类留下的痕迹，但是考古学家目前尚未发现任何人亚族化石。

弗洛雷斯人的传奇故事仍然是未解之谜。也许，这些矮小的人亚族会游泳，而且和较重的人亚族（如直立人）相比，他们体重轻，容易抱着浮木或者趴在由水中植物铺成的垫子上泅渡海上通道。无论一路如何前行，早在距今 100 万年前，弗洛雷斯人就登上弗洛雷斯岛，这在更新世早期人属史前史上绝对是浓墨重彩的一笔。[21]

菲律宾吕宋岛

东南亚岛屿上矮小人亚族的故事还有后续。最近，科学家宣称，他们在菲律宾（也位于华莱士区）发现一些骨骸和牙齿。他们属于另一群矮小的人亚族，身上也残留着上新世南方古猿的特征。这些遗物至少有 6 万年的历史，因此和弗洛雷斯岛梁布亚洞穴出土的骨架一样，他们也处于更新世晚期。这些骨头出土于吕宋岛北部卡加延河流域（Cagayan Valley）内卡亚奥洞穴（Callao Cave），由我带过的一个学生，菲律宾大学的阿曼德·米哈雷斯（Armand Mijares）负责挖掘。[22] 和弗洛雷斯岛还有苏拉威西岛一样，菲律宾群岛（巴拉望岛除外）从来没有借助陆桥与东南亚其他地方连为一体。人亚族只有通过海上泅渡，才能到达吕宋岛。

科学家在卡亚奥洞穴底部的水成沉积物中，发现这些人亚族遗骨周围并没有石器，但是有一些留着石器割痕的兽骨，这些是鹿、猪还有野牛的骨头。这些兽骨原本位于洞穴之外的某个地方，但是被水冲进洞穴，科学家尚未找到兽骨原来的位置。有意思的是，科学家观察吕宋人完好的足骨，发现其足部也保留了部分握持和攀爬的能力。从某种程度上说，这些足骨和上新世南方古猿的类似。由此可见，这一物种可能也是早期从非洲迁移到欧亚大陆的人亚族后代，他们可能和弗洛雷斯人拥有共同的祖先。

和弗洛雷斯岛一样，吕宋岛上还留下年代更久远的更新世中期人亚族的踪迹。在卡加延河流域内还有其他考古遗迹。科学家在这些地方发现了一些带有割痕的兽骨（但是并未发现人亚族遗骨），距今大约 70 万年，其中包括已经灭绝的更新世中期猪、鹿、水牛和犀牛属物种的骨头。[23] 这些大型哺乳动物物种从来没有登上过弗洛雷斯岛，它们都会游泳，但是只能游很短的距离，不像大象那样有力。它们可能从婆罗洲岛东部出发，途经巴拉望岛，游过狭窄的海沟，最终抵达吕宋岛。

这些矮小的华莱士人亚族祖先的相关遗存提供了强有力的证据。这些人确实能够渡过短途海上通道，尽管我们不知道他们到底是用什么样的办法渡海的。显然，得益于这种能力，在距今大约 100 万年时或者更早，他们来到弗洛雷斯岛、苏拉威西岛和吕宋岛。[24] 但是，在大约 100 万年的时间内，这些族群的成员身材一直都很矮小。这意味着，他们无法经常漂洋过海。他们还有一个独特之处：这些人似乎一直过着与世隔绝的生活，和巽他古陆上更高大的人亚族近亲并无任何直接交往。

🚶 直立人和同期其他人种的手工制品

本章介绍了多个欧亚大陆上的更新世早期人种，他们有一个共同点，就是其遗骸总是和奥杜威石器有关（参见上文）。吕宋人的遗骨并未伴随石器出土，但是吕宋岛上卡加延河流域内还有其他考古遗址中的考古发现表明，吕宋人使用奥杜威技术制造石器。

非洲和欧亚大陆上许多遗址上的相关证据表明，直到 90 万年前，奥杜威技术，即用石核打制石片作为工具使用的技术（有些俄罗斯考古学家称这种石器为"德曼尼西工具"）依然被广泛使用 [25]。尽管后来的人亚族制造出更新、更复杂的工具，但是他们依然使用奥杜威技术制造石器。直到更新世结束，世界上很多地方都出现了农业人口时，这一古老的技术才被淘汰。显然，奥杜威石器技术非常实用，能够满足人亚族的需要，帮助他们完成必要的任务。直立行走的人亚族有耐心、有体力，能长途跋涉。他们一边走，一边使用奥杜威石器狩猎并采集食物。当人亚族进入欧亚大陆后，他们的领地范围大大增加，远远超过其他灵长类。这是否和奥杜威石器的使用有一定的联系？我认为很有可能。

尽管如此，大约 100 万年前时，非洲和欧亚大陆人亚族的技术操作即将发生根本性的改变。就石器制造技术而言，历史翻开新的一页。考古记录也能证明：自更新世早期人属走出非洲后 100 万年以来，一直沿用的技术将发生天翻地覆的改变，而且考古学家在非洲全境和欧亚大陆大部分地区都发现了人属使用新技术制造的工具，他们称之为阿舍利技术。下一章我们将进入现代人类进化史上的第二个重要阶段，而阿舍利技术在这一阶段的地位和作用举足轻重。下一章以更新世中期为起点，那时世界舞台上也出现了新面孔：脑容量大的人亚族物种纷纷登场，其中包括尼安德特人、丹尼索瓦人、刚刚公之于世的中国北方哈尔滨人的祖先，当然还有一批重磅人物——我们这些现代人类的非洲祖先。

第 4 章　新物种崛起

　　本章探讨人类进化史第二幕的第二阶段——更新世中期。在此期间，脑容量大的人亚族成为非洲和欧亚大陆上的主导物种。基因证据显示，当时在人属内发生了一系列重要的扩增，最终导致智人、欧亚大陆西部的尼安德特人以及东亚的丹尼索瓦人横空出世。科学家根据最新的 DNA 对比数据以及已确定年代的颅骨的形态学特征进行测算，其结果表明，在 125 万年前至 60 万年前，这三大重要物种的共同祖先出现（图 4.1）。[1]

　　但是这一阶段人类进化的故事不止于此。就在我执笔写这一章的时候，越来越多的证据表明，智人、尼安德特人和丹尼索瓦人只是冰山一角，我们对人类史前史的了解也仅仅是沧海一粟。古人类学家试图以稀少又零散的遗迹和遗物为依据研究这一时期其他几个人亚族物种，其中包括西班牙的"先驱人"，人数众多、广泛分布在非洲和欧亚大陆的"海德堡人"，最近的学术期刊上报道的中国北部"哈尔滨人"，以及一个来自以色列的可能的独立人属物种（参见第 5 章）。其实，就在我打算对本章底稿做最后的修改润色的时候，科学家突然发表了与最后两个物种相关的论文。显然，我根据现有的知识刚刚整理出自以为清晰的纲要，而此时科学家又有新发现，于是我再次陷入困惑之中。

　　对研究人类进化史的科学家而言，更新世早期的后半部分以及之后的更新世中期原本就是特别复杂、很难理解的一段时期，再加上一系列不利条件，如缺乏完整的骨架，相关化石记录中，有许多太过零碎，年代测算结果往往差别太大。想要了解真相，更是难上加难。如果有人幻想弄清楚上面列出的 7 个可能存在的人亚族物

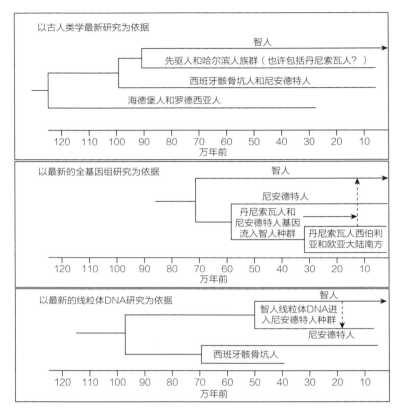

图 4.1　早期智人和欧亚大陆上同时代脑容量大的更新世中晚期物种之间的进化关系。（图上）从古人类学视角（颅骨形态）看，智人与先驱人和哈尔滨人／丹尼索瓦人可归为一类。（图中）根据全基因组的分析结果，尼安德特人和丹尼索瓦人可归为一类。（图下）根据线粒体 DNA 遗传信息，尼安德特人和智人可归为一类。图中数据来源参见本章注释 1。科学家在制图过程中省去了年代的误差范围，所以应视其为近似值。

种，就能对这一阶段的人类进化史盖棺定论，我得提醒他们：直立人、弗洛雷斯人、吕宋人一直在东南亚活动，直到更新世后期才逐渐灭绝。就在距今 5 万年时，智人的优势已经越来越明显，即将要在世界上所有被人亚族占据的地方成为一家独大的物种。东南亚的岛屿上，上述人种可能依旧偏安一隅。而在南非，又一个脑容量小的物种，即纳莱迪人（*Homo naledi*）也与风头日盛的智人在这一时期共存。现在我们得面对这样的一种可能性：更新世中期的某个年代，至少有 11 个人亚族物种（其中有的为人熟知，有的刚刚公之于世）在地球上共存！

这些物种之间有什么样的谱系关系？在现代古人类学研究领域中，这个问题无异于"戈尔迪之结"（Gordian knot，亚历山大大帝的崇拜者能够理解这个比喻的寓意）。首先我要强调一点，智人、尼安德特人和丹尼索瓦人在约 100 万年内一直拥有共同祖先，这个时间跨度确实惊人，但是人属整体的时间跨度约为 250 万年。两相对比，长短立见。从中我们能清楚地看到，在非洲和欧亚大陆上，由于新的人亚族物种扩散，直立人时代结束。

在图 4.1 中，我试着介绍目前科学家对那一时期人类进化史的看法，所以我根据现有的数据资料标出主要人属物种的年代和地理分布状况，并引导读者思考这些物种之间的相互关系。图中引用的数据有三个来源：颅骨形态变化，智人和已灭绝人亚族物种之间的全基因组比较，以及相应的线粒体 DNA 单倍群比较。其实，每一类数据都是科学家以研究成果为依据，采用复杂的统计技术计算出的结果。

研究角度不同，得出的结果类似，但是并不相同。线粒体 DNA 比较研究中，存在一个复杂因素：距今 17 万年前，由于尼安德特人与早期智人族群可能在欧亚大陆杂交繁殖，尼安德特人似乎改变了他们的线粒体 DNA 单倍群。这就意味着，从线粒体 DNA 角度看，尼安德特人和智人应归为一类；但是从全基因组角度看，尼安德特人又与丹尼索瓦人属于同类。还有一个很明显的差异：以形态比较结果为依据计算出的年代比从遗传信息得到的年代稍早一些。人类谱系从来就不是简单的课题！

从下一节开始，我们将逐个分析第二幕后期世界舞台上的所有主要演员。在那之前，我还得介绍目前人类进化史研究中最扑朔迷离的一个基础问题。如果你喜欢清晰明了的谱系图，就会觉得这个问题最让人头疼。古人类学家根据古老的骨头化石创建的各个类目，即所谓的"物种"到底具有什么样的含义？人亚族物种是不是一种"生人勿进"的俱乐部，其成员仅仅在物种界限内交配？还是这种界限本身就并不靠谱，而是充满漏洞？

理解人类进化过程

我们应该如何理解人类进化过程？将古 DNA 提取和分析技术运用于人类史前史研究，总体而言这是发生在 2000 年之后的事情。在那之前，古人类学家和考古学家因观点不同分裂为两大阵营。这种分裂的症结在于，他们对一个问题有相反的看法。这个问题就是，为了更好地理解人类的历史，科学家应该把任何一段时间的全部化石集群视为一个占据全球的单独物种，还是把它们分为多个物种？

如果使用区域连续性（regional continuity）模型，涵盖全球所有古人类居住的地方，使任一时间地球上都仅有一个物种，是不是能更好地描述 500 万年的人类进化史？或者，使用另一个与之相反的模型，其中包括族群之间的生殖隔离，导致新的物种不断形成，有的物种又逐渐灭绝，这样是不是与考古证据更加契合？

密歇根大学古生物学家米尔福德·沃尔波夫和澳大利亚国立大学古生物学家艾伦·索恩（Alan Thorn）于 20 世纪 90 年代清晰阐述"区域连续性"（又称"多区域"）模型理念：如果采用该模型，那么在任一时间，人属内仅有一个单独物种，占据非洲和欧亚大陆上所有族群居住的地方，各区域族群通过杂交繁殖连成网络——古生物学家一般称之为"基因（交）流"（gene flow）。他们认为，这样一来，既不会生成新的区域族群，又不会有族群灭绝。[2] 直立人、尼安德特人和智人形成不间断的进化谱系，在时间上前后相接，但是在亚种层面上，又存在区域差异。

显而易见，连续的基因交流是确保区域连续性模型（作为唯一的进化方式）具有可操作性的必要条件。但是实际上，从南非到爪哇岛，还有弗洛雷斯岛，这些例子都表明，基因交流并非自始至终、连续不断的——今天大部分古生物学家都会承认这一论断。[3] 否则，更新世中期根本不可能出现 11 个相互独立的人亚族物种，原本应该只有 1 个才对。但是我们依然认为，相邻族群之间的基因连锁最终会极大地推动生物发育，而当它们在自然选择作用下具备生殖优势时，对生物发育才会起到更积极的作用。

区域连续模型显然不适用印度尼西亚、菲律宾和南非（详见下文）等地的脑容量小的人亚族。他们的化石出土时间较近，20 世纪 90 年代的古生物学家根本不知道他们的存在，也很难想象他们的生存状态。这些物种脑容量极小，但是其生存年代相对较晚。这些物种分别处于生殖隔离状态，有的可能持续 100 多万年，甚至 200 万年。对于他们而言，显然不存在基因交流：如果这些物种和脑容量大的人亚族物种频繁发生基因交流，那么他们的脑容量不可能一直如此之小。

与之相反的，是近期科学家研究智人起源时采用的主流模型：成功的族群反复扩散传播。从实体意义上看，他们完全取代之前的族群。在智人这一独特的研究个案中，"替代"模型往往与"非洲夏娃"这一概念相关。所谓"非洲夏娃"，指的是 15 万年前在非洲居住的一位女性智人，如今所有活在世上的人携带的线粒体 DNA 都能够追溯到她身上。[4] 在古 DNA 和基因组（全核基因组）分析技术发明之前，由于通过分子钟测定的年代相对较晚，因此当时许多古人类学家确信：携带着夏娃线粒体遗传信息的后代替代了所有之前的人亚族物种，其间并未发生基因混合。当智人在非洲以外的广大地区迅速扩张时（如今科学家测定这一时期在6万年前至4万年前）尤其如此。

替代模型仍然受到来自持续更新的科学观察的挑战：科学家研究古DNA后，发现人亚族物种之间存在杂交繁殖现象。在更新世中晚期，这种现象尤为明显。在人亚族不同物种之间，尤其是在尼安德特人、丹尼索瓦人和智人之间，确实存在基因交流（详情参见下文）。如今在地球上生活的东亚原住民人、西欧亚人、撒哈拉以南非洲人、美洲人和大洋洲人的祖先全都是智人，只是分别属于不同的区域族群；而上述三个物种之间的差别不止于此。在更新世中晚期，人亚族内部的多样性远远超过今天的人类。这些古老物种之间的差别反映了分化的时间深度——动辄上百万年，而非上万年。尽管如此，这些物种之间的基因混合历史表明，基因交流和物种灭绝可能会同时发生。

所以，我们必须舍弃极化模型思维，因为无论区域连续模型，还是整体替代模型都有缺陷。在物种交流长廊地带，比如东非大裂谷、黎凡特海岸地区以及大江大河流域，不同族群因为基因交流和相互交往联系在一起，但是如果存在地理或行为隔离，那他们之间就无法建立联系。东南亚人和南部非洲人的脑容量小的人亚族就属于这种情况。对这些族群而言，物种起源清晰可辨，物种的灭绝也十分彻底——相应的替代模型能够提供最合理的解释。

在我看来，智人也好，尼安德特人也罢，都是考古学家以分类为目的而拟定的物种名称。这些名称确实有助于我们以更清晰、更有条理的方式解释人类进化过程。否则，自更新世早期开始，之后所有年代的化石都是智人化石，无法再细分。但是我们不能忘了，史前人亚族物种本身都是值得商榷的概念。有的时候物种之间界限分明，有时又相互混合、渗透。

从下一节开始，我会逐一介绍即将登上第二幕舞台的各个物种，其中有的闻名遐迩，有的身份尚待探讨；有的因骨骼化石出土而为人所知，有的则主要靠他们的古 DNA 而成为科学家的研究对象——亚洲的丹尼索瓦人就是典型的例子。

欧洲先驱人

最先在欧亚大陆亮相的新物种被称为"先驱人"，可谓名副其实。先驱人零散的遗骸出土于西班牙的象坑（Sima del Elefante）和格兰多利纳洞穴，二者同属于阿塔普埃尔卡洞穴群。这个洞穴群位于西班牙北部，毗邻布尔戈斯省（Burgos），具有无可估量的考古价值（参见图 4.2）。先驱人身高约为 1.6 米，脑容量为 1000 立方

图 4.2　考古学家正在西班牙北部阿塔普埃尔卡山中的格兰多利纳（Gran Dolina）洞穴内挖掘遗物。图右端能见到为修建铁路而被挖出的沉积物，可看到填入洞穴的沉积物上面，保留了原有的石灰岩洞顶。照片由作者提供。

厘米，比几乎 100 万年前的德曼尼西人脑容量大很多。在所有符合条件、可称为欧洲人直接祖先的族群中，先驱人的年代最久远。这些人亚族已经不再是直立人，他们的出现预示着新物种的到来。

我曾到访德曼尼西人遗址（参见第 3 章），也有幸参观阿塔普埃尔卡洞穴群。彼时正值 2011 年，西班牙考古学家罗伯特·萨拉（Robert Sala）陪着我。我们在巍峨的石灰岩山中探访多个填满了角砾岩的洞穴，当时考古挖掘工作正在进行。19 世纪时，为了修建铁路，一家前矿业公司曾经在这里开掘山体。如今在废弃的铁路挖掘工地周围，考古学家又在开掘这些充满沉积物的洞穴，其中肯定有大量尚未被发现的更新世人亚族居住地——这里堪称"考古金矿"。来自象坑和格兰多利纳洞穴的记录清楚地表明，100 万年前，居住在这里的人亚族捕食的动物有马、野牛、猕猴以及犀牛等。它们都是在较温暖的气候条件下生存的动物，兽骨上也有石器留下的割痕，而这些石器依然采用奥杜威传统技术制成。由于某些人亚族遗骨上也有割痕，所以考古学家猜测，先驱人也可能是食人族。尽管这些遗址中有大量先驱人遗物，但是并无任何迹象表明，他们曾用过火。

最有意思的是，来自阿塔普埃尔卡的先驱人遗骨具有与智人相似的面部特征。毕竟，与之前的人属物种相比，这些特征最终在智人身上才发展成熟。科学家最近分析中国的更新世中期人亚族化石，也发现他们具备同样的面部特征（参见图 4.1 上部分哈尔滨人，详见下文）。[5] 尽管如此，先驱人似乎并未直接进化为智人。近期科学家分析格兰多利纳洞穴出土的先驱人白齿蛋白质，发现他们是智人支系的"姊妹"族群，并非我们的直接祖先。[6]

尽管如此，先驱人和智人具有类似的面部特征，而科学家普遍认为，智人来自非洲。这让我们忍不住猜想：人亚族是否曾经带着他们在欧亚大陆上进化出的新的生物特征返回非洲？古人类学家越来越清楚地意识到，这种可能性的确存在，但是很难精确地解释这一假说。[7]

🏃 神秘的海德堡人

所谓"海德堡人"，是很多非洲和欧亚大陆上出土的更新世中期人亚族的统称，但并非所有的古人类学家都认可这一称谓。大部分海德堡人遗骨的年代测定都并不准确，首个海德堡人化石（1907年）出土于德国海德堡附近的莫尔（Mauer）。其实，如果这些人亚族是从非洲出发迁移到欧亚大陆上的，那么海德堡应该是他们的最后一站。

如下各地出土的化石可能会被归入海德堡人族群：埃塞俄比亚的博多（Bodo），赞比亚的卡布韦（Kabwe），坦桑尼亚的恩杜图湖（Lake Ndutu），法兰西南部的阿拉戈洞穴（Arago Cave），希腊的佩特拉洛纳（Petralona），英格兰南部的斯旺斯扎（Swanscombe）和博克斯格罗夫（Boxgrove），可惜这些都不是完整的骨架。此外，印度中部的海斯诺拉（Hathnora）以及中国中部大荔出土的人亚族遗骨可能也属于海德堡人，但是不确定性更大。非洲的海德堡人又被称为"罗德西亚人（Homo rhodesiensis）"，因为卡布韦颅骨出土的时候，赞比亚还是英国的受保护国，国名为"北罗德西亚（Northern Rhodesia）"。最近科学家分析卡布韦颅骨，测定其年代为 30 万年前。[8] 海德堡人整个族群的生存年代可能在 100 万年前至 30 万年前，但是这个年代也具有很大的不确定性。

对于海德堡人族群，我们到底知道些什么？头盖骨长而且低，眉骨持续突出，这些是他们的共同特征。但是他们的颅骨和骨架并无统一的特征，差别很大。今天大多数古人类学家都有疑问：把这么多千差万别的遗骨归为一个物种是否合适？但是，无论上述化石是否属于同一个物种，分析结果都表明，这些人身体健壮。其中男性体重高达 90 千克，他们的体格与身高和尼安德特人以及现代人类类似。他们的脸大，脑容量在 1200 ~ 1300 立方厘米，和现代人比起来也小不了多少。埃塞俄比亚的梅卡克特（Melka Kunture）遗址中留存的脚印表明，脚印的主人完全能够直立行走。有些科学家认为，这些脚印正是一位海德堡人所留。

作为一个族群，海德堡人的踪迹遍布非洲大陆和欧亚大陆东部，而且其时间跨度也很大。其中有些成员可能和非洲最初的智人族群还有欧亚大陆的尼安德特人和丹尼索瓦人的祖先有亲缘关系，甚至有些成员可能正是这三个物种的祖先。根据化石记录，这三个物种的年代距今不到 50 万年，而海德堡人覆盖范围如此广，上述三个物种的祖先很有可能源自这一族群。但是到目前为止，科学家尚未从海德堡人化石中取得古 DNA，用来判定这一假说的真伪。如果能够从海德堡人遗骨中提取古 DNA 或蛋白质，那么至今为止一直被认为是单一物种的海德堡人也许会与尼安德特人、丹尼索瓦人、哈尔滨人（参见下文）和智人融合，被确认为他们的祖先。让我们拭目以待。

⩜ 阿舍利文化

如上文所述，脑容量大的人亚族显然是物种进化史上的赢家：他们走向非洲和欧亚大陆大部分地区，并且在扩散期间取代了直立人。成功故事的背后藏着哪些秘密？海德堡族群是否拥有文化上的某种优势，确保他们能够自由迁移？他们留下的石器又透露了什么样的信息？

上文列出的遗址中，除格兰多利纳洞穴（先驱人化石遗址）之外，其他大部分都有同类石器出土，即考古学家耳熟能详的"阿舍利”石器。这一石器制造技术得名于法国索姆河（Somme Valley）下游的圣阿舍尔（Saint Acheul）遗址。19 世纪时，考古学家在这里发现了这种新型石器。阿舍利石器和之前的奥杜威石器显然在概念上有本质差别，但实际上，人亚族一边采用阿舍利技术制造新式石器，一边依然利用奥杜威技术打造最简单的砾石和片石用具。阿舍利新式石器由大的椭圆形或梨形石块制成，它实际上既是石核，又是大块石片。加工过程中，人亚族沿着几乎所有边缘从两侧敲击（双面），制成石器。这是一种拳头大小的工具，堪称万用工具，考古学家称之为“手斧”。之前的奥杜威技术发展到后期，也出现了某些双面敲打的石器，但是数量太少，无法和阿舍利石器相比（图 4.3）。

阿舍利手斧出土的数量非常多，具有很高的辨识度。更新世中期前一段时间，在整个非洲大陆、欧洲大部分地区，与欧洲相邻的亚洲大陆，乃至更加靠近东亚的国家，比如印度、土库曼斯坦、哈萨克斯坦以及蒙古国，手斧都是最典型的石器（分布范围参见地图 3.1）。[9] 在东亚和东南亚的旧石器时代遗址中，手斧并不多见，但是在爪哇、中国南部和朝鲜，科学家偶尔也会发现手斧遗物。在东亚，阿舍利石器的东扩似乎受到直立人族群的抵制，他们依然采用奥杜威技术制造石器。20 世纪中期，考古学家甚至发表文章，提出“莫维士线”（得名于考古学家哈勒姆·莫维士）这一假说，即手斧的传播止步于印度东部，形成一道界线（左边是“手斧文化圈”，右边是“砍砸器文化圈”）。如今，莫维士线又遭到质疑，因为在界线以东的数个地方，也有手斧出土；但是科学家依然认为，阿舍利石器的主要分布范围仍然符合“莫维士线”理论，手斧罕见于中亚和南亚地区（参见地图 3.1）。阿舍利石器的制造者从来也不曾占据人亚族全境。

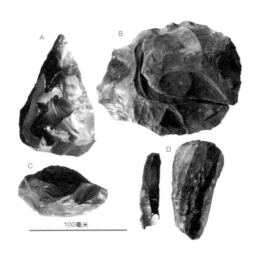

图 4.3　旧石器时代的石器。（A）英格兰泰晤士河流域出土的双面手斧，原料为燧石，采用阿舍利技术制成，图中展示的是手斧的一面。（B）燧石石器的复制品。该石器出土于英格兰，采用勒瓦娄哇（Levallois）技术制成，石核呈"龟背状"，可见一大块石片从石核剥离的过程。（C）法国多尔多涅区康贝·格列纳洞穴（Combe Grenal Cave, Dordogne, France）出土的侧刮刀石器模型，采用莫斯特（Mousterian）技术制成，原材料为厚石片，底部有经过再加工的刮削刃。（D）旧石器时代晚期棱柱状石叶以及石核，原料为燧石，出土于英格兰。上述所有石器均为澳大利亚国立大学考古和人类学学院收藏品。B 项由马克·纽卡蒙（Mark Newcomer，来自伦敦考古学院）于 1972 年复制。C 项由弗朗索瓦·博尔德（Francois Bordes，已去世）捐赠。照片由玛姬·奥托提供。

阿舍利制造技术是否实现了效率的突破？很难说。和奥杜威砾石工具相比，使用阿舍利手斧切割或劈剁未必更有效率。实际上，两种技术有共同之处：都使用石片。但是使用阿舍利手斧时，可以随时从边缘剥离石片，让手斧变得更锋利。阿舍利手斧的样式和形状富有特色，易于辨识。难怪考古学家在过去两个世纪内，已经发现了数千把阿舍利手斧。换言之，考古学家将阿舍利石器视为连贯的文化传统，而非巧合。[10] 这些手斧可能算是一种文化徽章。换言之，新的人亚族扩散过程中，可能逐渐形成了身份认同和群体归属感。早期人亚族中的身份认同和群体意识是个重要问题，即便我们找不到任何直接证据，也不能等闲视之。

我们不清楚阿舍利技术的起源地，我猜它应该起源于东非。目前为止，那里出土的阿舍利石器似乎年代最为久远。科学家认为，该年代的测定结果具有可靠性。但是，也存在与非洲起源说相悖的考古证据——这些反证同样不容忽视。阿舍利技术也可能源自欧亚大陆，比如黎凡特或南亚，毕竟那里也出土了大量阿舍利石器。

目前，有些科学家声称，从年代上看，人亚族在 170 万年前至 100 万年前使用阿舍利石器——恰巧处于更新世早期。从分布范围看，采用阿舍利技术的族群居住在东非（比如奥杜威峡谷）、黎凡特、印度南部，该技术可能已经传播至早期直立人的居住地内。但是，阿塔普埃尔卡格兰多利纳遗址中，先驱人留下大量遗物，而在距今仅 85 万年的岩层中，考古学家却没有发现手斧。因此，上述论断未必精确，至少在非洲大陆和黎凡特之外，阿舍利石器的年代值得商榷。170 万年前的德曼尼西人使用奥杜威石器，而非阿舍利石器，东亚多数直立人族群也是如此。总之，目前的考古证据表明，以距今 100 万年为界，在那之前，采用阿舍利石器制造技术的人亚族物种大多在非洲大陆上生活，尚未广泛扩散到欧亚大陆各地。

脑容量大的非直立人族群的出现与阿舍利石器制造技术在非洲以外其他地区的使用在年代上有重合的部分，尽管我们无法证明这两者的相关性，但是时间上的重合未必仅仅是巧合。但是，无论阿舍利石器在更新世中期上半叶发挥出什么样的重要作用，在那之后崛起的三个新物种（参见下节）仍然淘汰了这一技术。

🚶 更新世中期下半叶的"三大人属物种"

"智人"是怎么产生的？这是本书探讨的重大问题之一，现在我们离这个问题越来越近。如何寻找答案？首先，我们必须考察更新世中期下半叶主导非洲和欧亚大陆大部分地区的三个物种。这三个物种分布广泛，相互之间又有千丝万缕的联系。然后，我们提出问题："这三个物种从哪里来？"如果我们得从基因组和古人类学角度出发探讨早期智人的起源，我们就会发现，这三个物种个个举足轻重。

我们要考察的这三个主要物种分别是欧洲和西亚的尼安德特人，居住在西伯利亚和东亚、像谜一样的丹尼索瓦人，根据化石记录和 DNA 分子钟推断源于非洲的早期智人。实际上，科学家刚刚在中国发现的哈尔滨人可能是与智人起源相关的第四个物种，我将在下一节详细介绍这一物种。在这一节，我还是遵循老传统，先探讨"三大物种"。古 DNA 研究结果表明，由于这三大物种的相互作用，人类进化史上首次出现波澜壮阔的（祖先）基因和族群混合。

科学家根据三大物种的 DNA 对比，进行分子钟计算。其结果表明，他们是共同族群的后代，这一祖先族群生存的年代在 70 万年前至 50 万年前；如果以颅骨形态为依据，其生存年代可能更早，但是祖先基因和族群混合的时间跨度更大（参见图 4.1）。以共同祖先为起点，第一次基因组分离之后，智人和尼安德特人及丹尼索瓦人的祖先形成两大分支。可能的原因是，后者离开非洲，进入欧亚大陆，而智人的祖先留在非洲。尼安德特人和丹尼索瓦人在欧亚大陆上扩散的过程中，又分化为两个物种。

从考古记录看，智人和尼安德特人 / 丹尼索瓦人之间的双向基因组分离与阿舍利技术之后的石器制造技术相关，考古学家称它们为勒瓦娄哇技术和莫斯特技术（它们可能从阿舍利技术演变而成，详情参见下文）。

尼安德特人

上文屡屡提及尼安德特人[11]，现在是时候详细介绍这一物种了（见图 4.4，另见图 2.4 自上而下第 4 个和第 7 个颅骨模型）。英国古人类学家克里斯·斯特林格（Chris Stringer）曾这样描述尼安德特人：

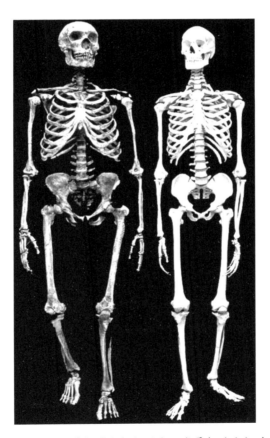

图 4.4　尼安德特人复原骨架（左）与现代人类骨架（右）对比图，注意胸廓和骨盆带形状的区别。原展品藏于美国自然历史博物馆人类学分馆（American Museum of Natural History），征得该馆同意后在此复制。

尼安德特人个子矮，但是体格健壮、脑袋大，面部最醒目的器官是鼻子——肥大又突出。相比之下，其颧骨深陷；门牙硕大，可能在进食、制造工具或加工毛皮时当夹钳使用；眼窝上面是突出的眉骨，眉骨中部隆起但是两边塌陷；颅盖骨长而且低，但是非常宽，从后面看几乎呈圆形……尼安德特人肌肉发达，甚至连孩子都是如此。从他们的身体比例看，他们可能已经适应了寒冷条件下的生活。[12]

正如上文所述，尼安德特人从人亚族物种进化而来，大约 70 万年前到 50 万年前，这一族群扩散到欧亚大陆西部。进化过程中，尼安德特人与往东迁移的丹尼索瓦人分化为两个物种。斯特林格描述的"古典"尼安德特人大约在 25 万年前出现，得益于一次惊人的考古发现，我们现在又有机会了解更古老的尼安德特人。

上文已经介绍过，西班牙北部的阿塔普埃尔卡山脉中埋藏着考古宝藏。除了"象坑"和"格兰多利纳洞穴"，还有一个"骸骨坑"。这是一个 13 米深的地下洞穴，考古学家在洞底挖出 5000 多块人亚族骸骨。科学家采用铀系同位素断代法分析埋藏化石的方解石沉积物，然后做出推断：大约 43 万年前，至少有 30 具完整的尸身被扔进坑里。这些人亚族属于一个古老的物种，他们显然是尼安德特人祖先族群的一部分。科学家又提取骨头中的古 DNA 进行分析，再次确认这批人亚族与尼安德特人而非丹尼索瓦人的基因组有亲缘关系（线粒体 DNA 除外）。[13] 科学家还在这批骸骨中找到了完整的舌骨，从人亚族进化史角度看，这是目前发现的拥有完好舌骨的最古老的族群。舌骨位于颈部，不与任何其他骨头相连。它为舌头提供支撑，为人类能够开口说话提供身体条件。骸骨坑人亚族也许和我们类似，能够发出各种各样的声音。起码在一定程度上，他们具备开口说话的能力。

骸骨坑人亚族的脑容量大小不等，在 1100 立方厘米至 1390 立方厘米之间（平均值为 1250 立方厘米，参见图 2.4，第四行），略逊于晚期尼安德特人和早期智人。骸骨坑人亚族壮年男性的身高最高达 180 厘米，体重可能达到 100 千克。幸运儿能够活到 35 岁左右。他们的牙齿磨损严重，但是遗址内未发现作为食物残留的植物化石或动物骨头（洞穴里有熊骨，但是这些熊并非猎物，而是在洞里自然死亡），无法推测他们的日常饮食结构。洞里的石器也只有一件，那是一块阿舍利手斧，显然是在堆积尸体时被扔进洞穴的。

骸骨坑显然并非居住地，许多考古学家认为，现场证据表明，43 万年前，人亚族就特地把死者放在地下深穴（活人根本无法探洞）之中，像是回到了子宫，而手斧就是有意献上的葬品。其中一人在下葬之前因头部被重击而死，但是他的骨头上没有留下割痕，所以没有迹象表明，骸骨坑人亚族有食人的传统。[14] 从来没有人在洞中生活或饮食，但是在我们看来，这些考古证据指向一个惊人的论断：骸骨坑人亚族可能相信，在这个触手可及的、可感知的世界尽头，还会有些东西等着逝者，所以他们才会采取这种丧葬行为。

如今，多处考古遗迹表明，25 万年前之后，在欧洲和亚洲未被冰川覆盖的地方，到处都有尼安德特人遗存。他们的领地十分宽广，自西向东延伸 8500 千米，自北向南延伸 2500 千米。欧亚大陆之外，从不列颠诸岛到直布罗陀海峡，欧亚大陆之内，从法国到东欧，再到以色列、伊拉克库尔德斯坦（Kurdistan）、高加索地区、乌兹别克斯坦，直到西伯利亚的阿尔泰地区，都是尼安德特人的居所（参见地图 5.1）。化石证据告诉我们，这个单一的、具有鲜明特色的物种扩散到辽阔的地域，在至少 70 个地方留下遗骸。其中有的相对完整，有的十分零散。自 19 世纪以来，考古学家不断挖掘出尼安德特人的遗骨，这些遗骨的主人几乎达到 300 人。尼安德特人遗址已经成为古人类学家、考古学家和遗传学家眼中的金矿。其中一个原因就是，在许多隐蔽的洞穴中珍藏着他们的遗骸。有的可能是特地埋葬在那里，有的则是偶然留在洞穴中。

尼安德特人领地的界限在哪里？在欧亚大陆南方，地中海和干燥的西奈半岛挡住了他们的去路，他们无法走进非洲。在非洲大陆上，没有任何迹象显示，更新世中期，尼安德特人曾在这里生活；在（真正意义上的）亚洲热带地区，科学家也尚未发现他们的踪迹。自末次冰川极盛期以来，现代人类的祖先，即携带着尼安德特人基因的智人，从欧亚大陆进入北非，但是这只是一股"余波"，并不意味着尼安德特人当初曾经在非洲大陆上出现。[15] 实际上，如今在撒哈拉以南非洲生活的许多人类族群身上根本没有来自尼安德特人的基因。[16] 在欧亚大陆北方，纬度超过 55° 的地方可能太过寒冷，阻挡了尼安德特人北上的脚步。但是又有考古记录表明，有些尼安德特人甚至到过俄罗斯西部的北冰洋海岸线，靠近乌拉尔山脉的北端。化石和 DNA 记录表明，尼安德特人的竞争者当时在其他地方生活：幸存的直立人族群占据爪哇岛，而在从西伯利亚直到印度尼西亚的广大区域，很多地方都留下了神秘的丹尼索瓦人的踪迹。

⺅ 丹尼索瓦人和哈尔滨人

2010 年，莱比锡的马克斯·普朗克进化人类学研究所（Max Planck Institute for Evolutionary Anthropology）的遗传学家宣称，他们从"丹尼索瓦女孩"的指骨中成功提取出古 DNA——这块指骨出土于西伯利亚南部阿尔泰山脉的丹尼索瓦洞穴。DNA 分析结果表明，这个女孩属于一个当时还不为人知的人亚族物种，该物种和尼安德特人有亲缘关系，但是又有差别。之后的分析结果也表明，大约 5 万年前至 4.5 万年前出现了跨物种杂交繁殖事件。因此，某些现代族群，其中包括菲律宾的狩猎–采集者、澳大利亚原住民以及巴布亚人（Papuan），至今依然携带最多达 3% 的丹尼索瓦人 DNA。[17]
显然，与生活在遥远的西方的尼安德特人相同，丹尼索瓦人和现代
人类的祖先同样具有互交可孕性。

自那以后，科学家陆续发现，在丹尼索瓦洞穴中，有 4 位丹尼
索瓦人的骨头碎片。他们还在这里找到相关证据，表明尼安德特人
当时也在那里活动。最近，泽诺比亚·雅各布斯（Zenobia Jacobs）
及其团队采用光释光技术测定洞内沉积岩年代，卡特琳娜·都卡
（Katerina Douka）与其团队则采用放射性碳法测定年代，再加上从
沉积物中提取的古 DNA 作为辅证，可以初步判定，在 25 万年前与
5 万年前，丹尼索瓦人在那里居住。自 20 万年前开始，尼安德特人
与之共存，此地出土的两大物种的化石在年代上重合。[18] 他们使用
的石器类似，可归类为勒瓦娄哇和莫斯利石器。他们采用典型的旧
石器时代中期欧洲石器制造技术，而非阿舍利技术，下一节我还会
详细介绍这两种石器制造技术。

最让人惊讶的是丹尼索瓦洞穴中一个小女孩的 DNA 分析结果。
遗传学家从这个十几岁的小女孩的骨头碎片中提取 DNA 进行分析，
其结果表明，小女孩的妈妈是尼安德特人，爸爸是丹尼索瓦人。而
且就在前几代，这位父亲也有尼安德特祖先。[19] 这个惊人的发现堪
称两个物种之间杂交的铁证，而之前科学家认为，在近 50 万年的
时期内，这两个物种都在相互隔离的状态下各自进化，发展为两种
不同的物种。但实际上，大约 9 万年前，在西伯利亚的这个寒冷的
角落里（一年的大部分时间内，丹尼索瓦洞穴的温度都在 0℃ 上下
浮动），尼安德特人和丹尼索瓦人共同生活。

到目前为止，我们了解丹尼索瓦人的主要渠道有两个：复原丹
尼索瓦洞穴中少量的骨头，提取洞穴内土壤沉积物中留存的古代丹
尼索瓦人 DNA。除此之外，在中国甘肃省境内青藏高原的白石崖洞
穴，海拔高度 3280 米的地方，还出土了一块距今 16 万年的丹尼索

瓦人下颌骨。科学家还从洞中的沉积物中提取了更多的丹尼索瓦人DNA。由于该下颌骨中没有任何古DNA，所以科学家根据其蛋白质内的氨基酸序列，判定它与丹尼索瓦人密切关联。[20]

白石崖位于阿尔泰山脉东南部大约3000米的地方，海拔很高，这意味着丹尼索瓦人能够在低氧大气环境中居住。因此，白石崖丹尼索瓦人可能是居住地海拔最高的人亚族物种成员。他们可能在追逐特定种类的猎物过程中，逐步往高处走，最终到达白石崖。

丹尼索瓦人遗骨数量太少，这意味着，目前科学家无法按照林奈双名法（Linnaean）命名这一物种，也无法精准地界定其骨骼结构。即便如此，科学家对如今存活的亚洲人的染色体上保留的丹尼索瓦人DNA片段开展新研究，其中包括岛屿东南亚族群和美拉尼西亚族群。其结果表明：具有丹尼索瓦基因特征的族群可能不止一个，丹尼索瓦人甚至能够再细分为不同的物种。科学家认为，丹尼索瓦人和智人可能发生过三次大规模杂交，其地点分别在南亚、阿尔泰山脉以及岛屿东南亚（其中包括新几内亚岛，岛屿东南亚系考古学地理概念）。[21] 在岛屿东南亚，丹尼索瓦人和智人之间的基因混合可能几乎持续到更新世末期。

目前，最让我们对人类进化过程感到困惑的，就是东亚的丹尼索瓦人。其中部分原因是，目前科学家仅仅发现了几块小骨头和一块下颌骨，根本无法确定丹尼索瓦人的骨骼结构。看起来，任何被确定为东亚"直立人"的化石遗骸都不可能属于丹尼索瓦人，反之亦然。显然，丹尼索瓦人的祖先是另一批从非洲迁移到欧亚大陆的人亚族，其迁移时间和直立人祖先相差了100万年。这意味着，当这两个物种在更新世中期相聚时，他们肯定存在本质差别。

当我已经完成本章手稿，打算最终润色的时候，古人类学家又发现了一个很有可能属于丹尼索瓦人的人亚族物种。我们早已知道，中国有丰富的更新世中期人亚族遗存，其数量之大，令人称羡。但到目前为止，它们很少出现在国际期刊中（周口店和中国其他遗址中的直立人是个例外）。当中国和西方的古人类学家携手合作，共同发表文章的时候，上述情况开始发生翻天覆地的变化。

在中外专家联合发表的重磅文章中，他们称这一可能的新物种为"哈尔滨人"。他们的脑容量大，来自更新世中期。而在中国专家单独发表的相关文章中，他们使用了一个更大胆的名称——"Homo longi"，即"龙人"。[22]1933 年，为躲避入侵的日本兵，龙人的主要物证被发现者埋藏在哈尔滨的一口井中。这是一颗颅骨，两个眼窝上面都有一条单独的眉骨，脑容量为 1420 立方厘米。经铀系列同位素法测定，其历史超过 15000 年。据报道，在中国其他地方，考古学家也发现了类似的样本，其中包括大荔、金牛山和华龙洞遗址（具体位置参见地图 3.1）。

这篇重磅文章的作者称，哈尔滨人可能是白石崖洞穴中出土的下颌骨主人的姊妹物种，但是由于目前科学家主要依靠古 DNA 推断丹尼索瓦人的特征，而他们对哈尔滨人的了解又仅以一颗颅骨为依据，所以这一假说具有很大的不确定性。尽管科学家无法明确认定，龙人就是丹尼索瓦人，但是他们意识到了这一明显的可能性。

哈尔滨位于约北纬 45°，其纬度与阿尔泰山脉和丹尼索瓦洞穴相近。哈尔滨冬天的温度也会下降到 0 摄氏度以下。和尼安德特人以及阿尔泰山脉和白石崖的丹尼索瓦人一样，哈尔滨人要么能够耐受极寒气候，要么会生火，而且会制作温暖的兽皮衣服。也许他们有能力迁往南方，去更温暖的地带过冬。科学家还观察到，从颅骨形态看，哈尔滨人与西班牙的先驱人（参见图 4.1）相去不远。至于为什么会这样，有待科学家给予解释。

全球古人类学学术界到底如何判定龙人的性质，目前尚不清楚，但是我同意《科学》杂志作者安·吉本斯（Ann Gibbons）的预测：[23]丹尼索瓦人和哈尔滨人最终将被认定为同一物种。那他的正式名称又该如何定夺？中国学者已经将这一物种命名为"龙人"。俄罗斯学者可能更喜欢"阿尔泰人"（Homo altaiensis）这个名字。远在西班牙的先驱人会不会也被归入这一物种？让我们拭目以待。

⚡ 尼安德特人和丹尼索瓦人：耐受严寒，在石壁上作画？

25万年前至4万年前的尼安德特人化石和遗物大量出土，在古人类学家和考古学家心中留下了深刻的印象：尼安德特人是有较强感知力的人亚族，他们的生活方式显然具备人类的特征，但是他们并非智人的直接祖先，智人的行为方式也未必和尼安德特人一脉相承。至于丹尼索瓦人或哈尔滨人，由于相关的骨架和考古证据数量太少，我们无法做出同样的推断。但是，在亚洲各地，尼安德特人和丹尼索瓦人都和智人成功交配。下一章我们还会探讨相关事例，因为这有助于我们更深刻地理解我们智人这一物种的史前史。

说起生活方式，我们的探讨仅限于尼安德特人，因为相关资料翔实可靠。多年以来，考古学家做过大量的比较研究，即还原、重构尼安德特人的行为，然后与早期智人特有的复杂行为相比较，这两个物种的语言能力、概念性思维能力和象征性行为更是重点的比较对象。在比较过程中，尼安德特人往往不出意料地落败。毕竟，智人最终取代了尼安德特人。但是有些时候，科学家给予尼安德特人更中肯的评价。

比如，近年来，科学家提出，尼安德特人具有和智人类似的行为能力，他们制造的石器和骨器与旧石器时代晚期智人制造的器具（参见第5章）不分伯仲。例如，在欧洲不同的地方，考古证据都表明（尽管也存在争议），尼安德特人有时候会使用旧石器时代晚期的石叶工具。除此之外，他们会用嘴吹气，把制作好的赭红颜料涂抹到手掌和张开的手指上，然后以涂满颜料的手为工具，在洞穴岩壁上作画。还有证据表明，尼安德特人猎鹰，并在从事象征性的活动过程中使用鹰的羽毛。他们还在洞穴内以及开阔的场地上把石头和猛犸象骨堆成一圈。[24] 考古学家丽贝卡·雷格·赛科斯（Rebecca Wragg Sykes）撰文指出，尼安德特人在狩猎、谋生和艺术创作方面展示出的行为复杂性和智人相去不远，我认为这篇文章很有说服力。[25]

后期的尼安德特人是否可能采用或模仿现代人类即智人的文化习惯？有考古学家认为，答案是肯定的。尽管几乎没有切实的证据支持"模仿"假说，但是，如果尼安德特人有能力模仿智人并与之繁衍后代，即使这种情况并不常见，这依然意味着，他们的行为模式和智人差别不大。尼安德特人行为的复杂性问题确实值得我们深思。

实际上，作为更新世中期脑容量大的智能人亚族中的一个物种，尼安德特人未必样样都输给智人。和智人一样，尼安德特人的喉部也有舌骨，体内也有与语言能力相关的基因，但是与智人的相关基因有细微的差别，遗传学家称之为"FOXP2"。当然，仅仅具备这些身体条件，未必就能确保尼安德特人的语言和感知能力达到了智人的水平。但是，在法国、以色列、叙利亚以及伊拉克库尔德斯坦，考古学家都发现，洞穴中的部分尼安德特人骨架在关节处保持连接。这说明，这些人可能是特地安葬在那里的——尼安德特人可能已经刻意从事丧葬行为。[26]

尼安德特人捕食中型到大型食草哺乳动物，会使用火，主要在欧亚大陆中纬度地区生活。在那里，当冰期和间冰期交替时，他们的食物来源会发生显著变化。在欧洲，冰期冰川作用盛行时，可捕食的动物有驯鹿、麝牛以及披毛犀；间冰期内，气候变暖，可捕食的动物有黇鹿（fallow deer）、欧洲野牛以及野绵羊。最近，科学家研究尼安德特人骨骼时发现，男性经常受伤，而他们的受伤情况和旧石器时代智人男性狩猎者类似。这意味着，这两个物种可能有类似的狩猎技艺。[27]

考古学家还发现了能够反映尼安德特人成熟的狩猎技巧的有机遗物。比如，他们在德国舒宁根（Schoningen）的一个褐煤矿区发现了 8 根 2 米长的云杉和松木尖矛。同时出土的，还有马骨化石（这种马已经灭绝）。[28] 这些尖矛的制造者和使用者可能就是一个早期尼安德特人。有了这样的狩猎武器，这一族群就有条件积累更多的肉食，从而为更大的社会群体提供保障，确保他们能够一起居住、共同劳作。由于尼安德特人会用火（这一点如今已经被考古学家证实），因此他们的肉食，尤其是煮熟的肉，供应越来越有保障。这一族群的产妇的健康状况自然得到改善，生育率也会随之增加。至少在尼安德特人族群尚未最后走向衰落之前（详见第 5 章），他们可能享受过这种繁荣时期。

从石器技术的发展看，尼安德特人和阿尔泰山脉中的丹尼索瓦人采用一种被考古学家称为"勒瓦娄哇–莫斯特"的石器制造技术。这种技术继承了部分阿舍利传统——尼安德特人仍然使用小型手斧。观察这类石器，我们不难发现，尼安德特人掌握了一种新型石片剥离技术，由于这种石器最初出土于勒瓦娄哇——巴黎的一片郊区，考古学家称之为"勒瓦娄哇技术"。其实，由于法国学者首先意识到石器技术的重要性，因此许多主要的旧石器时代石器制造技术都用法语命名。莫斯特遗址也在法国，隶属于多尔多涅区。

勒瓦娄哇技术基本上是一种预先设计石片形状的方法：首先把石核制成中间凸起的龟背状，然后在一端预制敲击平台，最终把预先设计好形状和大小的石片从石核上剥离。考古学家经常称这种石核为"龟背石核"或者"预制石核"（图 4.3B）。这种技术适用于纹理细密的岩石，比如燧石之类。许多考古学家认为这种技术具有重大意义。实际上，它脱胎于更早的人亚族已经熟知的技术：如果用来制取石片的石核形状符合要求，那么剥离一块形状和大小合适的锐利石片相对而言最为简单。

以距今 30 万年前为界，自那以后，在非洲和欧亚大陆就出现了许多这种从预制石核上剥离的石片，但是考古学家并不知道这项技术起源于哪里。它可能起源于非洲——肯尼亚的奥洛戈赛利叶（Olorgesailie）和摩洛哥的杰贝尔伊罗（Jebel Irhoud）出土的类似预制石器年代最为久远（在撒哈拉以南非洲很少有人使用"勒瓦娄哇"这一称谓），又或者起源于黎凡特，甚至可能起源于更遥远的东亚。最近，亚洲数个地方都出土了勒瓦娄哇石器，而这些地方相距甚远，既有阿尔泰山区，还有高加索地区，乃至印度。[29] 但是，和阿舍利技术一样，它在东南亚不受欢迎，那里的直立人依然钟爱奥杜威技术，直到更新世末期才有改变。

在非洲和欧亚大陆的广大地区，尼安德特人、丹尼索瓦人还有早期智人社群都使用预制石核技术，所以可能我们没有必要探究实际上到底是哪个物种发明了这项技术。我们最好把勒瓦娄哇石器制造概念视为一种实用的创意，这种创意一旦发展为创新技术，它本身就会推广出去，被所有脑容量大的更新世中期人亚族物种所用。这些物种之间一直保持联系，偶尔还会杂交繁殖。

更新世中期其他人亚族物种

更新世中期后一段时间，即 30 万年前至 12 万年前，还发生了什么？在东南亚，身材矮小的弗洛雷斯人和吕宋人一直在岛上生活，直至被智人取代。爪哇岛上的直立人可能也有类似遭遇。科学家并不清楚亚洲大陆上的直立人族群在什么时候被丹尼索瓦人或哈尔滨人取代，但是直到距今 10 万年时，印度尼西亚的直立人（又称"梭罗人"，即 Solo Man）一直存续。他们在爪哇岛中部的梭罗河流域居住，其脑容量逐渐增大，已接近 1200 立方厘米。科学家认为，距今大约 5 万年时，梭罗人族群才被智人取代。[30]

直立人脑容量增加是族群内部进化的结果，还是与其他在亚洲大陆上生活的人亚族交配繁衍的结果，目前并不清楚。如上文所述，尽管东亚和爪哇岛上偶尔也出土阿舍利手斧一类的石器，但是长期在岛上生活的直立人族群主要使用奥杜威石器。[31] 这表明，在爪哇岛上，直立人可能独自进化，脑容量逐步增加，与欧亚大陆上其他物种并无瓜葛。

在旧大陆的另一边，还有个神秘的物种在非洲南部持续生存。直至大约 30 万年前，考古学家称其为"纳莱迪人"。至于他们为何能够存续，科学家不得而知。[32] 考古学家在靠近南非约翰内斯堡的新星洞的两处幽深的洞穴之中，发现了至少 15 具相对完整的纳莱迪人遗骸，但是洞内并无任何石器出土。在隐蔽的深洞中堆积这么多具遗骸，并且洞内通道狭窄，大型食腐动物根本无法出入。这一考古发现引人深思。这里是不是也和西班牙骸骨坑一样，是纳莱迪人实施丧葬行为的例证？这一行为是否表明，他们已经具备某种程度的亲缘意识？[33]

纳莱迪人还有一个神秘之处：他们的脑容量很小（460 ～ 610 立方厘米），甚至比与之相差 100 多万年的德曼尼西人还要小。相比之下，虽然纳莱迪人的身体也不大，但是从其所处年代（更新世中期）看相对正常。他们的身高平均为 1.5 米，体重在 40 ～ 55 千克。尽管脑部与身体不协调，但是他们和其他人属物种一样，都能直立行走，他们的双手也并无出奇之处。

纳莱迪人具备不同寻常的、长期隔绝的物种的标志性特征，和华莱士区内的弗洛雷斯人和吕宋人类似。但是南非显然是人亚族频繁活动的地方，怎么会出现这样的物种？科学家是否弄错了他们的年代？这似乎不可能。他们会不会是智人与年代更久远的小脑容量人亚族杂交的后代？这也不可能。因为没有任何证据显示，距今 30万年前，非洲依然存在与上新世南方古猿相像、脑容量足够小的人亚族物种。在非洲，纳莱迪人显然与早期智人族群处于同一时代，而后者的脑容量是他们的两倍。

我认为，我们只剩下最后一种推论。弗洛雷斯人、吕宋人和纳莱迪人脑容量小，但是生存年代较为接近。这表明，人属有能力在条件合适的情况下，形成处于生殖隔离状态而且形态多样的物种，这些物种还能长期存续。纳莱迪人这一物种形成的具体条件是什么，我们可能永远也不会知道。我们认为，上述三个脑容量小的物种在智人到来时开始灭绝，而且对后者的基因并无贡献，但是目前我们尚未能够从上述三个物种中的任何一个取得古 DNA 以证实这一推论。

也许，在没有遗传证据的情况下，我们不应该假定人亚族总是会跨物种交配繁殖，尽管他们具备这项能力。由于在身体外貌、文化和饮食方面的差异，以及其他行为特征的差别，更新世中期人亚族物种间交际模式可能与今天我们看到的智人物种内部各族群不同。如今，在全球融合背景下，各族群之间交际频繁，基因充分混合。对于远古的人亚族而言，有时候，可能存在物种之间彻底隔绝、毫不融合的可能性。即使数百万年之后这些分散的物种又在迁移过程中再次重聚，也未必一定会出现基因混合。

第三幕
智人登场

第5章 神秘的后来者

人类进化史第三幕上演，指引我们进入智人时代。利用遗传学DNA技术，可以将如今存活的人类族群的谱系追溯到至少25万年前在撒哈拉以南非洲居住的人亚族。再通过智人、尼安德特人和丹尼索瓦人DNA和颅骨形态的对比分析，又可以将我们人类祖先的谱系继续往前追溯很多很多年，可能还在70万年前（详见第4章）。但是，在此时间深度上，在古生物或考古学研究框架内，智人尚未从其他人亚族分离，也尚未形成可辨识的物种特征。

一旦登上舞台，智人各族群就迅速开始迁移。本章带领读者追随智人的脚步，持续迁移，直至在欧亚大陆和澳大利亚定居，但是本章到底在哪一年代结束，其实尚无定论（参见地图5.1）。目前最可靠的推断是，这一时期在7万年前至5万年前，或者在6万年前至5万年前进入尾声。在这样的时间深度上，误差范围浮动较大。实际上，我们会发现，考古学家、古人类学家和遗传学家未能就智人首次走出非洲以及来到澳大利亚的年代达成较为一致的看法。目前，智人起源是考古学、古生物学和遗传学界争议最大的课题。我会在本章解释造成争议的原因。

🚶 智人出场

以前我在给本科生上课时，为了解释智人这一物种的起源，我会走进如今已经去世的同事科林·格罗夫斯（Colin Groves）的实验室，取出一些颅骨模型（参见图2.2和图2.4），然后把它们放在讲台课桌上，摆成一排，和学生依次解释：这些颅骨分别属于哪个

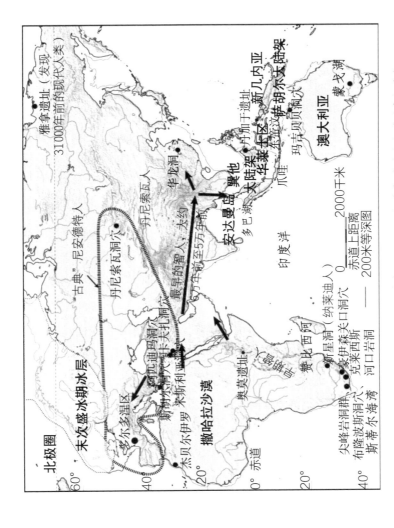

地图 5.1　与智人的非洲起源及其在欧亚大陆上扩散相关的地点（图中标出）。

物种，我们为什么能判断它属于这一物种——最先是黑猩猩和大猩猩（当然，它们并非人亚族的直接祖先），然后是上新世南方古猿，更新世早期人属、直立人，脑容量大的更新世中期人属，尼安德特人，直到智人。

解释进化史的过程中，必须澄清一个问题：智人和其他人亚族种属到底有什么区别？我会强调其中三个方面的区别。智人的眉毛上面有平滑的前额，而非突出的眉骨；智人的下巴突出，而非下陷；智人的脑颅更高，从后面看，耳朵以上的部分两侧平行，而大部分已灭绝人亚族物种的脑颅在耳朵处最宽。换言之，智人的脑颅更高更圆（呈球形），这是东非最古老的智人的主要特征，而且这一特征从未改变。其他已灭绝人亚族的脑颅又长又低。

此外，智人还有一些其他特征，比如下颌和牙齿较小。和已灭绝人亚族种属相比，智人的面部前突并不明显。枕骨大孔（颅骨基底部开口，头骨与颈椎的连接之处）的开口方向表明他完全习惯了直立行走，颅骨枕区（颅骨后部末端）呈圆形。[1] 图 2.2 和图 2.4 清晰地展示了智人的部分特征。

这就是智人，从骨骼结构角度看，他们已进化为现代人类。如果我们把现代人类的颅骨和欧洲洞穴出土的尼安德特人的颅骨放在一起，差别十分明显（参见图 2.4 底部两排）。

讲到智人的行为特征时，我还会把石器和其他手工制品当作教具，摆在讲台课桌上。我首先用它们展示我在第 3 章和第 4 章介绍过的，那些已灭绝人亚族采用的石器制造技术，尤其是"旧石器时代早期"的奥杜威技术和阿舍利技术，以及旧石器时代中期与尼安德特人相关的勒瓦娄哇技术和莫斯特技术（参见图 4.3）。此外，我还会展示沿一端加工的砾石，双面手斧、龟背状石核，再加工（多次使用或有意打磨）的刮削器，可用来清洁动物皮毛。

智人的手工制造技术也突飞猛进。智人，起码欧洲智人的手工制品比已灭绝人亚族的精细、有趣得多，这是我们大多数人的共识。他们制作的手工艺品包括从圆柱形石核上敲下的长条状石叶（图 4.3D），精致的双面打制的石刀和矛尖（图 5.1），"维纳斯"小雕像（有时候用猛犸象牙制作），偶尔还有带倒钩的骨制矛尖或者带针眼的骨制针。此外，考古学家还发现，智人在洞穴壁上留下雕刻或绘画艺术作品；他们实施丧葬活动，在坟墓中摆放物件，并使用赭红颜料做装饰；他们还制作带孔眼的珠子以及蛋壳和骨制坠饰。考古学家宣称，这些艺术或工艺品体现出智人独有的文化特征。

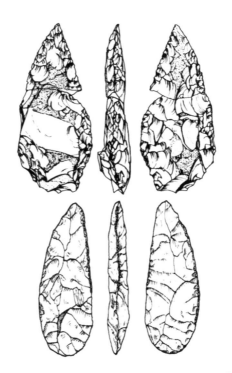

图 5.1　两个在马来西亚沙巴州丹加于（Tingkayu, Sabah）出土的双面石器。上图的石器（长 12.5 厘米）在制造过程中破裂，所以无法完工。下图的（长 11 厘米）边缘有豁口，似乎作为刀具使用，而非尖状器。本图可与图 6.2 中在日本和北美洲出土的类似双面石器比较。由马来西亚沙巴州博物馆拉吉姆·萨希姆（Lakim Kassim）绘制。

智人究竟在哪里进化，又如何取得这些进化成就？对于这些问题，科学家并未形成较为一致的观点。尽管如此，在我做学生以及后来工作的过程中，很长一段时期内，大家普遍认为，智人这一物种是上述新奇古怪的旧石器时代晚期手工艺品唯一的制造者和拥有者。尽管我们一直都不清楚旧石器时代晚期这些新技术/艺术的起源，在欧洲，这些成就的重要性似乎一直显而易见，法国和英国的科学家尤其重视相关研究。毕竟，早在一个（多）世纪之前，那里的旧石器时代考古学就已经初具规模。

如今，新发现层出不穷，旧的学科体系面临颠覆性的改变，在西欧之外的地区尤其如此。智人并非欧亚大陆旧石器时代晚期研究中的一个附属课题，他们的文化成就也绝不仅限于石器——尽管自47000 年前之后许多智人族群都与旧石器时代晚期文化息息相关。早期智人的文化扎根于更深的土壤中，下文我们继续探讨这一课题。但是，寻根绝非易事，在深入讨论之前，我先把大致背景交代清楚。

早期智人之谜

距今 30 万年前，智人在非洲进化，并且在某个时候逃离非洲大陆，迁移至欧亚大陆和大洋洲，并在那里聚居。但是他们到底是在什么时候离开的？当时他们又具备哪些文化特征？这些问题似乎简单，其实很难解答。史前人亚族颅骨化石记录表明，早在 20 万年前，智人就可能已经离开非洲。但是当时这一物种已经具备什么样的身体特征，我们并不清楚。科学家采用基因分子钟方法进行评估，却又得出完全不同的结论：他们认为智人在 7 万至 5 万年前才成功迁移，从非洲辗转至世界各地，并且繁衍子孙，成为如今存活的人类族群的祖先；而且迁移最有可能发生在上述时间范围的中晚期。

如果考古学家能够找到完美的旧石器时代晚期石器，就能够裁定上述两种论断谁是谁非。所谓完美，即在非洲大陆内外，该石器的出现与首批智人的颅骨之间存在 100% 的相关性。遗憾的是，目前出土的化石都不符合这一条件。实际上，和非洲东南部和澳大利亚出土的最古老的智人颅骨化石相关的旧石器时代中期石核和石片工具，与尼安德特人、丹尼索瓦人和其他非智人人亚族制作的石器类似。总之，旧石器时代晚期的石器根本就不存在与最古老的智人遗骸普遍相关的辨识标志。

由于这个谜团尚未解开，在此不再赘述。在下一节，我会逐次解释并分析相关证据。

智人出现：头骨和基因

属于现代人类即智人这一物种的更新世晚期颅骨化石共有数千块，分别来自非洲、欧亚大陆和大洋洲。从化石的颅骨结构看，距今不到 6 万年前，这一物种才完全进化为现代人类，实际上，大部分智人化石的年代更近。但是在那之前，又发生了什么？化石记录和遗传的对比研究都表明，非洲大陆是智人的家园，智人如何在那里进化？我们确实应该刨根问底。

古人类学家发现，在摩洛哥、苏丹、埃塞俄比亚、坦桑尼亚、赞比亚和南非各地遗址出土的十几副遗骸的颅骨和面部具有和智人类似的特征，这些遗骸的年代在 30 万年前至 9 万年前，远远在智人颅骨完全进化的特征出现之前。古人类学家认为，在这个年代更久远、由多种物种构成的群体内，可能就有今天活着的所有人的祖先。但是这些遗骨往往残缺零碎，年代也难以测定。其中有许多显示出非智人人亚族的特征：颅骨轮廓高而短，牙齿大，眉骨突出。

在古人类学视角之外，如今的遗传学研究又提供了更多信息。如上一章所述，遗传学家采用分子钟技术，将智人、尼安德特人和丹尼索瓦人物种分化的时间锁定在大约 70 万年前。但是，他们运用分子钟技术，对现在活着的人类族群 DNA 进行分析，又得出不同的结论。遗传学家比较非洲南部族群和世界上其他人全基因组和线粒体 DNA，根据结果做出推断：今天活着的所有人的共同祖先诞生于大约 30 万年前，远远迟于上述时间。[2]

这些利用分子钟技术测定的年代和考古学家根据颅骨化石推测的智人起源年代勉强吻合——都是 30 万年前。那么在那之前呢？智人的祖先又从何而来？无论古人类学家，还是遗传学家，都无法清晰作答。30 万年前，智人祖先族群肯定就在撒哈拉以南非洲的某个地方生存，但是到底在哪里呢？又或者，智人根本没有单一的起源地，这一物种的祖先其实是多个族群杂交繁殖的后代？这些族群散落在撒哈拉以南非洲各地，并非汇聚于一处？如今，许多古生物学家和遗传学家都认可这一假说。

为了找寻智人的家园，遗传学家对活着的人们开展研究。其结果表明，撒哈拉以南非洲某些真正的原住民族群之中可能隐藏着线索。这些族群包括非洲西南部喀拉哈里沙漠（Kalahari）中的桑人（过去被称为"布须曼人"，靠狩猎和采集为生），以及与之有亲缘关系的科伊科伊（Khoekhoen）畜牧族群。在北部更远的地方，还有坦桑尼亚的桑达维人和哈扎人，他们也靠狩猎和采集为生（分布地点参见地图 12.1），此外还有在刚果盆地雨林地区狩猎和采集的小族群。这些族群如今都属于少数民族，他们周围还居住着说班图语的农耕者。大约 3000 年前，他们的祖先开始从西非扩散，散居于撒哈拉以南非洲的大部分地区（参见第 12 章）。

科学家发现，和所有其他人类族群相比（无论是非洲还是其他地区），这些非班图语族族群的线粒体 DNA 谱系内最早出现基因突变。这一惊人的发现发表于 1987 年，是现代 DNA 技术运用于人类族群历史研究之后，科学家实现的首次重大突破。世界上所有活人的线粒体 DNA 谱系都能追溯到因一位女性怀孕而发生的突变，科普媒体称这位女性为"线粒体夏娃"或"非洲夏娃"。[3] 这位卓越的母亲所处的时代距今大约 16 万年，至少从母亲遗传给女儿的线粒体 DNA 角度看，我们所有人都是这位卓越母亲的后代。"非洲夏娃"最初的线粒体 DNA 谱系群被称为 L0（L zero），至今仍然留在桑人和刚果盆地的狩猎–采集者以及许多其他非洲族群中。

从上述非班图语族非洲族群的线粒体以及核 DNA 图谱可以看出，这些族群代表了世界上最古老的、从未出走的人类族群。[4] 但是，为了避免误解，我必须强调一点：在这一语境中，"最古老的"仅仅意味着，在史前史阶段，这些非洲族群的祖先固守家园，很少迁移。换言之，他们在家乡待得最久，所以在他们的基因组内，仍然保留着最早的可追溯的突变。

如果把人类遗传历史看作一个整体，作为智人生物族群，桑人和哈扎人未必比其他任何族群更"古老"。因为我们所有人，包括桑人和哈扎人都分享同样的线粒体 DNA 谱系。这是一个从非洲夏娃的基础单倍群发展出来的巨大谱系，在非洲大陆内外都存在突变。我们许多人的祖先都曾迁移到很远的地方，经历连续的、年代上更靠后的线粒体 DNA 的突变过程。但是某些非洲人并非如此——他们的祖先一直待在故园。但是无论是否迁移，非洲原住民、欧亚人、澳大利亚人和美洲人同样都是现代人类。

自 1987 年以来，科学家加速研究进程，探求如今尚在世上生存的所有人类的最直接的共同祖先的起源。最近，遗传学家陈艾娃（Eva Chan）及其同事发表科研报告，并在报告中写道，人类共同的线粒体起源于 24 万年前至 16.5 万年前，地点在赞比西河以南的湖泊和湿地区域，位于今天的博茨瓦纳。[5] 这一假说招来强烈批评。[6]

马克·利普森（Mark Lipson）及其团队则认为，到距今 20 万年前时，撒哈拉以南非洲发生分化，我们的共同祖先分为三个区域智人族群。[7] 最近，遗传学家还根据父系遗传的 Y 染色体谱系计算出所有人类共同祖先所处的年代——大约 25 万年前，这一结果与利用全基因组和线粒体 DNA 比较结果测定的"非洲夏娃"所处的年代大致吻合。[8]

尽管依据上述各种分析结果而测定的年代有一定差别，但是无论遗传学家，还是古人类学家，都一致认为：在 30 万年前至 20 万年前，人类的共同祖先出现，其身上携带可辨识的智人遗传信息。但是具体的位置在哪里，在那之前又发生了什么，目前尚无定论。

非洲之外，真相扑朔迷离

哈佛大学遗传学家大卫·赖克（David Reich）比较如今存活的人类欧亚族群与古代族群的基因组分子钟，并以欧亚大陆上的尼安德特人与从非洲迁入的智人之间的杂交繁殖年代为辅证，继而做出推断：大批智人离开非洲的年代实际上要迟得多，应在 54000 年前至 49000 年前。[9] 还有一些遗传学家认为，这次大迁移持续的时间其实较长，自 65000 年前已经开始。分子生物学研究表明，就走出非洲的大迁移而言，这一推断几乎无可置疑。在非洲之外的其他地区出土的任何遗迹遗物，只要距今超过 65000 年，就应该不是智人留下的踪迹。起码从遗传学角度分析，此时智人尚未踏足非洲之外的任何地方。

但是，问题在于，有些欧亚大陆出土的智人颅骨的年代又更为久远，远远超出遗传学家提供的"走出非洲"的年代范围。其中年代特别久远的，当属希腊阿匹迪玛洞穴出土的智人颅骨化石，距今大约 21 万年。[10] 黎凡特地区的化石记录甚至更丰富，能够证明早期智人确实已经踏足欧亚大陆，但是目前这些化石的年代都比阿匹迪玛颅骨稍晚。考古学家在以色列的米斯利亚洞穴发掘出一块智人的上颌骨，经测定其年代在 19.4 万年前至 17.7 万年前，同时出土的还有勒瓦娄哇石器。考古学家几乎可以断定，大约 12 万年前，正值倒数第二次间冰期，早期智人确实已经在黎凡特扎根，以色列斯胡尔洞穴和卡夫扎洞穴出土的智人遗骸就是最有力的证据。[11]

考古学家在斯胡尔遗址和卡夫扎遗址还发现，智人曾在这里数次刻意举行丧葬活动，其中最引人注目的，就是在卡夫扎洞穴中，一位年轻的女性与其脚边一个 6 岁的孩子合葬，他们双双保持着屈肢卧式姿势。[12] 在斯胡尔和卡夫扎洞穴的遗骸中，有的覆盖了一层赭红色颜料，还有的配备穿孔的小贝壳珠子。[13] 卡夫扎洞穴中有一具遗骸，下葬时其胸部放着一套鹿角。

斯胡尔遗址和卡夫扎遗址的化石记录表明，智人已经开始实施丧葬行为，这确实值得深究。科学家采用地球物理测年法分析洞穴沉积物，然后得出结论：全部遗骸的年代约在 12 万年前至 9 万年前。智人与尼安德特人在时间上有重合的部分，这些智人和尼安德特人一样，使用的都是与尼安德特人的莫斯特技术和勒瓦娄哇技术相关的石器。显然，当时在黎凡特，尚未出现或引进旧石器时代晚期的代表性技术。但是他们的丧葬习惯（比如使用赭红颜料和贝壳珠子、刻意摆放殉葬品）可能是最古老的、无可争辩的例证，说明当时的智人已经有意识地实施丧葬活动。即使在非洲（目前被广泛认定为智人的家园），到目前为止，我们知道的最古老的例证是肯尼亚出土的一个小孩的遗骸，从他落葬的情形可以看出，当时的智人已经刻意实施丧葬行为，但是这具遗骸距今大约 7.8 万年，年代较迟。[14]

和阿匹迪玛一样，斯胡尔洞穴和卡夫扎洞穴中的颅骨有显著的智人特征，但是他们显然也具备和已灭绝人亚族物种相似的特征，比如突出的眉骨（卡夫扎出土的颅骨模型参见图2.4）。这些已灭绝的人亚族物种包括尼安德特人，当斯胡尔洞穴和卡夫扎洞穴被用作墓穴的时候，尼安德特人在亚洲西南部广泛分布。此外还有一个科学家刚刚公布的，在以色列的内舍尔·拉姆拉（Nesher Ramla）出土的人亚族遗骸，这个距今12.6万年的人亚族到底属于哪个物种，众说纷纭，莫衷一是。[15]斯胡尔和卡夫扎的人亚族是否和上述更新世中期其他物种杂交繁殖？这种可能性显然存在，但是科学家目前未能复制古DNA，所以无法开展相关研究，为这种猜想提供证据。

阿匹迪玛、米斯利亚、斯胡尔和卡夫扎地处欧亚大陆，这些地方出土的早期智人遗骸让人感到困惑：遗传学家采用基因组技术，测定了智人从非洲迁移到欧亚大陆的年代，而上述遗骸的年代又远远早于遗传学家提供的年代。这到底是怎么回事？目前为止，这些年代更早的智人遗骸仅仅出现在希腊和黎凡特，而在中国发现的早期智人遗骸年代更久远，但是遭到科学家的质疑。[16]可能还有一个问题更加重要：如今，在非洲之外广大地区存活人类的基因组中，为什么找不到这些古代智人族群的残留痕迹？

奇怪的是，确实存在某些证据，表明在距今17万年前，尼安德特人和智人就在欧亚大陆之内杂交繁殖。但是当时，智人基因与尼安德特人基因单向混合，尼安德特人对智人却没有影响，所以如今存活的智人族群的基因组中找不到这种混合留下的痕迹。[17]当时，可能存在这样的情况：距今7万年前，有些早期智人族群已经离开非洲，迁移到欧亚大陆，与尼安德特人混合。之后从基因角度看，这批智人从此消失。考虑到斯胡尔遗址和卡扎夫遗址体现出的人类行为的复杂性，这是我们祖先的谱系中最神秘的现象之一。

也许智人的出现是比如今呈现的表象更复杂的过程。就此问题，古人类学家琳达·施罗德（Linda Schroeder）考虑多种可能性，提出了新的看法：“尽管单一起源理论依然有市场……但是我们推测的现代人类起源场景中，应该包括如下种种因素：存在多个基因渗入时期，而非洲和欧亚大陆的人亚族物种都参与其中；非洲各地的族群之间存在广泛互动，走出非洲的迁移很早就发生了（有些族群可能又返回非洲），而目前的证据也更支持这种模型。"[18]

🚶 智人出现：考古发现

考古学家探讨旧石器时代晚期人亚族史前史时，往往以特色鲜明的石器为侧重点——这些石器大量出土，其中蕴含着翔实的考古信息（记录），可以用来定义不同的文化。考古学家研究非洲出土的最古老的智人遗骸后，做出如下推断：智人这一物种的文化演变和发展牢牢根植于勒瓦娄哇石器制造技术（以预制石核和石片为特征，详见第 4 章）。以色列的米斯利亚、斯胡尔和卡夫扎石器也都用勒瓦娄哇技术制成，与周围尼安德特人和内舍尔·拉姆拉族群制造的石器类似。在那次主要的"走出非洲"迁移之旅中，智人将更简易的石器制造技术传播到中国南部、东南亚和大洋洲。这些地区的石器制造技术更接近之前的奥杜威技术，也没有典型的勒瓦娄哇式预制石核。

智人进入非洲温带地区，以及欧亚大陆的西部和北部，那里纬度越来越高，气候越来越冷。他们对贴身缝制的衣物、温暖的容身之地以及效率更高的狩猎工具有了更迫切的需求。在此过程中，上述预制石核和石片技术显然变革为旧石器时代晚期的典型技术。基因分析结果证明，撒哈拉以南非洲是智人的起源地。目前，世界上最古老的（旧石器时代晚期）石叶和双面尖状石器在南非温带地区的洞穴出土，可见考古记录与基因分析结果相互吻合。

距今 5 万年前，南非温带地区的石器制造技术就比较先进，与欧亚大陆出土的旧石器晚期的技术类似。但是在南非，这些石器的年代更久远，可以追溯到最后一次间冰期。上述技术进步提醒我们应该仔细探究这些考古记录。我们可以把年代最久的利用新技术制成的石器和骨器视为智人出现的标志，因为这些手工制品体现了智人独特的工具制造技术水平。从文化和艺术角度看，我们也不能忽视以色列洞穴出土的遗物，尽管这些遗物年代更加古老，但是它们反映出现代人类，即智人的行为特征，其中包括刻意的人类丧葬行为，赭红颜料的应用和尸体装饰等仪式性行为（参见上文）。体现早期智人行为特征（与之前的人亚族形成对照）的最古老的遗物未必都在非洲出土。

尽管如此，南非的化石证据依然独具特色，而且引人深思。南非出土遗物的形式多种多样：有石叶和石片。其中一边修成钝口，用来固定或攀登（因此又称琢背石器），双面切削的矛尖，用鸵鸟蛋壳制成的圆形小珠，以及洞穴壁上用赭红石矿作为颜料刻上的线条。非洲之外其他地区也有类似的琢背和双面石器。从技术角度看，这些工具和艺术品比年代更久远的考古遗物（包括斯胡尔遗址和卡夫扎遗址出土的遗物）更精细复杂。但是，智人并未抛弃之前的工具和工艺品制造技术，所以新型技术和传统技术持续共存。还有证据显示，这些人已经会使用弓箭了。

在南非海岸附近许多著名洞穴中，南非考古学家发现了大量石器；如地图5.1所示，这些洞穴包括豪伊森关口洞穴、尖峰岩洞群、布隆波斯洞穴和克莱西斯河口岩洞。考古学家认为，克莱西斯河口岩洞出土的零散人类骸骨属于早期智人。[19]

经科学家测定，上述石器大多在75000年前至65000年前制成。与欧洲和黎凡特的旧石器时代晚期石器相比，这一年代几乎提前了2万年，而且远远早于人所共知的那次智人走出非洲的迁移之旅。即使在同一年代内，这类技术在非洲其他地区也并不多见。在北非，智人已经制造出带柄的矛尖。而在东非，到了6万年前时，也出现了一些琢背石器。[20] 即便如此，也没有任何证据表明，这类石器曾经迅速传播到整个非洲大陆或者非洲之外的其他地区。[21]

　　为什么会出现这样的技术进步？有一种解释我认为比较合理：从起源地看，智人原本是一种热带生物，他们走向南方，进入非洲南部各个地区。那里的冬天相对寒冷，在此过程中，他们可能会与其他当地的人亚族族群如莱纳迪人相遇。如果说，仅凭与其他人亚族的竞争并不足以激发智人的创造力，那么寒冷的冬天就是恰当的附加条件。智人必须适应寒冷的气候，两种条件同时起作用，最终推动智人发明新型手工制品。出土遗物中的骨锥和骨针应该是用来制造并装饰贴身的兽皮衣服的，以帮助智人过冬。蛋壳珠子和赭红矿石颜料可能是用来装饰衣物的。[22] 在更新世晚期非洲南部干燥凉爽的气候中，面临大型哺乳动物兽群时，智人使用可投射尖状石器，应该能够提高狩猎效率。

　　有些考古学家也支持这一观点：这些南非出土的手工制品是智人努力适应凉爽或寒冷气候的结果。比如，斯坦利·阿姆布罗斯（Stanley Ambrose）提出，大约 74000 年前，苏门答腊岛上的多巴（Toba）火山爆发，因此造成数千年的极寒气候，智人正是在这种气候条件下发明了新技术。[23] 这次火山爆发是过去 50 万年来最猛烈的一次，喷出的火山灰可能导致天空数百年乃至数千年阴霾密布，但是地质学家并未就其精确的后果达成一致意见。[24] 尽管如此，科学家对整个更新世晚期非洲南部的考古记录的分析结果表明，当区域气候达到最冷周期时，智人身体装饰物的数量（反映衣服以及制衣工具的使用状况）最多。根据气候记录，其中一个最冷周期就在大约 75000 年前时到来。[25]

　　在欧亚大陆，和在非洲一样，寒冷的气候以及与尼安德特人和丹尼索瓦人的竞争可能也会激发智人族群的创造力，他们可能不止一次独立发明旧石器时代晚期的琢背和双面工具。但是与非洲相比，这些发明的年代较晚，大约在47000年前。而在热带气候的东南亚，不存在气候寒冷这一因素，从未出现过上述技术进步。

⾏ 旧石器时代晚期的欧亚大陆

在欧洲，占据考古教科书半个世纪（甚至更长时间）之久的所谓"旧石器时代晚期手工制造技术经典序列"，都以与之对应的法国考古遗址命名——这种命名方式与石器时代之前的各阶段相同。旧石器时代晚期技术的名称大多源自位于法国中南部多尔多涅省的石灰岩洞穴群。考古学家通过石制和骨制手工艺品的差异性特征定义这些技术。其中最古老的石叶工艺之一被称为"奥瑞纳技术（Aurignacian）"，以之为特色的文化大约在45000年前发轫于欧洲和黎凡特。在那之前，有短暂的"旧石器时代晚期初始阶段"。该阶段以勒瓦娄哇石器元素的延续为特征，科学家认定其年代大约在47000年前，地点位于保加利亚境内。[26]

继"旧石器时代晚期最初阶段"和"奥瑞纳时期"之后，大约35000年前，以琢背石器为特色的格拉维特（Gravettian）技术在全欧洲兴起。之后就是"梭鲁特"（Solutrean）文化时期，它以制作精良的双面矛尖为特色，大约有2万年的历史，处于末世盛冰期，当时欧洲北部大部分地区无人居住。梭鲁特文化的地理范围不大，仅限于法国和西班牙北部。冰期之后，气候开始回暖，17000年前至12000年前，马格德林（Magdalenian）文化传播至欧洲大部分地区，该文化的洞穴艺术和手工制作的小雕像令人惊叹。古DNA证据表明，上述文化圈内，并非所有族群的DNA都流传至今。由此可以推知，这一历史时期内，冰层覆盖范围呈周期性变化，有时扩大，有时缩小，不同族群随之四处迁移。在此过程中，可能出现族群替代期。[27]

　　在纬度更高的地方，旧石器时代晚期石器的制造者们逐渐扩散到欧亚大陆大部分地区。得益于这些工具，42000 年前，人们已进驻西伯利亚和中国北部；38000 年前进入日本；16000 年前终于踏足美洲。下一章我会介绍这一波澜壮阔的扩散过程。在南亚和斯里兰卡的热带地区，人们也使用这些工具。就在 4 万年前之后不久，那里的洞穴中就出现了小型琢背石器。[28]

　　还有一点值得强调。除了特定类型的石器，智人的生活还涉及方方面面：比如令人钦慕的艺术创作——有的见于洞穴，有的见于可携带器具；刻意的丧葬行为——有时还配以华丽的装饰；以及身体饰物、兽皮衣服的制造，甚至还有针织衣物。目前，世界上最古老的洞穴艺术来自印度尼西亚（不是非洲、法国或西班牙）的苏拉维西岛，那是一幅描绘狩猎场面的壁画。最近，科学家使用铀系列测年法，判定壁画表面石笋膜有 44000 年的历史。[29]考古学家在洞穴内并未发现旧石器时代晚期的石器。正如上文所说，以色列的斯胡尔洞穴和卡夫扎洞穴的年代更久远，距今至少 9 万年，属于旧石器时代中期。但是根据考古记录，那时的智人已经刻意实施丧葬行为，还用工艺品装饰身体。

　　实际上，如果从人种族群的角度思考问题，我们就会发现，在识别考古记录中智人的独特行为 / 文化的时候，不宜过分强调旧石器时代晚期石器制造技术的重要性。以考古学家最近发现的新几内亚人为例：在这一族群的史前史中，新几内亚岛上从来也没有出现过旧石器时代晚期的各类制造技术。在新几内亚高地，这种情况更是延续至 20 世纪。但是，只要我们看一下新几内亚岛上极其丰富的人种学记录，就能够理解，在热带地区，石片和工具的缺失其实无足轻重。

　　正如人类学家所述，当欧洲人开始接触新几内亚高地社群时，就被当地原住民绚烂的文化所吸引。无论是社会组织、仪式行为，艺术和身体装饰，还是农业和磨制石斧的制造，无一不体现出令人瞩目的复杂性。而且，如此丰富的文化行为，全部都是在新几内亚岛上，从更新世后期开始，由原住民族群自行发展起来的，并非从外部引进。总之，我们应该尊重事实，将旧石器时代晚期的石器制造技术视为生存的必要手段。在早期智人族群占据的特定区域（其中大部分是寒带地区），这些技术可能还是群体身份的标志，但是不应将它视为现代人类在进化过程中，其生物和文化复杂性进化至全新水平的唯一标志。

🚶 智人及尼安德特人灭绝之谜

旧石器时代晚期，智人扩散到欧亚大陆，进入高纬度地区，此时读者难免有疑问：尼安德特人和丹尼索瓦人呢？他们有什么样的遭遇？科学家认为，与现代人类相比，尼安德特人族群规模较小，在今日法国境内，旧石器时代晚期智人族群人数超过同时期尼安德特人大约 10 倍。[30] 这意味着，后期尼安德特人的家庭规模较小，生育率较低。旧石器时代晚期，欧亚大陆上的智人骨骼中，尼安德特人 DNA 所占百分比往往低于 10%，而且越到后来占比越小。

科普作家蒂姆·弗兰纳瑞（Tim Flannery）在书中写道，距今14000 年前，旧石器时代晚期的欧洲人是尼安德特人和智人的杂交种。[31] 无疑，那时欧亚大陆上确实有很多人是这两个物种杂交的产物。遗传学分析结果也证明，古代智人骨骼中，最多有 10% 的尼安德特人 DNA。尽管这两个物种的基因混合整体而言还算成功，但是其中也有让人疑惑之处，其中有个问题尤其重要：杂交后代的生存率是否相对较低。[32] 比如，罗马尼亚出土了一具遗骸，科学家利用放射性碳法测定其年代在 42000 年前与 37000 年前，他的祖先（大约 4 ~ 6 代之前）曾和一位尼安德特人杂交繁殖。不知出于什么样的原因，这个人对任何如今存活的人类族群的 DNA 并无直接贡献。[33]

尼安德特人的基因移植入现代人类祖先身体之后，显然未必总是有利于后代的生存。比如，就在这本书将要完成之时，科学家又发布了一条让人瞠目结舌的新闻：我们之所以对新冠病毒易感，可能就是很久之前智人与尼安德特人的基因混合的结果。[34]

杂种是否具备优势？科学家对此存在不同的看法。达尔文十分赞同"杂种优势"（Hybrid Vigor）理论，也确实存在一些积极的迹象表明，尼安德特人的基因移植到现代人类族群之后，可能会产生某些益处：也许有助于现代人类适应低水平的紫外线辐射；尼安德特人也许还携带一些特殊基因，在寒冷的夜晚休息时，这些基因会降低氧消耗量，从而减缓他们新陈代谢的速度，以此抑制寒战，移植之后，这些基因也许会帮助现代人类抵御寒冷。

智人族群进入尼安德特人的领地之后，他们具备哪些技术优势？我首先想到的，就是更强的狩猎能力。智人拥有更先进的投射武器，可能还会使用弓箭。此外，智人也许更擅长用火，会把食物煮熟后再吃；会制作防寒效果更好的衣服，寻找更安全的容身之处。与尼安德特人相比，智人族群可能具有更强的社会凝聚力，合作群体规模更大。[35]智人能够更有效地使用语言，这也许是他们的另一种优势。尼安德特人一旦成为被捕食的族群，他们的领地就会被抢占，（我们能够预料）他们的生育率也就自然会下降——殖民时代的澳大利亚和美洲正是如此，移民家庭人口众多，导致家园被抢占的原住民民族人口数量急剧下降。

某些较直接的基因证据表明，尼安德特人在最终灭绝之前，其内部生育率持续下降。比如，仅男性遗传的 Y 染色体透露这样的信息：后期尼安德特人的 Y 染色体多样性低。这表明族群中具有生殖能力的男性数量在缓慢减少。尼安德特人异父（母）同胞（half-sibling）之间的交配繁殖现象似乎很常见，他们的骨骼中也留下了其先天（遗传）畸形的证据。[36] 说起尼安德特人与智人之间的跨物种交配繁殖，我们不禁要问：大约 4 万年前，尼安德特人逐渐消失，这到底是暴力灭绝造成的后果，还是尼安德特人以杂交方式融入更大的智人族群的后果？[37] 后者的可能性似乎更大。

智人扩散到欧亚大陆东部

200 万年前，人亚族首次迁移，离开非洲，走进欧亚大陆。更新世晚期，智人再次从非洲出发，踏遍亚洲大部分地区。和前人一样，他们也要面对环境恶劣的沙漠和山峦。他们可能首先穿越这些危机四伏的地带，一路南下，然后穿过热带地区走向澳大利亚。但是并无确凿证据支持这种假说，我们只知道，智人可能很早就来到澳大利亚，下文我还会探讨这个话题。想象一下，考虑到当时的智人族群刚刚离开他们的家园——热带非洲，他们如何才能迁入亚洲，穿越沙漠和山地，进入北方？只有穿上保暖的衣物，他们才有条件北上。这就意味着，他们必须依赖旧石器时代晚期的技术。而在亚洲东北部，考古记录表明，大约在 42000 年前，智人才开始使用这些技术。[38]

尽管如此，智人最终占据了这些北部地区，其中许多智人从西方和南方迁移而来。大约 12000 年前，恰逢更新世末期。此时亚洲东北部智人的基因组和外貌已经出现了某些特征，和同一时期在东南亚、澳大利亚和新几内亚的智人有所差别。在更冷的北方和东方，从古至今的各智人族群，如西伯利亚人、中国人和印第安人，形成了独特的身体特征。在南方热带地区，从古至今的各智人族群，如安达曼岛人（Andaman Islander）、澳大利亚原住民和巴布亚人也形成了独特的身体特征。[39]

8000 年前之后，全新世期间，东亚进入食物生产时代。北方族群逐步南迁，进入东南亚大陆以及东南亚岛屿，之后渐行渐远，进入偏远的波利尼西亚岛屿。逐次的迁移中，今日亚洲东部和大洋洲的人类分布格局逐渐形成。我会在第 12 章详细讨论这一论题，目前，还是让我们追随首批智人移民的脚步，进入澳大利亚和新几内亚。

🏃 走向萨胡尔大陆

更新世后期大部分时间内，海平面处于低位，如今被海水分隔的澳大利亚大陆、塔斯马尼亚岛和新几内亚岛连成一整块旱地大陆，科学家称之为"萨胡尔大陆"（参见地图 5.1）。如果最先来到这块大陆生活的族群就是智人，而不是更早的人亚族，如丹尼索瓦人，那么我们只要测定相关遗迹遗物的最古老的年代，就能知道智人走出非洲的扩张之旅最迟什么时候开始。萨胡尔大陆上的遗物出自哪些年代？

但是我们面临两大难题。其一，在测定首批来到萨胡尔大陆的人亚族生存年代的时候，相应的地球物理方法总是不尽如人意（放射性碳法就因碳元素半衰期而受限）。用简单的话来说，考古序列开始的时间恰恰接近放射性碳法不再适用的时限。因为有机物中残留的放射性碳 14 数量太少，无法用来鉴定年代。这一时限大约在 6 万年前至 5 万年前，具体情况由样本质量和实验室用来测量样本放射性的技术方法决定。因此，科学家只能使用光释光测年法，分析沉积物中的石英和长石颗粒，以测定澳大利亚大陆上最古老的考古年代。由于光释光测年法不能直接用于遗物或遗骨，仅能用于沉积物中的矿物质颗粒，所以经常会因为无法判定沉积物的背景而造成误差。

其二，首批到达澳大利亚和新几内亚的人亚族真的是智人，即现代澳大利亚原住民和巴布亚人的祖先吗？其实目前的化石证据并不充分。澳大利亚最早的墓葬遗址位于新南威尔士蒙戈湖（Lake Mungo）附近，距今大约 42000 年，那里确实是现代智人留下的遗迹。其中一具遗骸显然是以火葬方式处理的。在世界范围内，这也是迄今为止我们发现的最古老的火葬遗迹之一；另一具则是土葬，用赭红颜料覆盖。在此之前，并没有年代明确的遗骨，但是有石器出土，经科学家近期鉴定，其年代较早，距今 65000 年。下文我还要详细介绍。

遗憾的是，在东南亚和萨胡尔大陆发现的大部分更新世剥片石器（flaked stone tool）其实无助于人亚族物种的鉴别。这些地方基本没有石叶石器出土，甚至连勒瓦娄哇石器也鲜见踪影。[40] 依据年代鉴定结果，澳大利亚和新几内亚出土的石器处于旧石器时代晚期，但是从制造技术看，这些石器与"旧石器时代中期"的剥片石器类似。而印度尼西亚的直立人，欧亚大陆西部的尼安德特人，以及非洲和欧亚大陆的早期智人，都曾使用这些更简易的石器制造技术。[41] 出土石器的类型和在更远的西部（比如阿拉伯半岛和南亚）发现的、具有鲜明的物种特征的人亚族遗骸也并无明确的相关性。在南亚各地，年代清晰的人亚族颅骨和特定的工具制造技术之间也根本不存在直接关联。

因此，在现代澳大利亚原住民族群的祖先（智人）到达萨胡尔大陆之前，丹尼索瓦人甚至直立人可能已经在这里生活过，考虑到更早的弗洛雷斯人和吕宋人都能在海上泅渡，这种可能性更加不能排除。由于目前缺乏化石或遗传学证据，这一问题尚无定论，但是澳大利亚也出土过某些古老的颅骨。它们具有丹尼索瓦人和直立人杂交繁殖留下的特征，杂交过程可能是在这些颅骨的主人到达澳大利亚之前的亚洲发生的。[42] 古代和如今的 DNA 记录也无法排除上述假说：在智人到达澳大利亚和新几内亚之前，丹尼索瓦人可能曾经占据这片大陆。[43] 在更新世后期大部分时间内，托雷斯海峡（Torres Strait）和卡奔塔利亚湾（Gulf of Carpentaria）露出海面，澳大利亚和新几内亚岛连为一体，人亚族只要到达其中一片陆地，就能轻易走进另一区域。

∮　人亚族什么时候到达澳大利亚？

上文讨论过，由于放射性碳法有其先天局限性，所以科学家无法精确理解澳大利亚的考古记录，其中最激烈的争议之一就是人亚族到达澳大利亚的年代。目前，科学家争论的焦点之一就是玛吉贝贝（之前称为"马拉古纳雅"）洞穴内的考古发现。该遗址位于澳大利亚北部的阿纳姆地（Arnhem Land），最初占据洞穴的人亚族留下了石器，但是并未留下遗骸。科学家利用光释光法分析洞内沉积物中的沙砾，测定其年代在 65000 年前和 53000 年前。[44] 至少对于沉积物而言，这一测年结果令人信服，因为考古学家声称，在挖掘过程中发现沉积物年代顺序正确，越往深处年代越久，没有任何受扰动的迹象。

但是，质疑者认为，玛吉贝贝遗址中，某些沉积物可能受到白蚁入侵的影响，因此，在整体地层中，石器可能下落到更古老的岩层中。[45] 考古学家无法直接测定石器的年代，这些石器本身也令人疑惑：遗址中最低的岩层内有许多石斧，最长达到 20 厘米，边缘有磨刃留下的刮痕。玛吉贝贝遗址的磨刃石斧（edge-ground axe）是全世界同类石器中年代最久远的，比欧亚大陆上旧石器时代晚期开始的年代还要早 2 万年。即使在旧石器时代晚期（从年代划分角度看），考古学家并未在日本之外任何地方发现这类石器。日本的磨刃石斧出土于九州岛和本州岛上首批人亚族的聚居地，距今大约

37000年（参见第6章）。与玛吉贝贝磨刃石斧的年代范围相比，日本磨刃石斧晚了3万年。

在此情况下，我们很难断言：智人之前的人亚族（比如丹尼索瓦人）曾经在玛吉贝贝遗址基底岩层上聚居，因为根据考古记录，在其他任何地方，智人出现之前，人亚族从来都没有使用过磨刃石器。在玛吉贝贝遗址，起码从石器角度推断，我们可以肯定，这里正是智人的聚居地，但是他们什么时候开始占据这个洞穴的？这是个疑问。

澳大利亚北部的其他洞穴也出土了磨刃石斧的残片，经考证，其年代大约在4万年前。但是在南部占澳大利亚2/3的地方，最早的磨刃石斧来自全新世。如此看来，有些地方令人迷惑不解。玛吉贝贝磨刃石斧的年代鉴定结果是否正确？结合背景分析这些考古记录，我们发现其中有些重要的问题。如果占据澳大利亚的确实是智人，那他们到底是什么时候来的呢？65000年前？将近55000年前？抑或45000年前？某些遗传学家和考古学家认为最后一个年代最接近真相。[46]

对于玛吉贝贝磨刃石斧，我言尽于此。但是我要声明一点。考虑到考古学家使用放射性碳法为许多澳大利亚和新几内亚遗物做年代鉴定，得出的结论令人信服：这些遗物距今大约55000年。这一年代接近放射性碳法的适用时限，所以我愿意接受如下论断：55000年前，智人来到萨胡尔大陆。遗传学家使用线粒体DNA分子钟法进行分析，也得出类似的结论：至少55000年前，现代人类已经占据澳大利亚和新几内亚，其中可能包括两个各自分散的群体。[47]关于最初占据澳大利亚的人亚族（无论是否智人）到底是在哪个具体的时间登上这片大陆的这一问题，依然存在太多不确定性，所以我们可能必须接纳不同的观点。争议肯定会继续，可能很难有定论。

✦　人亚族如何到达澳大利亚？

　　澳大利亚历来都是岛屿大陆，即使史前史上海拔最低的时候，也只能经由四周被海水环绕的华莱士岛屿（印度尼西亚东部）才能到达，路上肯定会有至少一段见不到大陆的海上通道，甚至有可能要通过长达 90 千米的宽阔海面，所以我们难免疑惑：智人是怎么到达那里的？一路上，智人如何选择路线，才能沿着众多华莱士岛屿，漂洋过海最终来到澳大利亚，我们不得而知。但是有些科学家依然乐于根据岛屿之间的距离以及能见度大胆猜想。单纯从地理角度看，取道东帝汶或新几内亚岛显然是当初他们最可能选择的路线。[48]

　　55000 年前，到底有哪些可用的海上交通工具？根据人种学记录，澳大利亚原住民的祖先可能乘坐用原木或芦苇扎成的筏子。由于造筏子需要木材，这起码能够解释玛吉贝贝磨刃石斧有什么样的作用。除此之外，智人还能用石斧在树上凿洞，爬树取蜂蜜就更加方便。这应该是磨刃石斧另一个实用功能。

　　如果要考虑可以取用的食物来源，和通过陆桥相连的岛屿（巽他大陆架上的苏门答腊岛、爪哇岛、婆罗洲各岛）相比，即使在更新世晚期也被海水阻隔的东印度尼西亚华莱士岛屿食物较少，根本没有大型陆地哺乳动物群。我在第 3 章就曾介绍过，在巽他古陆上生活的动物（如猪、鹿和牛）并未抵达小巽他群岛。直到全新世，人们才把这些动物运到小巽他群岛上；但是在人类出现之前，少数亚洲哺乳动物确实自然扩散到了菲律宾和苏拉威西岛。最迟至 4 万年前，在印度尼西亚东部某些岛屿上，人亚族为了弥补食物的不足，逐渐培养起对海洋捕鱼和捕食贝类的兴趣。考古学家已经在这些岛屿上发现世界上最古老的贝类鱼钩。[49]

　　人亚族 / 人类登上澳大利亚大陆和新几内亚岛后，陆上资源再度出现。那里有大型有袋类哺乳动物，不会飞的陆上野禽。无论首先登上澳大利亚大陆的是丹尼索瓦人还是智人，他们都曾度过这样一段时间：那里猎物丰富，又不知道躲避他们，而且周围并无任何直立行走的人亚族竞争者。可能由于丹尼索瓦人或智人的捕食，其中某些哺乳动物和不会飞的野禽迅速灭绝（只有一些古生物学家同意这一假说，对于人类行为是否是造成物种灭绝的原因，科学家往往有截然不同的看法）。[50] 澳大利亚也有令人生畏的有袋类肉食动物，但是由于智人捕杀更温顺的草食动物，又开始以焚烧为手段管理季节性干旱的景观环境，而这些都是有袋类肉食动物赖以生存的条件，所以这些肉食动物的数量迅速减少。

5 万年前或更早，智人到达澳大利亚，18 世纪末欧洲人登上澳大利亚大陆。二者相比较，同一个澳大利亚像是截然不同的两个地方。智人在澳大利亚聚居之后，食叶巨型动物大批死亡，这意味着整个澳大利亚大陆上燃料储备增加。无论是自然引起的大火还是人类行为导致的大火都频繁发生，于是耐火的桉树和斑克木森林扩张，而这两种森林都无法为人类提供丰富的可食植物资源。[51] 最先来到澳大利亚的智人（假定他们是首次到达的人亚族）一定曾经享受过优越的条件。如果他们的境遇和首批美洲人相似（参见第 6 章），那么在占据澳大利亚后最初的几千年内，他们的人数可能会增长许多倍。

✹ 最初的澳大利亚人有多少？

说到生殖能力，第一批到达澳大利亚的人有多少，才能确保种族存续？要解答这个问题，首先得考虑两大因素：其一，生殖状况受男女比例的影响（比如男孩太多、女孩太少，情况就很糟糕）；其二，在与外界隔绝的情况下，近亲繁殖有时也会导致族群灭绝。

在我的另外一本书《最初的移民》（*First Migrant*）中，我曾经写道，从基因角度看，55000 年前首批来到澳大利亚的狩猎–采集者可能更加具有适应性，远远超过今天的我们。毕竟他们一直面对自然选择，无法采取任何医疗手段延续生命。从理论上讲，任何人只要携带会导致慢性疾病的有害基因，或者身体上有明显的缺陷，其繁殖机会就会降低，所以不利基因在族群内存续的时间可能较短。除基因因素外，再来看他们的身体健康状况：以我们的标准衡量，许多人的身体确实历经风霜，甚至千疮百孔，而且缺乏必要的维护手段。这里的问题是在频繁的近亲繁殖条件下，如何保证成功的基因繁殖。通过自然选择而优化的基因图谱可能会降低后代患有威胁生命的遗传疾病的概率。[52]

考虑上述因素，最近的一次人口统计学建模的研究结果可能让我们感到吃惊：为了保证更新世首批在萨胡尔大陆聚居的智人族群能够存续，其人数至少应该在 1300 ~ 1550 人，其中还应有男有女。[53] 这么多人必须乘坐许多海上交通工具（可能达数百艘）才能抵达澳大利亚。这也意味着，这群人无疑有明确的目的，而且按计划实施渡海行为。另一个科研团队则以目前存活的原住民族群为研究对象，对其现有线粒体 DNA 谱系的多样性进行分析，测算出的人数较少：首批抵达萨胡尔大陆的智人族群人数在 72 ~ 400 人。[54] 所有这些估算都以人种学或今天的基因数据为依据，并非直接引用来自那一年代的记录（比如古 DNA）。

如果上述估算正确，那么即使取其中最少的人数，那也意味着，这群人必须乘坐许多水上交通工具才能抵达澳大利亚。但是我们不清楚，他们是一次性到达，还是在一段时间内分批次渡海进入澳大利亚。我们可能永远也找不到答案。但是，就像数万年之后的波利尼西亚迁移者一样，一旦地平线上有一片新的土地的消息传开，可能就会有更多的人来到这里。

由于时间跨度太大，我们永远也无法了解最初有多少人抵达澳大利亚，但是我对上述人数最大值表示怀疑。巧合的是，多年前，科学家针对澳大利亚环境开展人口统计学研究。其结果表明，为了在完全隔绝的条件下维持一个可存续的族群，三对能繁殖的男女就已经足够，这一族群能长期存在的概率为50%。[55] 从世界其他地方最近的人口统计记录中，我们也了解到，少量人口进入新的、食物丰富的环境之后，在完全隔绝的条件下，他们的生殖率会急剧升高，每一代增至2倍或3倍。

例如，1790年，停驻在塔希提的皇家海军"慷慨号"（HMS Bounty）发生哗变。为躲避英国官方的惩戒，参与哗变的9名英国人和6名塔希提男性，12名塔希提女性，还有一名女婴乘坐"慷慨号"在茫茫大海上航行。一行28人同年抵达波利尼西亚东部的皮特凯恩岛（Pitcairn Island），并在岛上藏匿。1808年，人们才再次发现这群人，当初的28人已经增加到35人；1830年，岛上人口增加到79人；1850年时几乎达到200人。由此可见，60年间岛上人口增加到约最初的7倍。尽管有人死亡，但是其中没有任何外来移民。必须承认，皮特凯恩岛上的居民从事农耕，并非狩猎–采集者，但是这个案例有其参考价值：如果人类有意愿，他们其实具备惊人的生殖能力，再加上有利的外部条件，那人口增长就会更为显著——比如到达一个新环境，没有瘟疫之类，也没有危险的捕食性动物（同一族群中的其他成员除外，毕竟初期来到皮特凯恩岛上的人中就有几个杀人犯）。[56]

再来看最初的澳大利亚人，他们身处新的狩猎天地，也没有遭遇致病环境，生殖能力同样强大，似乎根本没有理由会和皮特凯恩岛民有任何差别。我以为，当初登陆澳大利亚的人相对较少，而且可能分批到达。一旦聚居后，他们就开始迅速繁殖。60多年前，生物人类学家约瑟夫·伯塞尔（Joseph Birdsell）写道，最初只有"少量移民"在澳大利亚聚居，每过一代人口增加到一倍。仅在 2200 年之后，澳大利亚就有 30 万名捕食–采集者，自此达到人口"饱和"状态。[57] 我认为这一假说是正确的。

非洲之外的场景

如何综述本章内容？我们知道，大约 20 万年前，早期智人中某些悠游自在的群体开始了小规模的"走出非洲"迁移运动。在欧洲和黎凡特，他们和尼安德特人族群比邻而居，并且和其中某些成员杂交繁殖。目前并无证据表明，距今 7 万年前，与那些已经灭绝的人亚族相比，非洲之外的智人具备任何文化上的优势；也无法证明，今日依然存活的人类族群直接继承了他们的 DNA。[58]

从非洲走向欧洲的那次主要的迁移之旅发生的时间要迟很多，肯定在距今 7 万年后。最初这些迁移者的活动范围仅限于热带和暖温带纬度区域，对于这些源自热带非洲、体毛较少、皮肤黝黑的人亚族而言，由于基本上不需要穿贴身缝制的衣服，或者根本不必穿衣服，所以在这些地方居住更加便利。尽管目前也有科学家声称，早在 65000 年前，现代人类（智人）已经抵达澳大利亚，但是由于并无与之直接相关的人类遗骸，所以还需要进一步验证。

最初走出非洲并在热带地区活动的迁移者使用的石器与同一时期尼安德特人的石器类似。在东南亚和澳大利亚，西方的勒瓦娄哇预制石核技术逐渐被更随意的"马蹄状石核"技术取代。这些移民不仅带走了石器技术，而且使用骨头和贝壳（蛋壳）做装饰，创造出世界上最早的（洞穴）石壁艺术（如今的苏拉威西遗址和婆罗洲遗址），形成土葬和火葬传统，具备渡过海上通道的能力。其实，其中许多都是旧石器时代晚期的文化和艺术标志。[59] 在更新世晚期的东南亚和萨胡尔大陆，没有石叶、双面尖状器以及琢背石器，而这些正是欧亚大陆西部和北部智人使用的标志性石器。

最初的智人迁移至热带地区之后，还要过很长时间，才能到达温带和寒带纬度地区，此前，他们的行为也有了新的、反映其智力水平的特征。在南非，早在 75000 年前，智人已经开始使用琢背和双面尖状石器（参见前文），与世界上其他地区相比，提前了大约 25000 年。但是在那时，这类石器尚未传播到非洲以外的其他地区。在地中海东部地区，洞穴墓葬较早出现。与此同时，智人还使用赭红颜料。只有距今 5 万年之后，上述工具才在非洲以外的地方出现，并逐渐成为欧亚大陆上旧石器时代晚期的标志性石器，协助智人进入更加寒冷的高纬度地带。最终，大约在 16000 年前，旧石器时代晚期人类到达美洲。

迷雾重重：我的亲身经历

上文已经提到，考古学家从来没有在东南亚地区发现过双面尖状石器——这种说法未必完全正确。

很久以来，科学家一直都知道，在东南亚史前阶段，智人长期沿用旧石器时代中期的石片技术以及最终成熟的奥杜威技术，直到新石器时代初期才出现新工艺。而在澳大利亚，则是在全新世中期才采用新的石器制造方法。但是在澳大利亚北部玛吉贝贝遗址出土的磨刃石斧却带来了不确定性，让人开始怀疑这种几乎一成不变的状态，而且这种考古发现不止一处。

20 世纪 80 年代早期，我和来自哥打基纳巴卢（Kota Kinabalu）市沙巴州博物馆的同事在沙巴州（旧称"北婆罗洲"）东南部的丹加于遗址挖掘文物。丹加于遗址的具体位置参见地图 5.1，这里是史前智人使用一种类似燧石的硅岩制备双面尖状石器和石刀的作坊，制造技术十分先进，令人瞩目。丹加于遗址中，除了双面石器和许多生产过程中丢弃的石片，并未发现其他遗物（比如，没有石叶、琢背石器或磨刃斧）。考古地层周围为硬黏土，靠近现代地表层，未见有机物遗存（比如木炭或骨头）。因此，我们无法采用放射性碳法测定遗址年代。[60]

但是，我们知道丹加于位于海角上。海角前伸的地方曾经是大片的沼泽地或浅湖泊。由于岩浆流挡住了丹加于河（Tingkayu River）河水的去路，这片沼泽地或浅湖随之形成。这样一片湿地（如今这里是油棕榈种植园，数千年前，河流冲破了岩浆岩的阻挡，湿地上的水因此排干）想必是狩猎和采集的好地方。我们设法找到了阻挡河水的岩浆流（仍然裸露在峡谷一侧，而曾经的沼泽地通过这一峡谷排水），然后从岩浆流下植被经灼烧之后留下的碳层取样，再采用放射性碳法测定样本的年代。测定结果显示，岩浆阻断河流，湿地形成的年代大约在 33000 年前。我们认为，这是石器制作的最早年代，它们的实际历史可能更短。

丹加于石器是经典的旧石器时代晚期双面尖状石器（有些可能作刀具使用），在日本和亚洲东北部，智人广泛使用这类石器（参见第 6 章）。但是在沙巴州，智人则是在完全隔离的状态下采用这种技术制造石器。一个世纪以来，考古学家在东南亚和中国南部各个遗址挖掘，也从未发现过任何类似石器。全新世期间，在澳大利亚北部，智人使用类似的尖状石器（金伯利尖状石器）；旧石器时代晚期，在西伯利亚和日本，也有类似石器存在（参见第 6 章）。但是这些使用类似石器的地方距离异常遥远，即使这些遗址的石器存在一定联系，我们也不禁怀疑：为什么在这些遥远的地方与婆罗洲之间，没有留下人类迁移的任何印迹？

丹加于的双面石器是在隔绝的环境中由当地智人独立发明的工具，还是自远方（比如日本）传播而来，我们不得而知。如果后者属实，那么迁移者在路上如何绕过台湾岛和菲律宾群岛，抵达婆罗洲北部海岸？如果相同的石器技术确实反映两地（婆罗洲北部和旧石器时代晚期的日本）之间的海上往来，那么就意味着，日本与北方之间也存在类似的交流。按照这个思路走下去，那么我们在白令陆桥之外又会有什么样的发现？

　　和玛吉贝贝遗址一样，丹加于遗址也留下谜题。如今我依然无法揭开谜底。考古学自有乐趣，但是也经常惹人烦恼。我们祖先的史前活动难以追溯，我们了解的部分，无异于沧海一粟。现在让我们循着他们的足迹，走向寒冷地带。

第6章　亚洲东北部和美洲

　　人类进化史第三幕如约而至，本章考察亚洲东北部和美洲发生的戏剧化情节——现代人类族群如何穿过苍茫的欧亚大陆上的草原和山地，到达亚洲北部；其中还有人漂洋过海抵达日本，而后继续迁移。最迟在16000年前，他们终于乘船进入北极圈，或者取道白令陆桥进入美洲（参见地图6.1）。此次迁移之后，智人几乎占据地球上除南极洲之外的所有大陆，仅仅留下偏远的岛屿，比如马达加斯加和新西兰，以及许多更小的岛屿（尤其是太平洋上的小岛）。这些岛屿保持着完全原始的景观，等待全新世智人移民的到来。

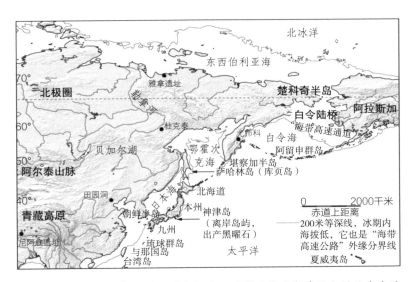

地图 6.1　亚洲东北部地图。图上标注旧石器时代晚期遗址和通往白令陆桥的路径，其中包括"海带高速通道"（Kelp Highway）。

更严峻的酷寒考验

末次冰川极盛期内，即 25000 年前至 18000 年前，在气候湿润的欧洲北部，巨大的冰层从不列颠群岛延伸至巴伦支海上的新地群岛（参见地图 5.1）；而在靠近北极的西伯利亚地区，由于气候十分干燥，陆地上无法形成厚实的冰层，那里的地面常年结冰，形成永冻土层。如今全球变暖，冻土层融化，植被腐烂，大量的温室气体甲烷释放到大气之中。

更新世晚期，俄罗斯北部超过北纬 60° 的地方，在覆盖着青草和灌木的冻土带之下，有绵延不断的永冻土层，西起乌拉尔山，东至白令海峡陆桥。末次冰川极盛期内，白令陆桥最宽处自北向南达 1800 千米，通向未被冰川覆盖的阿拉斯加。只要气候条件允许，人类就能够自西向东、自南向北穿过空旷的西伯利亚地区，直接来到北美洲。只有在走出阿拉斯加之后，两侧才会被科迪勒拉（Cordilleran）和劳伦台德（Laurentide）冰层阻隔（参见地图 6.2）。那里气候寒冷，但是猎物丰富——有成群的猛犸象、麝牛、毛犀牛、驯鹿和赛伽羚羊。

最迟在 4 万年前，人亚族（其具体身份不详，科学家假定他们是智人，不过也可能是尼安德特人）已经到达乌拉尔山脉北部附近的北极圈冻土带，靠近北冰洋海岸线。[1] 在更远的东方，早在 42000 年前，那些以旧石器时代晚期石器技术为文化特征的人类祖先就已经抵达阿尔泰山脉和中国北部。最迟 3 万年前，人亚族到达今天的雅拿遗址，即西伯利亚东部北极圈海岸地区。[2] 之后气温和全球海平面陡降，末次冰川极盛期到来，气温和海平面在 25000 年前至 18000 年前降至绝对最低值。[3] 在此期间，智人族群纷纷从亚洲北部纬度超过 55° 的地带逃离。

最初到达亚洲东北部的现代人类族群到底是哪些人？这一区

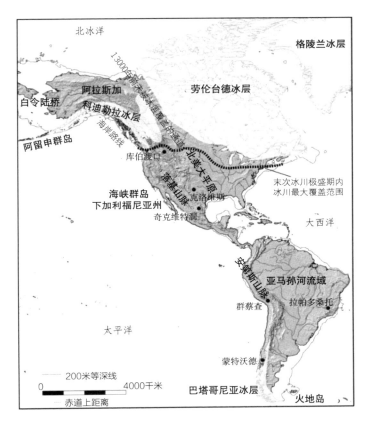

地图 6.2　首批人类进入美洲。

域内出土的最古老的一具智人遗骸来自北京田园洞，距今大约 4 万年。这个人身上携带的线粒体 DNA 支系至今仍然留在许多东亚人体内。[4] 田园洞人基因组还和如下各个族群具有相同的核基因：某些最早到达欧洲的旧石器时代晚期族群，首批到达美洲的智人，还有新几内亚、澳大利亚和安达曼群岛上的现代人类。

　　因此，在某种程度上，田园洞人称得上是两类族群的共同祖先：他们于更新世末期在东亚进化，有的适应寒冷的气候，有的适应热带气候（参见第 5 章）。田园洞人的祖先最初可能来自南方，迁移到如今的中国北部。末次冰川极盛期内，与田园洞人有亲缘关系的早期智人族群为躲避严寒，退居至海岸地区，其中可能包括日本。最近科学家研究中国东北地区黑龙江省内古 DNA。其结果表明，距今 19000 年之后，随着气候回暖，另一个不同的族群在这一区域扩散，他们可能来自俄罗斯远东地区的黑龙江流域。[5] 数千年之后，美洲人身上携带部分阿穆尔族群的基因，而在亚洲东北部，也有许多人是阿穆尔族群的后代（详见第 11 章）。

在距今 3 万年前的某个时期，东亚的智人族群还追随更新世中期丹尼索瓦人先驱者的脚步走向青藏高原。近期考古学家声称，他们在一个名叫尼阿底（位置参见地图 6.1）的遗址上，发现大量旧石器时代晚期石器。这是一个开敞式遗址，位于青藏高原南部。若论地理位置，仅在北纬 30°，但是海拔高，超过海平面 4600 米。由此可见，当时智人进化水平已经较高，在一定程度上，能够耐受低氧环境。遗传学的研究结果表明，智人可能通过和丹尼索瓦人（具备类似的能力，能够适应寒冷的气候）杂交繁殖而获得这种耐受力。[6] 我们认为，早期智人可能和之前的丹尼索瓦人一样，被这里的狩猎条件吸引，所以才在海拔如此高的地方聚居。

再来看看西伯利亚东北部、北冰洋海岸线旁的智人聚居地——最古老的直接证据出土于雅拿遗址。该遗址位于北纬 71°，靠近雅拿河三角洲，位于北极圈内，紧邻俄罗斯的东西伯利亚海。近期，科学家从 31000 年前的雅拿墓穴中提取古 DNA 并进行分析。其结果显示，聚居在这里的人大约在 38000 年前与欧亚大陆北部其他智人族群实现遗传学意义上的分化。这一结果与科学家为研究智人扩散进入亚洲北部所做的其他年代的鉴定结果完全相符。[7]

遗传学家分析古代雅拿人的 DNA 发现，他们与欧亚大陆西部其他旧石器时代智人族群之间有亲缘关系。[8] 显然他们来自西部而非南部，一旦到达雅拿，他们就开始捕食北极冻土带的动物，如猛犸象、毛犀牛、野牛、驯鹿、野马和熊。他们还用这些动物（尤其是猛犸象）的牙齿和骨头制成矛尖和装饰品，并在装饰品上进行艺术创作。这些精心雕刻的图案由点和线条组成。遗憾的是，如今我们无法理解其中的含义。猛犸象的重要性显而易见，因此罗宾·德内尔（Robin Dennell）用"猛犸象体系"一词描述这些人在亚洲北极旧石器时代遗址内的生活方式。[9]考古学家还惊奇地发现，遗址中有许多北极野兔的遗骸。雅拿人捕捉野兔可能并不是为了食肉，而是需要它们的毛皮。在北极圈内，人们非常需要贴身的保暖衣物。毕竟那里冬天的气温奇低，有时会远远低于冰点。

自那之后，末次冰川极盛期来临，气候条件更差，西伯利亚大部分地区的人类活动证据减少或者消失。为了熬过气候条件极端恶劣的时期，人类走向相对温暖的地方，以下各地可能都为他们提供了容身之处：俄罗斯东部的黑龙江流域、阿尔泰山脉、贝加尔湖、朝鲜半岛，而温暖的日本海岛更是绝好的避寒之地（参见地图6.1）。有些遗传学家和考古学家还提出，末次冰川极盛期内，他们就在白令陆桥以南未被冰川覆盖的地方藏身。[10]他们在不远的两翼地带等待极端气候结束，一旦气候条件允许，冰层北移，便马上进入北美洲。但是，科学家尚未发现有力的考古证据支持这一观点。目前的考古证据表明，白令陆桥区域内，最古老的石器时代遗址也只有大约 14500 年的历史。[11]

遗传学和考古学的研究清楚地表明，首批美洲人来自亚洲旧石器时代晚期族群。17000 年前至 15000 年前，他们开始美洲之旅：取道白令陆桥，来到阿拉斯加，之后继续南下。当时加拿大西部的科迪勒拉冰层逐渐消退，他们沿着科迪勒拉冰层靠近大海的一侧前行（参见地图 6.2）。[12]他们来自亚洲的哪个地区？雅拿在 31000 年前已经有人居住，但是它距离阿拉斯加西部足足有 2500 千米。而且雅拿人的古 DNA 的分析结果表明，首批美洲人不大可能来自雅拿。首批美洲人最有可能来自亚洲太平洋东北海岸上的某个地方——楚科奇半岛和堪察加半岛、鄂霍次克海、黑龙江下游，还有日本，从这些地方进入美洲更加便利。智人什么时候进入这些海岸地区聚居？图 6.1 列出相关事件，并标注其发生年代。

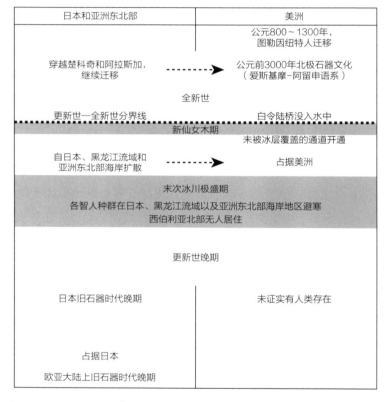

图 6.1　这是一张时间表（以千年为单位），择要列出农业起源之前亚洲东北部、日本和美洲各智人族群相关的历史事件。

旧石器时代晚期的日本

最迟在 38000 年前，现代人类已经进入日本列岛。当时海平面比今天大约低 80 米，北海道北部通过陆桥与库页岛相连，而在紧邻俄罗斯东部的黑龙江河口，库页岛又和亚洲大陆连成一片。日本大部分地区，即如今的本州、四国和九州三岛，形成整个大岛，科学家称之为"古本州岛"。古本州岛和北海道以及朝鲜半岛之间，分别被狭窄的海上通道隔开。最初来到古本州岛的人类必定渡海而来，最有可能的路线：他们从南方出发，取道对马岛，最后登上古本州岛。

　　如今，日本还控制琉球群岛，该群岛南北向总长达 1000 多千米，其中冲绳岛又与中国台湾岛为邻。这些岛屿与东亚大陆遥遥相望，两岸之间最近处约为 140 千米。这些岛屿上的人类遗骸表明，距今至少 3 万年时，人类已经漂洋过海来到这里。这一发现非常重要，因为这是有化石记录的距离最长的旧石器时代海上旅程（可能不止一次），一路上根本看不见陆地。2019 年，科学家进行一项有趣的实验，由 5 人乘坐独木舟，从中国台湾岛（冰期海平面下降时，台湾岛与东亚大陆之间有陆桥相连）出发，顺着北上的黑潮划桨远渡 200 千米，历经 45 小时，成功抵达琉球群岛中的与那国岛（参见地图 6.1）。这次实验并不能证明古人也曾以同样的方式渡海，但是它告诉我们，确实存在这种可能性，而且那些古代的漂流者可能也有寻找新海岛的意向。[13]

　　那些首批从海上登陆古本州岛的移民还在开阔的海面漂流 40 千米，来到位于本州岛外，坐落在今日东京南部的神津岛，并在岛上采集黑曜石以制造石器。在日本，考古学家尚未发现这些首批聚居者从旧石器时代遗留下来的任何海上交通工具，但是考古学家从水下沉积物中发掘大量新石器时代（该考古时代又称"绳文时代"，始于大约 16000 年前，日本人从那时开始制造陶器）的独木舟，总数多达 160 艘，同时出土的还有多个磨刃石斧。绳文时代的日本人显然掌握了水上航行技术。

日本这个地方显然在东亚史前史上具有十分重要的地位。末次冰期内，由于日本岛延伸至北纬35°，又受惠来自西太平洋热带地区的北上暖湿洋流（黑潮），所以成为温度适宜的避寒胜地，能够接纳那些为躲避西伯利亚内陆酷寒而南下的移民。[14] 对于史前人类而言，日本的落叶和常绿树林蕴藏着丰富的资源，宜于狩猎和采集。末次冰川极盛期降临的时候，他们急于逃离西伯利亚的严冬，日本难道不是最顺理成章的选择吗？要知道，他们已经掌握旧石器时代的磨刃石斧技术，完全知道怎样挖空木头来制造独木舟。

日本之所以重要，还有一个原因就是，我们掌握了当地大量的史前史资料。现代日本投入可观的资源来保护考古遗物并开展研究，那里是世界上考古遗址最密集的地方之一。日本目前已知的年代最古老的人类遗址至少已经有 500 处，经考古学家鉴定为旧石器时代晚期的遗址更超过 1 万个，其年代在 38000 年前至 16000 年前。当最早的绳文陶器出现时，旧石器时代随之终结。日本旧石器时代晚期遗址如此密集，考古学家又找不到旧石器时代中期的任何确凿的考古记录，这也许意味着，智人就是首批迁移到日本岛屿的人亚族，之前这里根本没有人类祖先的踪迹。

遗憾的是，日本岛屿上的现代人类聚居记录也有值得商榷之处。北海道和本州岛有成千上万个考古遗址，但是尚未出土旧石器时代晚期骨骼和颅骨遗骸，其中部分原因是，日本的遗址大部分是开敞式的，并非洞穴。这里的火山灰土壤呈中性至酸性，不利于人类遗骸的保存。这也意味着，科学家无法在日本提取旧石器时代晚期人类 DNA，用来与其他区域（尤其是美洲）的古 DNA 进行对比。相比之下，琉球群岛上有许多碱性的石灰岩裂隙，冲绳岛、宫古岛和石垣岛上均有人类遗骸出土。经鉴定其年代在 3 万年前，但是这样的化石记录缺乏相关的考古背景资料，科学家也未能从中提取到更新世全基因组 DNA。

　　38000 年前，首批移民登陆本州岛时，带来了十分独特的物质文化。[15] 和澳大利亚北部一样，他们使用磨刃石斧。但是在日本，大量磨刃石斧（总数超过 900 块）出土，而且年代背景也没有矛盾之处，所以没有人质疑。这可能是一条重要证据，有助于说服科学家认可澳大利亚的考古发现——阿纳姆地和金伯利出土的更新世晚期磨刃石斧。但是，经科学家测定，澳大利亚最古老的样本的实际年代为 65000 年前或 5 万年前，远远早于日本磨刃石斧，年代争议在所难免。

　　日本考古序列底层还出土了一种所谓的"梯形石器"：带有横向利刃的石制矛头或箭头。人类到达时，日本本土的动物有野鹿和野猪。人类引诱动物落入刻意挖好的陷阱之中，同时他们也徒步追赶猎物，并使用带有梯形利刃的投射物狩猎。

　　琉球群岛又是什么样的景象？在这里，科学家发现了人类遗骸，但找不到几件石器。冲绳岛上的港川石灰岩裂隙中出土了一具成人男性遗骸，保存状态相对完好，距今大约 2 万年。科学家研究其线粒体 DNA 单倍群（但是无法提取全基因组 DNA）和颅骨以及面部特征，发现他们与东南亚、澳大利亚和新几内亚的更新世晚期人类都有亲缘关系。[16] 这个港川人可能是一名猎手（冲绳岛上有侏儒型野鹿和野猪物种），冲绳岛上还有一处洞穴遗址，即 Sakitari 岩洞遗址。洞内居住着与这名猎手同时代的渔夫，其中某些渔夫使用贝壳制成圆形小鱼钩，用来捕鱼。

　　这些鱼钩的形状与印度尼西亚东南部出土的更新世晚期用贝壳制成的鱼钩类似（参见图 6.2），与首批来到美洲，在墨西哥北部下加利福尼亚州海岸外的小岛上聚居的那批人使用的鱼钩也相像。[17] 由于这些族群都在海岸附近聚居，所以他们使用的工具相似，这可能并非巧合。显然，小岛上的地上资源匮乏，所以他们必须转而从大海中寻找替代食物。

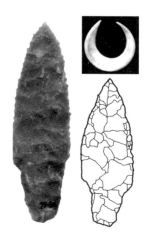

图 6.2　东亚和美洲的出土文物。（图右上）这是一个贝壳制成的钓钩，直径为 2.9 厘米，出土于印度尼西亚东部阿洛岛（Alor Island）隆邦雷（Tron Bon Lei）洞穴。在帝汶岛、琉球群岛（日本南部）、墨西哥下加利福尼亚州西海岸之外的岛屿，以及南美洲西部都出土了类似的更新世晚期和全新世早期的鱼钩，没有拴钓线用的凸状物或线槽。（主图）两类极其相似的带柄投射矛尖，左边的来自美国爱达荷州库伯渡口（长 6.5 厘米），年代在 16500 年前至 15000 年前；右边的在日本北海道旧石器时代白泷遗址出土（长 4.8 厘米）。阿洛岛鱼钩图片由苏·奥康纳（Sue O'Connor）和索菲娅·桑珀·卡罗（Sofia Samper Carro）友情提供，双面矛尖图片为引用，征得原作者罗兰·戴维斯（Loren Davis）和《科学》杂志许可后在此复制。

最初的美洲人来自日本？

　　总之，根据日本旧石器时代晚期和绳文时代遗留的证据，加上琉球群岛上的遗骸，我们能够确认：最迟在 38000 年前，人类已经掌握了航海技术，能够渡过至少 40 千米宽的海上通道。之前，人类已经在澳大利亚聚居。无论他们走的是哪条路线，这都证明了人类的渡海能力。但是，人类开始在美洲聚居时，亚洲东北部有很多地方都已被旧石器时代人类占据，所以我们面临一个更棘手的问题："首批美洲人到底从哪里来？"必须要承认，综合考虑所有因素，最初的那批移民极有可能于大约 16000 年前，末次冰川极盛期之后，从日本列岛出发，进入美洲。

作为最有可能的出发地点，日本符合多项条件。例如，旧石器时代晚期的日本人已经掌握了渡海技术，他们的石器制造技术也和最初的美洲人类似。日本主要岛屿上出土的双面和细石叶（小型石叶中的一种，下文还将详细探讨这类石器）工具也和北美石器惊人的相似。两地石器的年代匹配度高——当人类首次到达阿拉斯加时，双面和细石叶石器在日本广泛传播。[18] 当时，日本的人口密度也十分可观。冰期结束之后，气候条件改善，人口可能激增。目前的主要问题是，科学家尚未获取这一族群的古 DNA。但是，遗传学家对港川人、绳文人和目前在世的日本人线粒体 DNA 谱系的突变年代进行分析，其结果表明，在 15000 年前至 12000 年前，日本列岛上人口数量显著增加。[19] 这可能并非巧合。

2007 年，考古学家乔恩·埃兰德松（Jon Erlandson）及其同事提出一个十分有趣的假说，即"海带高速公路"理论，它与上述猜想十分契合。人类初次进入美洲过程中，日本的作用至关重要。[20] 距今 18000 年前之后，冰期结束，海平面上升，北太平洋大陆架再次没入海水中。从日本到加利福尼亚，乃至南美洲，海岸线往内陆方向延伸。之前，末次冰川极盛期内，这一环海地带露出海面，形成大片平坦的陆地。靠近岸边的地方是温暖的狭窄水域。那里海带密集（如今也是如此），吸引大量的海洋哺乳动物、鱼类和贝类，蕴藏着丰富的食物资源。而日本恰巧位于海带密集地带的西南端（参见地图 6.1），而且当时日本列岛上的人类族群已经掌握了制造独木舟的技术。和今天一样，这些海岸地带还受惠来自南方的黑潮暖流。对当时的人类而言，只要能进入更冷的气候带，前方就有大量食物供他们享用。

✦ 到达美洲

取道白令陆桥从亚洲进入阿拉斯加的每个移民都来自日本吗？这显然不太可能。首批抵达美洲的人类到底来自何处？围绕这一问题的探讨不会停止，科学家的观点也将持续变化。这是全球史前史学科中，科学家深入研究的课题之一，许多人对它有极大的兴趣。这也是年代相对较近的史前史研究，称得上是今天的科学家有可能真正了解的首次跨洲大迁移。智人的澳大利亚和新几内亚迁移之旅的发生年代太早，考古记录又扑朔迷离，难以彻底考察。但是美洲之行发生的年代较近，可以从利用如下三个方面的记录开展详细考察：不同地域内存在微妙差异的旧石器时代晚期的石器技术，大量的古 DNA，以及人类进化史上首次出现的比较语言学证据。

所以，允许我引用科学家已经发现的多学科证据，进一步探讨首批美洲人迁移之旅的时机、起源地以及大致的迁移方向。在开始之前，所有读者还必须了解一个重要的考古发现。科学家近期推断，首批美洲人大约在 15500 年前至 15000 年前到达阿拉斯加。[21] 令人惊奇的是，最迟在 14000 年前，他们已经来到智利南部一个名叫蒙特沃德（Monte Verde）的地方，那里已超过南纬 40°。这说明，他们移动速度快，在短短数世纪内，可能已经从北美洲走到南美洲。

近期的线粒体 DNA 研究表明，首批美洲人南下的过程中，其人口数量在最初聚居美洲的 3000 年间增长至 60 倍。这一数据充分表明，这次迁移起码在人口繁殖方面获得了巨大成功。[22] 基因组研究专家近期还发表了一篇论文，文中写道，首批美洲人口激增，"是现代人类族群历史上最重要的人口增长阶段之一"。[23] 新的放射性碳断年实验结果也证实，15000 年前至 13000 年前在北美洲，以及 13000 年前至 9000 年前在南美洲，人口增长显著。[24] 上文已经指出，这些年代与冰期之后日本人口扩增的年代有重合部分。在久远的人类历史长河中，人类在美洲的聚居无疑是人口统计学意义上的巨大成功。

🏃 与最初的美洲人相关的证据

请允许我以三个方面（依次为考古学、语言学及遗传学）的研究成果为依据概括介绍首批美洲人的状况。我认为这种顺序也许有助于我们理解这一课题。

首先是考古学，因为考古学家能测定石器堆的绝对年代，而这些石器堆与人类活动之间存在无可置疑的相关性。根据目前我们了解的考古记录，末次冰川极盛期内，人类逃离高纬度地带，放弃了曾经的家园雅拿。最迟在 17000 年前，他们已经开始在白令陆桥西伯利亚一侧活动，可能在此之后，又来到阿拉斯加。[25] 大量遗址及其年代鉴定结果都支持这一观点，科学家也就此达成共识。

但是，就在我写到这一章的时候，又出现新的争议。奇克维特洞穴（Chiquikuite Cave）位于墨西哥中部，海拔高度几乎达到 3000 米。那里位于阿拉斯加的南方，而且两地相隔甚远。[26] 考古学家使用间接方法分析洞穴内的双面尖状石器，其结果表明，这些石器的年代在 26000 年前至 19000 年前。如果将其视为这批石器的直接年代，那么当时正处于末次冰川极盛期。鉴于奇克维特洞穴海拔高度为 2740 米，在当时应该是一个寒冷的地方，但是洞穴内出土的动物遗骸表明，人类有狩猎行为，并且靠采集植物为生。

（考古学家采用放射性碳法和光释光方法测定的）奇克维特洞穴年代是否正确？如果正确，人们如何绕过覆盖加拿大西部的巨大冰层走进墨西哥？我感到怀疑，但是目前我会将奇克维特洞穴的考古发现视为孤立的个案。这一发现让人疑惑，有些考古学家已经刻意忽略相关的考古记录。[27] 毕竟，考古学家一直在大量首批美洲人遗址里兢兢业业地挖掘、考察，为什么测出的考古年代都距今更近，在其他地方，根本没有发现任何与奇克维特洞穴同时代的遗址？

目前，北美洲考古学家几乎没有时间评价奇克维特洞穴考古记录的意义：人类在美洲聚居的年代会大大提前，远在距今 26000 年前。在本章的其他部分，我依然以已经被广泛接受的年代为基础展开讨论：16000 年前之后（这个年代在末次冰川极盛期之后，更加合理），气候舒适，人类开始在美洲聚居。我认为，首批美洲人可能只有非常狭窄的时间窗口——只有时机合适，才能成功地取道白令陆桥，进入北美洲。在那时，加拿大不列颠哥伦比亚省沿海地带的冰层消退，南下通道开放（参见地图 6.2），但是白令陆桥本身并未因海平面上升而完全淹没（目前科学家认为，大约 12000 年前，白令陆桥全部没入海中）。当然，如果他们乘舟一路赶到阿拉斯加，那么就不需要走陆桥，但是具体情况如何，我们无法确定。

无论人类到底何时抵达美洲，他们在美洲聚居过程中，采用两种不同的石器制造技术。其中一种以双面投射矛尖为代表（据称，奇克维特洞穴出土的正是这种石器），另一种则以细小石叶为特征——美洲人采用特殊类型的楔形（或称"船形"）石核制造这种石器（考古学家未在奇克维特洞穴发现细小石叶）。末世冰川极盛期之中以及之后，这两种类型的石器广泛分布在日本列岛，之后又传播到亚洲东北部。比如，勒拿河畔的杜克泰洞穴（Diuktai Cave）和堪察加半岛上的尤师科湖（Ushiki Lake）遗址就曾出土这两种石器（参见地图 6.1）。[28]

在阿拉斯加，首批穿越此地的美洲人显然更喜欢双面尖状石器技术，他们传承并传播这一技术。美洲其他地区最古老的石器都沿袭这一传统，就连最南端的火地岛也有双面尖状石器出土。除了北美洲的北部和东部，细小石叶技术并未被传播到美洲其他地方。这意味着，这一技术可能是后来才被另一批人带到美洲。最终，爱斯基摩-阿留申（Eskimo-Aleut）语系和纳-德内（Na-Dene）语系各民族的祖先采用了这种技术，下节我将详细探讨这些民族与该石器文化之间的相关性。[29]

冰层之外的现有考古记录表明，首批美洲人沿两条主要道路南下，占据美洲大陆。最迟至 16000 年前，西海岸并未被冰雪覆盖，看上去那里是首先被采用的路线。他们携带的工具包括带柄和叶片形状的双面尖状器，以及被称为新月形石器的小型琢背石器。一篇近期发表的文章指出，在大约同样的时间内，日本也有这类石器，而且相似度极高（参见图 6.2）。我们还知道，在美洲，当时的人有时会用小舟运送这些石器。因为在与加利福尼亚海岸遥遥相望的海峡群岛（Channel Island），考古学家也发现了这种石器。[30] 只有乘舟渡过海上通道，才能到达这些岛屿。它们也属于海带高速公路周边区域。

最迟大约 13000 年前，如今加拿大境内，在科迪勒拉和劳伦台德两大冰层之间，有一条未被冰雪覆盖的内陆走廊，它成为第二条自北向南的通道（参见地图 6.2）。沿这条路线迁移的人可能在美国中部和东部创建了一种新的文化，如今被称为"克洛维斯文化"，（得名于新墨西哥州的一处考古遗址）。他们使用一种精致的投射矛尖，这种矛尖底部有凹口。有些考古学家则认为，这些人可能自南向北迁移，因为阿拉斯加同样出土了双面打制的投射矛尖，与上述石器类似，但是没有那么精致。

但是，最重要的考古发现就是，得克萨斯州某些遗址内，在克洛维斯石器所在地层下，还出土了带柄尖状器，显然这些带柄尖状器的年代更久远。这一点十分重要，因为人们曾经认为，克洛维斯文化就是美洲年代最早的考古文化。如今我们知道，这并非事实。

最初的美洲人——语言学研究

这是本书第一次介绍语言学概念，因为我们接触到一个历史时段——针对这一时段不同语种进行比较研究，能够挖掘出不同寻常的人类进化史信息。

1987 年，斯坦福大学语言学家约瑟夫·格林伯格（Joseph Greenberg）发表名为《美洲语言》（*Language in the Americas*）的著作。[31] 格林伯格在书中将美洲的本土语言大致分为三类：印第安语系、爱斯基摩–阿留申语系和纳–德内语系。现在我们重点介绍印第安语系。北美洲北部和西部，有民族使用纳–德内语系和爱斯基摩–阿留申语系的各语种。而在美洲其他地方，人们使用的所有本土语种和语族都属于印第安语系。在全新世迁移过程中，人们才开始传播爱斯基摩–阿留申语系和纳–德内语系，相比之下，这两种语系的分布范围较狭窄。有意思的是，在这些年代较近的迁移活动中，爱斯基摩–阿留申语系和纳–德内语系各民族都使用细小石叶石器，而非双面尖矛石器。

格林伯格认为，印第安语系最先被引进，以其古老的形式在美洲直接传播。我们可以试着分析语言和石器文化的相关性。考古记录表明，距今 14500 年前，来自亚洲东北部的移民先把双面尖矛石器带到阿拉斯加，然后沿加拿大西海岸南下，将这种石器传播至美国以及美洲其他地区。与此同时，古老的印第安语言也在四处传播，最终在南北美洲广泛分布。

格林伯格首创"大规模比较法"（mass comparison），即通过观察不同语言的语汇及其所表达的意义来推测语言共性。他的这一方法论招来许多批评，但是从历史和文化现实这一角度加以检验，我一直认为他的结论可能是正确的。[32] 遗憾的是，就语言历史而言，首批美洲人迁移事件发生在久远的过去，任何语言学家都无法通过重构语言来理解早期印第安语社群的性质或起源。距今时间越久，语言的重构难度越大，语言学家几乎不可能重构大约 1 万年前的语言。但是，即使在更久远的年代，我们也能从一些蛛丝马迹中感觉到，如今多种语言可能有共同的祖先。

所以，所有的印第安语言是否衍生自单一语种？如今我们根本无法找到确定的答案。但是我依然没有理由否定这样的现实：大约 16000 年前，美洲人的祖先使用创始性的印第安语言，他们从亚洲东北部的某地出发，取道阿拉斯加，进入美洲各地，一路传播语言和石器文化。

🏃 最初的美洲人——遗传学研究

现在我们开始讨论第三个相关课题——古今 DNA。2014 年以来，这一研究领域实现突破：遗传学家对蒙大拿（Montana）安兹克（Anzick）遗址中的一个婴儿的 DNA 进行分析。结果表明，这个来自克洛维斯文化、距今 12500 年的男婴的基因组，可以被视为如今许多中美洲和南美洲原住民基因组的祖先。由此可见，遗传学研究为上文提出的假说提供了佐证：以克洛维斯尖矛为代表的双面石器的分布与古老的印第安语言的传播存在相关性。[33] 克洛维斯文化并非北美洲最早的考古文化，但是其族群的基因组特征显然在最重要的一次族群迁移过程中传播到美洲大陆各地。

2014 年以来，大量与美洲古基因组相关的文献问世。它们不仅得出相同的结论，而且解释得一清二楚：无论过去还是现在，在美洲大陆各地居住的美洲原住民都有共同的祖先——就是首批从亚洲东北部走进阿拉斯加的单一族群。[34] 纳–德内语系和爱斯基摩–阿留申语系族群的祖先另有其人，他们后来才进入美洲。从基因分析结果看，这两批人尽管是近亲，但是其基因组仍然有区别。爱斯基摩–阿留申语系族群的祖先更是在大约 5000 年前才在冰层刚刚融化的加拿大海岸线一带扩散。

从遗传学角度看,首批美洲人祖先族群从哪里来?当时沿什么样的路线从亚洲迁移至阿拉斯加?其中一个可能的答案就是,在末次冰川极盛期之前以及之后,曾有族群在西伯利亚中部靠近贝加尔湖的地方聚居。遗传学家从他们的墓穴中提取古 DNA 进行分析。其结果表明,他们可能就是美洲人的祖先族群。他们长途跋涉 4000 千米,从贝加尔湖来到白令陆桥。[35] 但是,无论贝加尔湖还是雅拿,似乎都离白令陆桥太远,也许他们并非首批美洲人的直接祖先。而且,这两地族群的 DNA 图谱与首批美洲人的 DNA 图谱并不完全匹配——遗传学家并未就此达成共识。最近的遗传学分析结果表明,首批美洲人的故乡离亚洲东部海岸很近,其核心地带位于俄罗斯远东地区的黑龙江流域。此外,末次冰川极盛期内,黑龙江下游、库页岛以及日本北部北海道之间有陆桥相连。在内陆方向,该地区与这一陆桥的距离并不遥远。[36]

说到年代背景,数个研究小组利用分子钟方法对比如今存活的西伯利亚和美洲原住民族群的 DNA,发现其基因组分离的时间比末次冰川极盛期更早。大约在 24000 年前,这与欧亚大陆上的人首次迁移至北美洲的年代,即大约 16000 年前并不相符。[37] 这就意味着,中间存在一个长达 8000 年的静止阶段。在此期间,美洲祖先族群为躲避极寒,在周边地区等待,同时保持相对隔绝的状态。我个人认为,静候区域包括日本北部以及附近亚洲东北部的海岸地区,但是目前遗传学家未能提取日本旧石器时代晚期 DNA,否则就能验证这一假说。

如果黑龙江流域和日本列岛北部就是首批美洲人的起源地区内的两个具体位置,这些人又如何从那里走向阿拉斯加?最有可能的情况是,他们沿鄂霍次克海海岸,从日本北部和俄罗斯远东地区走向阿拉斯加。他们一路上利用海带高速公路的资源，中途曾跨越堪察加半岛上的狭长地带。位于尤师科湖畔的堪察加遗址（其年代在16000 年前至 13000 年前）可能就是路上的中转站。[38]

💃 Y 族群？

利用遗传学方法鉴定首批美洲人祖先时，有个地方让人疑惑。基因组研究结果表明，少数如今存活的南美洲族群与如今存活的澳大利亚原住民和巴布亚人可能有共同祖先。除了如今活着的人的DNA，还有其他证据也指向这一神秘联系。古生物学家诺琳·克莱蒙–托巴戴（Noreen Cramon-Taubadel）及其团队也指出，某些全新世早期南美洲人亚族颅骨形态表明，他们与萨胡尔古陆（澳大利亚和新几内亚）上的智人族群有亲缘关系。[39]

考古学家在巴西中东部地区圣湖（Lagoa Santa）市的拉帕多桑托洞穴（Lapa do Santo Cave）发掘出一系列距今 10400 年的遗骸。至少两个研究小组认为，从骨骼形态看，这些人与萨胡尔古陆上的祖先族群有遗传关系，古 DNA 研究结果也支持这一结论（但是，桑托洞穴遗骸的 DNA 中，提示其为萨胡尔古陆族群后代的 DNA 占比小于 6%）。[40] 共有 200 人被埋葬在这里，去世前的姿势多种多样。有的屈肢而卧，有的下蹲，有的身体扭曲，有的骨骼分离，还有一人死时已经被斩首。这种下葬方式与旧石器时代晚期中国南部和亚洲东南部族群类似。在日本，16000 年前之后，在绳文时代也有类似的墓地。[41] 在日本和巴西两地，墓穴都位于地下，而且并未放置殉葬品。

这种相似是否是巧合？看起来，有些人把萨胡尔基因特征带入美洲，遗传学家称之为"Y 族群"。"Y"取自亚马孙图皮（Amazonian Tupi）语中"Ypykuēra"一词，意为"祖先"。[42] 但是，在西伯利亚更新世族群的古 DNA 中，完全找不到 Y 族群独有的基因特征。实际上，美洲大部分祖先族群的 DNA 中，尤其是北美洲或加勒比海族群的 DNA 中，也未留下 Y 族群的基因印记。[43] 再看看考古记录或颅骨形态学研究，目前并无证据表明，美洲大陆上曾经出现过单独的 Y 族群迁移活动。首批美洲人走向阿拉斯加时，曾携带双面尖矛或细小石叶石器。旧石器时代的东南亚和萨胡尔族群基本上不曾使用这两类石器，但是丹加于遗址的发现是个例外（统计学上的异常值）。也许这一发现具有更重要的意义（参见第 5 章结尾）。

Y 族群特征到底有何意义？在我看来，它意味着，美洲人身上保留着最初走出非洲，来到东亚、澳大利亚和新几内亚的现代人类族群的基因特征。考古学家在北京遗址发现的那位田园洞人（距今 4 万年，参见上文）显然就是这一族群的早期成员，其基因组与澳大利亚和巴布亚早期族群相关。遗传学家分析这位早已作古的田园洞人的 DNA，针对其意义发表了很有意思的见解：

大约 4 万年前，这位田园洞人在亚洲大陆上生活。他与某些南美洲族群具有遗传关系，而且这一亲缘性的强度与目前观察到的巴布亚人和翁奇（位于安达曼群岛）人与那些南美洲族群之间遗传关系相比，起码持平，或许更高 [原文抄录]。……（这）意味着，这位田园洞人的相关族群，即如今存活的巴布亚人和翁奇人的相关族群，曾经广泛分布于亚洲东部。最起码，当人们开始在美洲聚居的时候，这一群体抑或与之相关的另一亚洲族群依然存在，并对某些美洲原住民族群的基因组造成影响。[44]

中国云南省红鹿洞出土了一具 14000 年前的遗骸，他和北美洲原住民也有些相同的基因。实际上，他与北美洲原住民的共同基因数量超过他与田园洞人共有的基因数量；而在贝加尔湖族群（参见上文）DNA 中，也未发现这些基因。[45] 这意味着，田园洞人已经去世很久以后，当首批移民已经在美洲聚居的时候，东亚温带地区内，那些与美洲人有可辨识的基因亲缘性的族群依然存在。这并不能证明，首批美洲人全都来自东亚（包括俄罗斯远东、中国和日本），而非西伯利亚内陆。但是，我更有理由做出如下推断：来自东亚的某些人可能与神秘的 Y 族群类似，在人类占据美洲的过程中，起到了一定的作用。

🚶 冰层地带之南

尽管有些考古发现能够将人类在美洲聚居的年代提前很多年，墨西哥的奇克维特洞穴（详见上文）就是最典型的例子，但我依然认为，除了阿拉斯加，在美洲大陆上，最早的聚居地距今也只有大约 16000 年的历史。为什么我认为这是显而易见的史实？首先，冰川极盛期的冰层阻挡住了加拿大西部和北部海岸地区附近的所有通道。只有在冰期之后，气候变暖，这一情况才有所改观。除此之外，还有一个重要原因：美洲有成百上千个洞穴遗址，那里的地层在正常情况下，逐层按年代分布。但是到目前为止，最古老的遗物也只有 16000 年的历史，（除奇克维特洞穴之外）从来没有更久的、令人信服的考古记录。除非所有的洞穴都是在 16000 年前形成的（对此我深表怀疑），否则，古老的人亚族或现代人类几乎不可能在上述年代之前很早的时候就抵达美洲大陆。还有一种假说：冰川极盛期之前，人类就已经抵达美洲大陆，但是这一族群后来不知何故偏偏灭绝了。但是我们很难相信这一假说，毕竟美洲大陆有丰富的食物来源，而且冰川极盛期之后，这里的人口呈迅速增长的趋势。

首批人类来到美洲之后就迅速迁移。最迟在 15000 年前，他们已经到达冰层地带的南方，即如今美国爱达荷州内一个名叫库伯渡口（Cooper's Ferry）的地方。在这里，他们制造细长的双面投射尖矛石器，并在尖矛底部敲打出柄状把手。这些石器和日本北海道旧石器时代晚期的出土文物类似——同样是带手柄的投射尖矛（图6.2）。[46] 这些族群逐渐扩散到北美洲各地，他们追猎并用陷阱诱捕猛犸象、乳齿象（mastodon）、野牛、野马以及其他大型哺乳动物。在此期间，他们使用的投射矛的形状开始变化。在美洲大陆西边一侧，考古学家发现，他们不仅继续使用"西部带柄"投射矛（与库伯渡口出土的石器相像），还打造出叶状尖矛和小型琢背石器，有的地方还出土了贝壳制成的鱼钩；在落基山脉的东部和南美洲，人们使用另外一些新型石器。

13000 年前之后，美国中部和东部的人擅长制造别具一格的克洛维斯尖矛石器。其底部有凹口，便于插入木制矛杆。南美洲最古老的考古遗址也出土了双面投射尖矛石器。这些尖矛形状各异，特色鲜明。水下遗址蒙特沃德就是其中之一，它位于智利南部南纬42° 的地方，有 14600 年的历史。在北美洲，猎手忙于捕杀与亚洲相同的大型哺乳动物物种，南美洲的猎人必须面对不同的猎物：大懒兽（giant sloth）、犰狳（armadillo）、野骆驼（与美洲驼和羊驼是近亲），还有犀牛状生物。[47]

首批从亚洲迁移到美洲的族群当初曾乘舟渡海。到了美洲之后，他们并未丢弃这一传统。最迟在 12000 年前，他们携带贝壳制成的鱼钩摇桨行舟，渡过 10 米宽的海上通道，抵达加利福尼亚州海岸之外的小岛。如今那里遗留的一些燧石工具就是他们从 300 千米之外的加利福尼亚东部带到岛上的。[48] 有一桩事我觉得很奇怪：加勒比群岛上留下的最古老的文物仅有 6000 年历史，没有任何考古证据表明人类在此之前就曾登陆加勒比群岛。从南美洲或墨西哥到加勒比群岛的海上通道最短大约为 150 千米，但是一路都是温暖的热带水域。其实，最迟在 3 万年前，人类已经渡过类似距离的海上通道，登上琉球群岛。

人类首次到达美洲之后，为什么会在 1 万年之后，才登上加勒比群岛？难道是能够证明人类早已在岛上聚居的证据一直遗留在那里，只是我们还未发现而已？我不知道，但是这个未解之谜为未来的考古研究指明了方向。

美洲首批聚居者的航海能力有待考证，但是他们征服高海拔环境的成就毋庸置疑：最迟在 13000 年前，他们就已征服 4500 米的高度，来到安第斯高原上的群蔡查岩厦寻找容身之处。在这里，他们使用"鱼尾尖矛"捕杀野鹿和羊驼的野生祖先，鱼尾尖矛是南美洲南部人类族群广泛使用的石器。[49] 他们能够适应高海拔缺氧环境。而在很久之前，丹尼索瓦人和旧石器时代晚期的智人也曾在青藏高原上生活，早已分别实现类似成就。

首批移民中，还有人还把狗从西伯利亚带到美洲，西伯利亚可能是人类首次将狼驯化并且将其作为家畜豢养的地方。[50] 如今所有的狗的共同祖先都是欧亚大陆上的野狼。基因研究结果表明，美洲原住民野狼这一物种从来不曾被驯化。后来与印第安文化相关的狗全部都是最初从亚洲进入美洲的狗的后代。可惜的是，欧洲殖民时期，这些狗几乎全部灭绝，被来自"旧大陆"的品种取代。在北极圈内充当雪橇狗的哈士奇是唯一的幸存品种。

全新世加拿大北极区原住民：古因纽特人和北极因纽特人

更新世人亚族走进各个之前无人居住的地区之后，他们的漫漫旅程即将结束。这些狩猎-采集者在美洲聚居之后，除南极洲之外，世界所有大陆上都留下了人类的踪迹。但是在北美洲，并非所有地方都被人类占据。加拿大北部海岸线依然被海冰覆盖，直到全新世中期，气候回暖，环境温度达到峰值，海岸地区才又成为宜居之地（参见地图 6.2）。

　　加拿大北极海岸地区和岛屿（其中包括格陵兰岛）上最初的原住民是如今爱斯基摩–阿留申语系族群的祖先，现代因纽特人就属于这一范畴。更新世冰层逐步消退，美洲北极圈海岸地区就像欧亚大陆上的北冰洋海岸地区一样，开始汇聚丰富的食物资源。在没有树木的冻原地带，茫茫海冰上，可供狩猎的大型哺乳动物多种多样，比如海豹、北极弓头鲸、海象、北极熊、麝牛及北美驯鹿。但在寒冬季节，食物资源匮乏，只有掌握了有效方法，有保暖衣物、高超的狩猎技术、充足的食物储备，以及安全的容身之处，才能耐受北极的严冬——这些都是生死攸关的关键技能。

　　大约 5000 年前，全新世期间环境温度达到峰值，加拿大和格陵兰岛北极海岸地区迎来首批原住民。如今考古学家称其石器技术为"北极小石器传统"，而细小石叶正是这类石器的典型代表。考古学家认为，这一石器技术起源于白令海峡西伯利亚一侧，然后迅速传播，到达东部的阿拉斯加，又传遍之前无人居住的加拿大北部地区。到公元前 2500 年时，它已经成为巴芬岛（Baffin Island）和格陵兰岛上反映当地文化特征的首类代表性石器。[51]

　　从遗传学角度看，"北极小石器传统"技术的创造者与首批美洲人、现代因纽特人，以及一些目前存活的族群——比如阿拉斯加西部的尤皮克人（Yupik）、阿留申岛民都是近亲。[52] 鉴于其地理分布状况，他们可能都是早期的爱斯基摩–阿留申语系族群。他们出行时还使用狗拉雪橇车。近期的遗传学研究表明（参见上文），现代格陵兰雪橇狗的祖先由西伯利亚地区的狼驯化而来，其历史超过 9500 年。[53]

　　公元后第一个千年期间，由于冰层范围扩大，"北极小石器传统"技术的创造者显然被迫撤退，加拿大北极高纬度地区几乎无人居住。之后中世纪温暖期（公元 800—1300 年）来临，气候回暖，第二次迁移活动如火如荼，图勒因纽特人（Thule Inuit）重新占据加拿大北部。

最迟在 13 世纪时，图勒因纽特人已经和阿拉斯加其他爱斯基摩–阿留申语系族群分开，持续向东迁移。他们的活动区域与近乎 4000 年前的古因纽特前辈重合。他们以惊人的速度跋涉 5000 千米，最终再次抵达遥远的格陵兰岛。但是，这一次他们并非天涯孤客。因纽特人到达时，北欧维京人已经在这个北极圈内第一大岛的西部和南部安家。公元 985 年，他们到达冰岛，继而从欧洲西部进入格陵兰岛。

这是美洲原住民和欧洲人初次见面的名场景之一——双方从不同的方向出发，长途跋涉之后，在极寒之地胜利会师。比这更早的一次会面发生在纽芬兰，当时的美洲原住民可能属于阿尔冈琴语系（Algonquian）族群，而非因纽特人。但是，因纽特人和维京人之间似乎并无频繁的互动。我们应该记住，能在格陵兰岛世代相传并且直到今天依然存续的族群只有因纽特人，曾经的维京聚居者在 15 世纪已经离开。

至此，人类已经初次占据世界上除南极洲之外的所有大陆，这一阶段的人类历史也进入尾声。人类史前史上，爱斯基摩–阿留申语系族群绝对不是最后一批开展迁移活动的狩猎–采集者。但是除了那些偏远的岛屿，他们是占据最后一片此前无人入驻的大块陆上领地（南极洲除外）的族群。之后地球上的 5000 年人亚族进化征程将是史无前例的壮丽诗篇。

第四幕
农业兴起

第7章 食物生产如何改变世界

　　人类进化史演到第四幕，世界迎来食物生产时代，本章探讨这一幕的开场戏。食物生产起源于哪些地方？又如何发端？它对人口数量和密度造成什么样的影响？过去11700年间（全新世间冰期，目前地球仍然处于这一阶段）食物生产方式如何传播，又为什么在世界上那么多地方都占据主导地位？

　　大约自公元前9700年开始，全新世期间，以动植物驯化为特征的食物生产活动兴起，[1]为人类带来重大变化。自那时开始，食物供给量增加，人口数量和密度随之增长。到如今，世界人口达到80亿——这也正是世界需要供养的人数。食物生产成为古今中外所有文明之邦得以发展的基础。作为食物来源的主要物种，无论是人类驯养的动物，还是栽培的植物，其可运输性都持续增长，为农耕者提供保障，支持他们迁移到条件适宜的新地方，其中包括那些已经被狩猎–采集者占据的地方。与栽培植物和驯养动物相比，人类捕获和采集野生资源的过程中，根本不可能同等程度地对这些资源加以控制、促其增长，或进行运输。

　　驯化动植物体系易于传播，史前波利尼西亚人的经历可能就是最富戏剧性的例证。公元前2000年至公元1250年，波利尼西亚人的祖先把他们栽培的庄稼和驯养的动物送上小船。它们告别位于台湾岛和菲律宾群岛的家园，在大部分为热带的海洋上漂流16000千米，到达遥远的新西兰和复活节岛。还有的几经辗转，甚至进入南美洲。由于猪、狗、鸡还有各种有营养的水果和块茎植物便于携带、运送，所以该族群人数迅速增长，并顺利在那些与世隔绝的小岛上定居。如果仅仅靠狩猎和捕鱼，小岛上的本土资源太过匮乏，容易耗尽，根本不可能供养这么多人。波利尼西亚人祖先的经历让我们清楚地认识到，栽培的植物和驯养的动物易于收集，适于陆上或海上运输，能从任何农业起源地传播到数千千米之外的地方。

什么是史前食物生产？

下文中，我会使用一些宽泛的概念，如用食物生产、农耕和农业，指代以栽培植物和驯养动物为基础的史前基本生存资料自给系统。另外两个词，即栽培和驯养，则更具体，也是如下问题的核心答案：人类从狩猎–采集文化阶段走向食物生产文化阶段的过程中，发生了哪些事情？

"栽培"一词几乎无须解释：农耕者需要开荒整地，才能种植农作物；农作物生长过程中，必须加以保护，不能任由掠夺者破坏。此外，还必须组织收割、兴修储存设施。如果农产品来自动物，对应的词汇是"驯养"。"驯化"却不仅仅是植物栽培或动物驯养的同义词，它包括我们的史前祖先为了让动物或植物产出更多食物，或实现其他用途，对植物和动物做出的形态和基因上的改变。栽培和驯养是动植物管理期间人类施加的活动，而驯化就是这些活动的成果。史前驯化过程中，物种发生了显著的变化，这些变化可能是我们的祖先有意选择的结果。其中最典型的事例就是，早期农耕者会挑选条件更优越的动植物进行育种。植物育种的主要目的：产出更多食物（包括饮料）和纤维，收割和加工更加便利。动物育种则是为了实现动物体型大小、颜色、温顺程度、牵引力以及奶和毛产量方面的变化。

说到食物生产的演变，考虑到所有动植物食品资源最初都是野生的，就驯化水平而言，显然最初的进展是建立在狩猎–采集者利用野外环境这一背景基础上的，最早的农耕者仅仅迈出了一小步。

从利用野生资源到开发世界各地已经完全驯化的资源，一个物种必须历经种种基因变化。而这些变化往往需要一千年的时间才会逐步发生，最终实现理想的效果。许多已经具备文化特征的史前族群既狩猎和采集，同时又从事农耕，在那些受自然条件所限、无法完全开展食物生产活动的环境中，尤其如此。

一旦迈出这一小步之后，农耕者就能够通过"精细化"手段提高食物的生产率。所谓"精细化"，意为投入更多人力，改善土地上的设施，比如整治土地以提高产量。以水稻为例，假设满足以下所有条件：水稻田位于低洼处，人们用犁翻松土壤，插秧时合理密植，并且用水渠灌溉，这样平均每公顷的稻产量自然就高；相比之下，人们用棍子在干旱的山坡上刨几个洞，再把谷粒放进去，浇水的事情交给季风雨，这样种稻就不可能保证高产。全新世期间，复杂的人类文化和文明逐步形成。人口数量和密度不断提高，农业精细化程度也越来越高。

✦ 食物生产的积极意义

与狩猎和采集相比，自给性农耕（subsistence farming）能够供养更多的人，人口密度得以提高，人们的生活也更加安定。这显然已是老生常谈。民族学记录清楚地表明，与之前四方游走、以狩猎和采集为生的时候相比，人类安顿下来并采用农耕生活方式之后，由于久居一处，卫生条件相对恶劣，疾病数量增加，婴儿死亡率上升。尽管如此，人口出生率仍然迅速上升。[2]考古记录也支持上述结论——农业从起源到完全普及，历经数千年的过渡期。这一时期的考古遗址无论数量还是面积都显著增加，如下地区的考古记录尤其密集：欧洲、中东、东亚、中美洲、安第斯山脉地区中部以及亚马孙河流域西南部。科学家研究人类骨骼化石，根据死亡年龄分析人类出生率，也得出了相同的结论。[3]

让我们再来分析农耕族群人口增长的背景：农业诞生之后，人们能够用软烂的稀粥喂养婴儿，哺乳期因此缩短，女性有条件增加怀孕频次。相比之下，狩猎–采集者很难发现这样的断奶食物。如果他们没有全年储存合适的谷物，那就难上加难。狩猎和采集需要四处游走，这种生活方式意味着母亲必须带着婴儿奔波。只有等到婴儿能独立行走之后，母亲才能摆脱这种负担。如果一下子要抱着两个孩子长途跋涉，那可是一件苦不堪言的差事。[4] 人类学家理查德·李（Richard Lee）计算过，非洲西南部的桑布须曼族（San Bushman）狩猎–采集者，在婴儿需要照料的 4 年内，母亲需要带着孩子奔走 7800 千米。[5]

狩猎–采集者需要四处游走，而天然资源供给有限。受这些条件限制，族群人口数量很难提高。20 世纪早期，澳大利亚狩猎–采集族群的人口密度在如下范围内波动：在土地肥沃的乡村，为每 2 平方千米 1 人；在沙漠中，为每 80 ~ 200 平方千米 1 人。在加利福尼亚物产最丰富的地区，狩猎–采集族群人口密度最多可能达到每平方千米 4 人。[6] 殖民时代人口下降，在此之前，人口密度可能稍高，但是我们无法确定。

再来看看如今在肥沃土地上培育农作物的传统农民，相比之下，其人口密度在如下范围内波动：每平方千米耕地少则数十人，多则数百人。人口增长的复利效应可以计算出来，殖民时代和现代世界的实际状况也表明，人类的潜力一旦被激发，人口增量令人惊叹。假定人口增长率为每年 2.4%，近代史上，从事农耕的欧洲殖民者中，这一人口增长率并不少见。一个人数为 50 人的初始族群在 50 年内，人口会增加到 155 人，大约是原来的 3 倍。如果人口增长率降至每年 0.8%，900 年后，人数为 50 人的初始族群人数将达到 65000 人。

即使这种规模的人口增长率是短期的，而非常态，是对因迁移而出现的机会的响应，这样的数据依旧十分可观。读者难免会想到：人口增长如此显著，会产生什么样的后果？在北美洲和澳大利亚，历史上出现过许多类似的情况：当欧洲移民族群携带食物生产技术进入被征服的土地后，每家平均出生 6 ~ 10 个孩子，而且这种局面会持续几十年。只有当社会状况变化时，生的孩子人数才会下降。在欧洲殖民状况下，这些孩子绝大部分都能活到成年。我认为，在任何新的、没有疫病的环境中，情况都是如此。我曾经在第 5 章探讨过皮特凯恩岛案例，"慷慨号"上那群逃犯 1790 年到达岛上之后，在 60 年内人口增加到约 7 倍。

在家园被侵占的原住民看来，殖民时代移民人口的增长往往令人恐惧，那些人口密度低的狩猎-采集族群更是遭受灭顶之灾。他们还会死于移民带来的致命疾病，比如天花、肺结核，还有麻疹。原住民对这些疾病毫无抵抗力。[7] 在美洲，许多农耕族群也遭受同样的苦难，因为他们和新西兰的毛利人一样，对殖民者带来的疫病毫无免疫力。而在数千年前，首批迁移的农耕者在接触狩猎-采集者时，可能也会对后者造成同样的影响。

从上古时期就开始驯化，如今依然是主要食物来源的物种

为全世界各史前食物生产文化提供物质基础的农作物和牲畜有哪些？只要去趟超市看一眼，你就会发现这些主食——数千年前，我们就消费这些食品，如今也一样。现代社会几乎所有的肉都来自鸡、牛、猪和绵羊。相比之下，其他驯养动物（比如狗、山羊、水牛、骆驼、美洲驼和马）的食用价值微不足道，但是其中有些物种过去曾经是更重要的食物来源。我们可不能忘了鱼类：许多古老的

族群在人工盐水或淡水池塘养鱼，尽管人类从来不曾真正驯化鱼类，但是他们绝对养殖各种水生动物。

如今世界上最重要的植物主食是富含蛋白质、易于存储的谷物，如小麦、大麦、燕麦、水稻、玉米以及各类小米。豆类（legume，能够固氮的豆荚类植物，也富含蛋白质）包括豆（bean）、芸豆、豌豆、鹰嘴豆和花生等。主要的块茎农作物包括土豆、红薯、山药、天南星科植物（其中包括芋头等）、胡萝卜和木薯等。水果和坚果包括香蕉、椰子、面包果、柑橘、苹果、牛油果、西红柿等。但是除了香蕉和面包果，人类很少以水果为主食，而且很多水果在新鲜状态下不易储存。瓜类包括南瓜和笋瓜等，最初人们栽培瓜类是为了食用富含蛋白质的瓜子，不是为了瓜瓤。此外，还有其他种类的植物食物。它们曾经都在史前社群中成为"主食担当"，其中包括西米（从特定热带棕榈物种的树干内提取的淀粉），还有出产谷物的藜类植物（其中最出名的可能就是南美洲藜麦）。

当然，无论史前史全阶段，还是如今，世界上还有成百上千种植物，都曾被人类食用。其中有的是人工栽培植物，有的就是野生植物。但是它们的重要性都无法与上述物种比肩。上述植物中，有许多还是世界上不同地区的人类分别用数个不同的野生物种栽培而成，水稻、小米、山药、瓜类和豆类就是典型代表。

食物生产起源地

从现代人的角度观察那些最古老的驯化物种的起源地，很快我们就会发现，其中绝大部分都来自那些经考古学家确认，在早期就开始发展食物生产的中纬度和热带地区（参见表 7.1），而地图 7.1 中列出的地区就是其中的典型。这些地区中，有四个也是其所在区域内著名的最古老的城市文明和帝国所在地：中东的新月沃地、东亚、中美洲、安第斯山脉地区中部。埃及也是文明古国之一，但是它的农业以新月沃地的农作物和牲畜为基础。

在第 8 章，我会进一步探讨其中某些农业起源地。其原因是，从如下两个方面看，这些地方都具有举足轻重的地位：第一，它们是食物生产的起源地；第二，食物生产的发展又总是会促进人类迁移。请读者不要误会，这些地方并非和某种植物或动物物种相关的唯一驯化地区。其实，另一种观点也不无道理：在末次冰川极盛期结束的过程中，陆地资源扩散，世界上大部分族群都逐渐由狩猎-采集者转变为食物生产者，但是相比之下，有些族群的转变更为彻底。在那些季节变化明显，又出产一年生大种子农作物的环境中，人们从事食物生产活动的积极性最高。从长远来看，正是这些早期的"机会主义者"的后代给世界造成了巨大影响。

在这些早期机会主义族群中，有些确实十分幸运。从生物地理学角度看，他们中了大奖。我们回头再看那些产量最高、营养最丰富的驯化物种，比如大麦、稻、玉米、牛、猪、鸡和绵羊等，就能发现，当它们处于野生古早状态时，并非随处可见（在广袤的世界中，它们的分布范围并不广泛）。我们承认，有些物种的野生分布范围比别的物种更广，但是只有少数幸运儿才有机会栽培这些可食用物种。一旦这些物种被驯化，它们就开始传播，而其他地区如果再去驯化类似的野生物种就无利可图。直到今天，这种情况依然没有改变，所以成千上万年过去之后，表 7.1 列出的物种的核心主食的地位依然十分稳固，而且并无在短期内会被取代的迹象。

是否巧合？

表 7.1 和地图 7.1 中的农业起源地在开始发展食物生产的阶段是否相互独立？我相信，大多数科学家会给予肯定的答复（但是未

表 7.1 7个重要的食物生产起源地及其重要特征

食物生产起源地	重要特征					
	纬度和气候	海拔	降雨量和生长季节	重要的本土栽培农作物	重要的本土驯养动物	农业过渡期的大致年代[1]
新月沃地	温带地中海气候，冬季多雨	中	冬季	小麦、大麦、豆类	牛、绵羊、山羊、猪	更新世末期至全新世早期
中国黄河流域、长江流域、辽河流域	温带季风气候，[2]夏季多雨	低	夏季	粳稻、小米、季子、大豆	猪（新石器时代晚期才驯养牛）	全新世早期至中期
萨赫勒和苏丹	热带季风气候，[2]夏季多雨	低	夏季	高粱、非洲稷、穇子、光稃稻	无（绵羊、山羊和牛来自新月沃地）	全新世中期至晚期
中美洲	热带气候，夏季多雨	中	夏季	玉米、豆、笋瓜	火鸡	全新世中期
安第斯山脉地区中部	热带气候，夏季多雨	高	夏季	土豆、藜麦、豆、笋瓜	非洲驼、羊驼和豚鼠	全新世中期
亚马孙河流域西南部	热带气候，夏季多雨	低	夏季	木薯、笋瓜、花生	无	全新世中期
新几内亚高地	赤道气候，全年多雨	高	全年	香蕉、糖稷、山药	无（直到3000年前才出现亚洲猪和狗）	全新世中期至晚期

1. 为方便读者理解，此处将全新世分为三个阶段：早期（公元前 9700 至公元前 6000 年），中期（公元前 6000 至公元前 2000 年）和晚期（公元前 2000 年以后）。

2. 季风气候分布于亚洲和亚洲较温暖的结度地带，受季节风向变化的影响。热带气候分布于南北纬 5° 至南北回归线之间。赤道气候分布于南北纬 5° 之间。

必所有人都同意这一观点）。其中一个理由令人信服：表 7.1 中列出的 7 个地方位于不同的气候带，环境条件千差万别，被驯化的农作物和动物也各不相同。

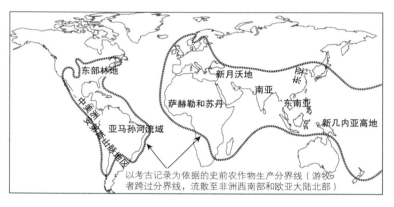

以考古记录为依据的史前农作物生产分界线（游牧者跨过分界线，流散至非洲西南部和欧亚大陆北部）

地图 7.1　世界上驯化植物和动物的主要起源地。

从气候角度看，它们有的位于赤道附近，有的地处温带；从海拔看，有的位于低地，有的雄踞高地；从季节变化看，有的冬季降雨，有的夏季降雨，而位于赤道的新几内亚高地则全年降雨。从所在区域内分布的重要食物种类（比如谷物和大型食草动物）看，这些地方也存在重大差异。抛开其他条件不谈，光是上述差异都让人无法相信如下假说：食物生产可能仅仅起源于一个地方，然后传播到世界各地。

尽管最初上述地区的人类独立从事食物生产，但是当食物生产已经发展到一定阶段时，7 个起源地中，确实有几个建立了联系，而某些重要的植物和动物物种也因此传播到其他地方。之后我会详细分析其中两个重要的例子：新月沃地的驯养动物（牛、绵羊、山羊）通过阿拉伯半岛和撒哈拉沙漠传入热带非洲，处于早期形式的栽培玉米也从墨西哥传至南美洲。

狗的传播则具有特殊性。旧石器时代的狩猎-采集者将欧亚狼驯化为狗，作为一个重要物种，它们几乎传播到世界各地，包括澳大利亚（但是塔斯马尼亚除外），以及南北美洲各地。[8]史前史阶段，狗是唯一走向世界各地的驯化物种，其他任何驯化动植物都没有如此广大的传播范围。在食物生产最终得以发展的所有地区可能都有狗的身影，由此可见，驯养动物能够让人类长期获益。人类在旧石器时代驯养狗的经验可能在新石器时代被运用到其他动物物种上。

为驯化动植物，人类做了什么？

在栽培谷物和豆类的过程中，人们开发出新品种：成熟的时候，种子还留在茎秆上，而非自然落粒后借助自然力传播。人们还选择种子颗粒大、外壳松散、易脱粒的植株。另外两个重要的驯化特征是，一个特定植株上所有的种子同时成熟，即使在野生状态下必须休眠的季节内，种子也具备出芽的能力。

总之，完全驯化的谷物、豆类或块茎植物具有如下潜能：只要气候适宜于繁殖，在一年中的任何时间，在世界上的任何地方都能种植；易于收割和加工，不会造成浪费；与野生物种相比，每公顷能产出更多的蛋白质和碳水化合物。我们把上述文字稍微修改一下，就能总结出适用于完全驯化的动物的潜能：易于在圈养状态下繁殖；行为可控制；肉、奶或毛生产率高；甚至连体型和颜色都符合与宗教信仰相关的规定。

最初的农夫是否有意促进动植物驯化？

动植物的驯化是有意的行为吗？这是个重要问题——我要是知道答案该多好。尽管真相难以验证，但是我坚定地认为，对于某些上古人类而言，驯化可能是有意识的行为。他们可能具备足够的智力来观察到这样的现象：在田里栽种初步驯化的谷物和周围自然生长、无人栽培的同一种谷物相比，长势不一样。以色列科学家沙哈尔·艾柏（Shahal Abbo）和艾薇·高夫（Avi Gopher）显然同意这一观点：他们研究新月沃地的早期农业，并提出："黎凡特地区系列植物的驯化行为，其实就是选择作为驯化对象的物种，并且从现有变异中识别并选择合适的变异，因此它是以知识为基础的、有意识的而且迅速见效的过程。"[9]

但是，许多考古学家和植物学家目前都相信，对大多数参与者而言，驯化是个逐步开展的、无意识的过程。比如，在新月沃地和中国，只有经过 1000 年或 2000 年后，人们才成功完全驯化谷物。由此可见，把野生物种驯化为栽培物种是个相对漫长的过程。[10] 这种迟缓状态也许反映出，这一过程并非有意识的行为，但是它也可能意味着，人们持续利用伴随驯化植株生长的野生植株，在收割、加工和再次栽培过程中两种谷粒会混在一起。

驯化到底是不是早期农人有意为之？围绕这一话题的争议可能还会持续下去。从考古现实看，有些遗址确实体现植物驯化是逐步开始的过程。但是有些遗址又出现证据，表明这一过程非常迅速。[11] 在试图理解人类史前史的过程中，我们往往得容纳两种截然相反的观点。

为什么驯化？

狩猎–采集者体系哺育了最初的人类，尽管原始状态下的狩猎–采集者体系如今不复存在，但是在占人类进化史 99.9% 的过程中，它起到了至关重要的作用。这一曾经的生活方式在我们所有人身上都打上了不可磨灭的印记。有些人语出惊人：人们原本是无忧无虑的狩猎–采集者，生活富足，自由自在，不受任何压迫；相比之下，农耕生活不健康，而且人类被迫辛苦劳作。如果他们说的是真的（我深表怀疑），远古人类为什么要自找麻烦，驯化动植物？我们能否在人种学记录中找到答案？

遗憾的是，20 世纪的人种学记录并未透露如下相关信息：狩猎–采集族群历经内部变化，在没有外部压力的情况下，逐步放弃狩猎和采集，转而从事农业。所谓外部压力，可能来自当权者——他们强制狩猎–采集族群定居下来；也可能来自农耕者——他们占据了曾经的狩猎和采集领地。在移民时代，欧洲人曾经与加利福尼亚州和澳大利亚的狩猎–采集者接触，发现后者通过焚烧刺激植被再生，以此管理野生资源，偶尔还会栽植部分野生块茎植物，并且在鲜草丰美的地方收割野生谷物种子。[12] 但是这些行为并非有目标地驯化野生物种的前奏，这些狩猎–采集者也并未有意识地栽植成熟的种子，通过人工选择，以培育具有理想性状的植株。加利福尼亚州和澳大利亚的狩猎–采集者小心谨慎地管理环境和资源，但是我们无法从他们的经历中了解上万年前，在世界上其他地方，人类如何从狩猎–采集过渡到食物生产。

人类为什么会发展食物生产？科学家围绕这一论题展开讨论时，往往会关注一些与环境相关的问题。一个世纪之前，考古学家戈登·柴尔德（Gordon Childe）提出，冰期之后，许多人在干旱季节涌入绿洲环境。他们必须过渡到农耕生活方式，才能填饱肚子。在此过程中，农业得以萌芽，并逐步发展。如今我们知道，冰期之后，世界各地的气候普遍变得更湿润，而非更干燥，所以有些考古学家以冰期后环境改善为依据，提出人们从事农耕的原因：更优越的环境鼓励人口增长，吸引人们定居，野生食物资源因此告急。真实的答案我们不得而知，我隐隐感觉到，干旱和洪水可能都有影响。我斗胆推测：如果末次冰川极盛期的气候条件持续至今，那如今的现代人类世界就不可能出现。

25000 年前与 18000 年前，如今的农业高产区那时大多被冰层覆盖，或者属于冻原和半沙漠地带。考古记录表明，末次冰川极盛期内，人口数量少，密度小，可供狩猎-采集的资源紧张。从这一方面看，全球整体环境生产率低。这段时期全球气候也不稳定，有时候，在短短数十年内，温度和降雨量就会发生剧烈的变化。

人类史前史上从狩猎和采集到农耕的过渡发轫于新月沃地，经测定其年代在公元前 10800 年至公元前 9700 年之间（参见图 1.2 和第 3 章）。那时新仙女木期造成的冰川回潮刚刚过去，新月沃地的人们逐步实现谷物和豆类的完全驯化。新仙女木期之后，全新世气候的温度、降雨量和整体稳定性达到比之前更高的水平。除非纯属巧合（我怀疑并非巧合），我们必须假定，末次冰川极盛期缺乏相关要素，无法推动农业发展。几乎在 20 年前，其他科学家就已经提出这一假说。[13] 与之相反，新仙女木期之后的全新世显然具备相关条件，因此世界上几个不同的地方自那时开始各自发展农业生产。[14]

关于新仙女木期，有件事不同寻常：它不仅带来持续千年的低温气候，就连中纬度地带也意外地迎来了冰川气候，而且它以惊人的速度结束。大约公元前 9700 年，在 40 年时间内，世界从干冷的冰川气候转变为温暖湿润的气候——几乎和现在并无二致。[15] 我认为，新仙女木期结束得如此之快，其后果值得我们深思。世界各地与食物生产相关的大量人类活动都发生在新仙女木期骤然结束（时值更新世末期）之后并持续至今、长达 11700 年的温暖和稳定的环境中，这纯属巧合吗？我觉得未必。[16]

全新世开始后发生变化的因素不只有气候。冰期之后，另一个重要的环境变化就是，冰川融化之后汇入海洋，导致海平面上升。末次冰川极盛期内，海岸线急剧下落，远离大陆架边缘，海上食物产量高的地方（比如热带珊瑚礁和温度适宜的"海带高速公路"）仅限于那些面积狭小的避风处。冰期之后，冰层融水淹没了大片裸露的大陆架，海洋面积增加数百万平方千米。在温暖的浅水海岸边，海上资源异常丰富。第 6 章我就探讨过这一话题——人类可能沿太平洋海带高速公路进入美洲。海平面上升为全新世早期的海岸人口迅速增长创造了条件，而事实也确实如此。

新仙女木期结束以后，全新世早期环境条件改善，这是否是推动食物生产的基础背景？从某种程度上说，答案是肯定的，但是还必须添加限制条件。如果除了气候变暖、气候稳定性增加，并无其他原因促进食物生产的发展，那么照理说，全世界都应该同时经历过渡期。毕竟当新仙女木期结束，全新世即将到来时，全世界其他地方都和欧亚大陆北部一样经历相同的气候变化。但实际上，农业萌芽并非在所有地方同时出现。显然，在全新世成千上万年间，农业在不同的年代、不同的地方各自独立发展。由此可见，肯定还有其他因素推动食物生产的发展。

在我看来，从最终被驯化的农作物和动物的品种看，每个地方的可用资源不尽相同，而这种资源也是推动农业起源的重要因素。上文我已经介绍过，农业起源地寥若晨星，被驯化的主要农作物和动物物种也非常少。而正是这些极少的驯化物种如今供养全球的绝大部分人口。由此可见，所有潜在的资源分布并不均匀。贾雷德·戴蒙德 20 年前曾指出，世界上重量超过 45 千克的哺乳类草食动物物种共有 148 个，其中仅有 14 种在史前时期被驯化。[17] 此外，世界上第一个发展农业的地区就是新月沃地，与其他任何地方相比，那里的潜在食物物种（野生状态下的原始物种）更丰富。农业生产首先出现的地区也是那些今日供养全球人口的动植物物种的家园，这几乎是顺理成章的事情。

这里出现了一个重要的疑问。种子的选择、有意的种子培植以及最终的驯化是否全是面临如下情况时人类采取的应对手段？食物供应有时增加，但是又会出现周期性紧缺，人类必须加以应对。冰期之后，野生资源增多，狩猎-采集者过上"富足"的定居生活，但是他们又会过度利用这些资源，于是就会出现上述情况。可以想见，在生活相对稳定、富足的情况下，这些狩猎-采集者人数增长的速度如果超过野生食物资源的增长速度，他们很快就会面临麻烦。毕竟野生资源不易繁殖，必须经过某种形式的栽培和管理才能提高生产率。

许多考古学家确实曾经强调过这种人口压力的重要性——它会刺激农业的发展。[18] 比如，在新月沃地，当绵羊和山羊首次被驯化的时候，瞪羚这种猎物显然已经几乎灭绝。在中国，长江流域附近的人们驯化水稻，而那里正是野生稻分布范围的北部边缘。其生长季节持续期和季风雨细微的年度变化，都会给野生稻的分布造成很大的影响。在这样的情况下，机遇与压力同在。

我不由自主地偏向这种观点：富足响应和压力响应相结合的模式能够更好地解释人们为什么要驯化食物物种。从这一角度分析，发展食物生产的终极原因就是，冰期之后气候变暖，居有定所的人类族群人口更密集、数量也更多。与此同时，由于常常面临食物供应紧张的压力，他们总是在寻找其性状可管理、产量可提升的食物资源。通过发展食物生产，他们能够应对并利用这两类环境条件。

生活并不仅仅和食物有关。除了满足口腹之欲，还存在其他促使人们驯化动植物的原因：从社会角色这一方面看，社群日益复杂，人们需要通过服饰和身体装饰彰显各自的社会角色，对纤维和纺织材料的需求自然增加。[19]

无论如何，我们都可以得出如下结论：在世界上的几个不同地方，食物生产各自独立发展，最初的农业起源地都是生产资源最充沛、潜在的食物物种最丰富、适宜于动植物驯化的地方。在这些自然条件优越的起源地内，随着食物生产的发展，原住族群及其语言，还有他们驯化的农作物和动物，都扩散到越来越远的地方。从人口统计学角度看，在中间地带，和那些环境条件相对恶劣的地区，农业传播的趋势胜过独立开发的趋势。下一章主要介绍动植物驯化的扩散详情，以及扩散过程中诞生的人类族群。

就食物生产而言，人类世界从来没有回头路可走。如今我们的全球任务就是，以人类物种团结为基础，继续发展食物生产，在全人类族群范围内共享资源，并且保护这些资源不会因过度开采而遭受不利影响。

第 8 章　驯化动植物的起源地

　　世界各地农业生产方式在萌芽、发展的过程中，到底发生了哪些事情？现在我们有必要仔细研究这一问题。为阐释这一问题，我打算分两步走。本章主要以化石记录为依据，探讨全新世期间，在主要农业起源地及其内陆，人们如何开展食物生产。我们的考察对象依次为新月沃地、东亚、非洲萨赫勒和苏丹、新几内亚高地、安第斯山脉地区、亚马孙河流域、中美洲以及美国的东部林地。无论考察对象是哪个，我们都遵循同样的程序——先是驯化初始阶段，之后是主要以定居方式生活的大型农业社群的发展阶段。

　　之后数章则探讨一个非常重要的问题：在这些起源地，人们一旦开发出有效的食物生产方式，就出现了两个刺激因素——人口的增长和对土地的渴望。此时历史又将如何发展？讨论期间，我引用来自多学科的分析数据，因为我们不仅要追溯考古记录，还必须考察人们的移动路线并探究他们的语言。

　　本章首先介绍最重要的食物生产起源地之一——新月沃地，其重要性不仅体现在它在知识探索历史上的地位，还体现在它对世界的影响。

　新月沃地

　　中东的新月沃地是世界上最重要的农业物种起源地之一。到公元前 8500 年时，那里已经出现驯化动植物。人们以之为基础发展农业，其中主食物种包括从欧亚野牛驯化而成的牛、绵羊、山羊、猪、单粒小麦和二粒小麦（分属两个不同物种）、大麦、芸豆、豌豆、鹰嘴豆和蚕豆。[1] 公元前 6500 年至公元前 3500 年，新月沃地的农耕者又驯化栽培各种水果，如无花果、葡萄、橄榄和枣子。[2]

成功驯化上述物种的社群对欧亚西部人口史的长期影响并不亚于以下所有帝国的总和：亚历山大、罗马、奥斯曼以及大英帝国。这种说法未必言过其实。新月沃地好比食物能量基地，在地中海气候环境中逐渐发展、变化。这里冬季多雨，夏季干旱，可食用植物是一年生（非多年生），高温干燥的夏天是种子的休眠期。实际生活中，在远古时期，新月沃地的农耕者春天收割谷物，从中选取一部分储存，其余的加工食用。夏天过后，秋季再次来临，他们就取出储存的谷粒，开始栽种。

在这种农业体系中成长起来的人类族群不仅人数众多，而且常常迁移。回溯世界历史，我们可以把公元 1492 年之后殖民时代欧洲族群移民大潮视为此前 6000 年至 9000 年新石器时代迁移活动的重现。因为这两次大迁移最主要的物质基础相同，都是新月沃地的食物物种。到公元前 4000 年时，来自新月沃地的新石器时代农耕者已经行至欧洲各地，抵达遥远的爱尔兰和斯堪的纳维亚半岛；走进非洲，一路南下，抵达遥远的苏丹；取道中东地区，走向印度河流域；绕过黑海，进入中亚草原。

如今科学家发现许多证据，表明那时人们确实从新月沃地出发迁移到上述各地。这些证据有的藏在考古记录里，有的留在人类遗骸中的古 DNA 里，还有的则铭刻在世界上最重要的两大语系——从不列颠群岛到孟加拉国广泛分布的印欧语系（参见第 10 章），中东和北非大多数地区使用的亚非语系（参见第 12 章）——的历史中。之后我还将详细介绍这些语系，因为它们的内部谱系为我们理解人类史前史发展历程提供了非常有价值的框架。

"新月沃地"这一概念最初由詹姆斯·亨利·布雷斯特德（James Henry Breasted）提出。布雷斯特德是 20 世纪早期的一名埃及古物学专家，1916 年，他这样定义"新月沃地"：这是一片肥沃的土地，呈月牙形，位于沙漠和山脉之间。西起巴勒斯坦，覆盖叙利亚和伊拉克北部的两河（幼发拉底河和底格里斯河）流域上游，绵延至伊朗札格罗斯山脉的西部山麓，靠近波斯湾延伸至内陆的部分（参见地图 8.1）。

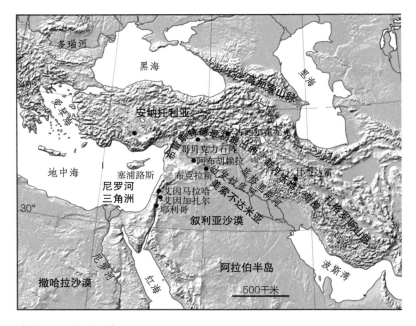

地图 8.1　新月沃地。

20 世纪中期，考古学家已经开始研究如下课题：新月沃地的农业是如何发展起来的？早在 20 世纪 20 年代，威廉姆·詹姆斯·佩里（William James Perry）和维尔·戈登·柴尔德（Vere Gordon Childe）认为：新月沃地的农业可能源自埃及。但实际上，根据布雷斯特德最初的定义，严格说来，埃及并不在新月沃地范围之内。佩里和柴尔德选择尼罗河作为哺育农业的河流，因为在埃及境内，每到夏末（八月中旬），来自赤道附近非洲中部地区的季风雨如约而至，尼罗河必然泛滥。整个秋季，尼罗河下游都是一片泽国。佩里的描述绘声绘色，在历史学界颇有名气：

> 尼罗河泛滥的时候，那些未被鸟儿啄食的大麦和小米谷粒会被埋入淤泥中。在秋天将尽、洪水退去时，在埃及和煦的暖冬中，这些谷粒冒出嫩芽，迅速生长……因此，年复一年，温柔的尼罗河成为完美的灌溉水源，涨落有序，有助于埃及人栽培小米和大麦。埃及占尽天时和地利，只需要一点天才的头脑，就能迎来农业的诞生：开挖水渠，就能迅速有效地灌溉更多土地，栽培更多庄稼，收获更多粮食——一切如此简单。[3]

要是真的这么简单该多好！我不知道佩里是否意识到，大麦根本不是尼罗河流域土生土长的物种，白粱粟（sorghum millet）确实是在苏丹境内尼罗河上游季风（夏季多雨）气候带被驯化的，但是埃及地处尼罗河下游，与苏丹相隔千里，而且其气候特征为冬季多雨。没有任何证据表明，这一物种的驯化有古埃及人的功劳。如今，考古学家和自然科学家不再将埃及视为早期的食物生产起源地。他们一致认为，埃及境内几乎所有重要的驯化动植物都来自新月沃地，唯有驴例外——它由北非野驴驯化而来。

再者，尼罗河三角洲和河谷底部的冲积平原哺育了灿烂辉煌的古埃及文明，但是公元前 8500 年时，这一地区尚未形成。而当时在新月沃地，凭借更优越的降水条件，人们已经开始从事农耕。在末次冰川极盛期，尼罗河下游被切断，与地中海海平面相接。当时的海平面比如今低 100 多米。直到公元前 8500 年，海平面依然比如今低 40 ~ 50 米。埃及境内尼罗河下游地区未形成足够的冲积物，不足以支撑以密集灌溉为基础的农业生产，这种情况可能直到公元前 6000 年时才改变。[4]而那时，来自新月沃地的农耕者可能已经开始迁入埃及。

埃及显然不是农业起源地，那么位于新月沃地另外一端的美索不达米亚平原呢？它也是一个古文明中心。在如今的伊拉克境内，底格里斯河和幼发拉底河两岸的美索不达米亚低地上，苏美尔人、埃兰人（今伊朗境内）、阿卡德人和巴比伦人曾创立璀璨的文化，在世界史上留下华章。但是，和尼罗河一样，公元前8500年时，波斯湾顶端的美索不达米亚三角洲也尚未形成；而当时在新月沃地的北部和西部，人们已经开始从事农耕。和埃及情况类似，在两河流域下游地区，气候过于干旱，单靠降雨无法支撑农业；再者，两河流域的源头位于北半球，所以每逢多雨的冬季和冰雪消融的春季，河流泛滥，恰恰错过了农作物生长的季节。要想在美索不达米亚低地从事农耕，就必须开挖水渠。只有穿过河堤引水，才能利用秋天水位下降这一自然条件，在耕种期间灌溉农作物。最初的农耕者认为这些低地没有太大价值，在这一地区我们也没有发现任何与早期农业活动相关的证据。直到大约公元前6000年时，苏美尔人才首次兴建城镇，而当时他们已经掌握了成熟的灌溉技术。

新月沃地是个宽泛的概念，"农业起源于何处"这一问题的精准答案，直到20世纪50年代时才浮出水面。1960年，美国考古学家罗伯特·布雷德伍德（Robert Braidwood）和布鲁斯·豪（Bruce Howe）向考古学界人士抛出一个至关重要的问题："稳定的农村-农耕社群首次出现时，人类的生活方式发生巨大变化，我们应该如何理解这种变化？"[5]布雷德伍德指出，布雷斯特德划定的新月沃地范围内，有些"丘陵侧翼"（hilly flanks）地带，那里才是早期农业和农耕生活起源的关键地区，而非埃及或美索不达米亚低地。丘陵侧翼地带冬季降雨量大，足以栽培农作物，无须添加人工灌溉系统。最重要的是，构成新月沃地驯化物种库的所有重要农作物和动物几乎都源自丘陵侧翼地带。20世纪50—60年代，布雷德伍德在伊拉克库尔德斯坦从事考古活动，他逐渐意识到丘陵侧翼地带的特殊地位。继布雷德伍德之后，两代考古学家和其他专业的科学家继续研究，所以今天我们对此问题才形成较为清晰的看法。

纳图夫

在全世界，新月沃地是个独特的地方。那里的人类最早踏上通往食物生产和驯化的道路，而且获得成功。新月沃地的西部有个至关重要的考古文化，英国考古学家多萝西·加罗德（Dorothy Garrod）称之为"纳图夫文化"。我们认为，纳图夫考古记录中包含最古老的证据，证明当时的纳图夫人人口密度不断增长，也越来越适应定居生活。该遗址的年代在公元前 12000 年至公元前 10000 年。

纳图夫人的聚居地占地面积最大为 3000 平方米。以色列北部的艾因马拉哈（又称艾南）就是其中一个大型聚居地。考古学家估计，艾因马拉哈遗址内大约有 50 座建在石壁地基上的椭圆形或圆形房屋，但是所有房间不大可能同时有人居住。所有房屋围成一圈，中间有一片空地。地上有坑，用于储存物品或者埋葬同胞。艾因马拉哈具有所有长期稳定的聚居地的特征，可能几代人一直在那里生活。

尽管拥有驯化资源，纳图夫人并非成熟的农耕者。但是，在艾因马拉哈，他们确实驯养家犬（有条狗就葬在一位女性身旁）。纳图夫人猎食野驴（亚洲野驴）、瞪羚、鹿和野猪。春季他们使用锋利的石刃和细石器收割野生谷物和豆类。在这些石器的边缘，还留下了辨识度很高的植硅体光泽，所以不难想象他们挥动石刃切割植物茎秆的场景。他们使用中空的石臼把谷物磨成粉。最近，考古学家又有惊人的发现：在约旦出土了一块炭化的纳图夫扁平无酵饼，经鉴定其年代为公元前 12000 年。[6]

纳图夫考古文化是新月沃地农耕生活方式萌芽的重要依据。人们很容易忘记，纳图夫人生活在更新世时期，而非全新世。按照欧亚考古术语，他们使用的石器为其打上了"旧石器时代末期至中石器时代初期"或"中石器时代"的标签。但是，最近科学家分析纳图夫考古记录，其结果表明，在公元前 11400 至公元前 9700 年，新月沃地北部的人口数量可能增加到原来的 10 倍，而公元前 9700 年正是新仙女木期冰川活动由盛转衰之时。[7]

这一结果令人吃惊，毕竟新仙女木期冰川回潮，寒冷气候持续千年，一直被科学家视为人类人口史上的低潮时期。我在第 7 章末尾就曾提出，更有可能的情况是，新仙女木期结束时，地球迅速迎来温暖、潮湿和稳定的气候条件，从而促进动植物驯化。

但是，我在第 7 章还指出，周期性的资源紧缺也迫使人们转而种植、栽培农作物，以维持食品供应。所以，也有可能存在如下情况：新仙女木期之前，气候条件温暖宜人，纳图夫狩猎和采集族群的人口密度增加。当极寒天气展现威力的时候，为了应对这一不利条件，纳图夫人采用更有效率的方法栽培野生资源，最终在全新世来临时，开始致力于动植物的驯化。[8]

新石器时代的新月沃地

在纳图夫文化兴起、新仙女木期结束之后，新月沃地的气候条件显著改善。之后数千年内，非洲和印度洋的季风带来的夏季降雨向北扩张。夏季的暖湿空气得以进入撒哈拉沙漠和阿拉伯沙漠，并且与中东当时已经存在的冬季降雨带部分重合。占据布雷德伍德所说的"丘陵侧翼"地区的纳图夫人和同时期其他族群已经准备好了迁移。

新月沃地新石器技术发源于纳图夫文化以及同时期与之有亲缘关系的其他族群的文化，始于公元前 10000 年，终于公元前 5500 年。考古记录显示，新石器时代结束之后，新月沃地青铜器逐渐增多，进入铜石并用和青铜时代。新石器时代又分为两个阶段：前陶器新石器时代和陶器新石器时代。公元前 7000 年之后，陶器逐渐普及。

从利用野生动植物到依赖驯化资源，整个过渡时期几乎全都发生在前陶器新石器时代。大约公元前 8500 年时，驯化谷物（不易落粒）开始出现。到公元前 7500 年时，新月沃地人摄入的所有植物食物中，有 50% 来自驯化谷物。到公元前 6500 年时，这一比例几乎是 100%。[9]

新月沃地迎来前陶器新石器时代，其成就令人瞩目：人们利用先进技术开发社群建设项目，其中石头建筑工艺更是无与伦比——当时在世界任何地方，都没有能够与之比肩的技术。20 世纪 50 年代，英国考古学家凯瑟琳·肯扬（Kathleen Kenyon）的考古发现震惊世界。她在约旦河流域的耶利哥城首次发现前陶器新石器时代的石头建筑。这是一座 14 米高的石堆（这座分层石堆建于聚居区内，阿拉伯语和希伯来语称之为 "tell"，波斯语和库尔德语称之为 "tepe"，土耳其语称之为 "höyük"），当时肯扬正好挖到这座石堆的一侧。[10] 在靠近大型石堆基底的地方，肯扬又开掘部分城镇。该城镇面积为 2.5 公顷，城中有用晒干的泥砖建成的圆形房间，周边有在岩石上凿出的水渠，还有一面至少 4 米高的防护石墙（目前我们并不清楚整个聚居地是否都有围墙环绕）。在朝城内的一面，石墙与一座石塔相连，石塔直径为 10 米，如今尚存的部分高 8 米，内部凿出 28 级楼梯，通往塔顶（图 8.1C）。许多世纪以来，这一耶利哥前陶器新石器时代的聚居地历经数次重建。我们如今知道，它最初建于公元前 9000 年，那时的人居然能够建成如此恢宏的塔楼，确实令人惊叹。

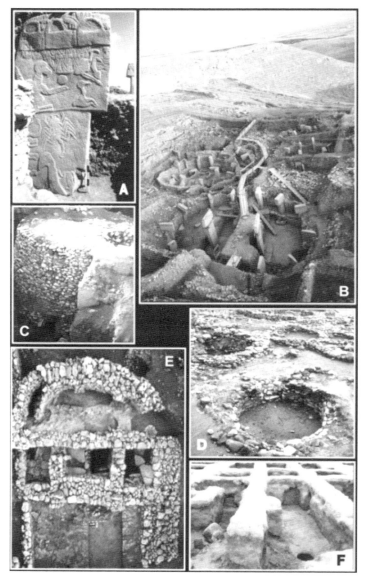

图8.1 新月沃地内前陶器新石器时代建筑。如图所示，前陶器新石器时代的建筑先是圆形，后来向长方形过渡。（A）哥贝克力石阵中的石柱用浮雕装饰，其中有神秘的长方形图案（"三个手提袋"），猛禽，张牙舞爪的蝎子，还有象征男性雄风的无头人体。注意，此时"母亲女神"图案尚未出现：人类进入成熟稳定的农业时代之

后，才开始祭拜母神。（B）哥贝克力石阵的主要发掘区，其中有圆形建筑和 T 形石柱。石阵后的背景，是拜利赫（Balikh）河流域富饶的耕地。（C）耶利哥塔楼，可以看到内部楼梯的位置、底部入口，以及顶部金属栅栏下出口。（D）塞浦路斯基罗基蒂亚（Khirokitia）遗址内，前陶器新石器时代的圆形房屋地基。（E）土耳其东部卡育努（Çayönü）遗址的颅骨屋（Skull House）地基。地基上层是较老的圆形建筑，再上一层是年代较近的长方形构筑物，内有小隔间，放着 400 人的骸骨，还有 70 个颅骨堆在一起（已经被考古学家移走）。（F）幼发拉底河流域内布克拉斯（Bouqras）遗址内的多层长方形房屋，其墙壁由日晒泥砖砌成。这也是前陶器新石器时代的建筑，各个房间通过低矮的弧形地下爬行通道（已被考古学家堵塞）相连，房屋底层下配备钟形储物坑，坑口为圆形。征得贝克出版社同意在此复制哥贝克力石阵的浮雕石柱图，拍摄者为克劳斯·施密特。征得德国柏林考古研究院同意在此复制哥贝克力石阵全景图，拍摄者为尼克·贝科（Nico Becker），征得梅赫麦特·奥兹多根（Mehmet Ozdogan）同意在此复制卡育努颅骨屋图。其他所有图片均由作者本人拍摄。

奇怪的是，耶利哥聚居地最初的建设者也许仍然处于最原始的社会体系阶段——没有任何迹象表明他们已经成功驯化任何动植物。但是他们的确栽培野生植物，考古学家在遗址内发现已经炭化的野生谷物和豆类遗存。事实上，前陶器新石器时代的耶利哥人已经修建石墙和塔楼，但是在从狩猎-采集向食物生产生活方式转换的过程中，他们仅仅处于早期阶段。

北方的哥贝克力石阵与耶利哥塔楼同属前陶器新石器时代，但是两地相距 700 千米。该石阵位于土耳其东南部城市三利乌尔法（Sanliurfa）附近，靠近拜利赫河（幼发拉底河的支流）流域肥沃的农耕平原。这一著名遗址内仁立着以石头为材质的宗教圣殿——它想必是世界上最古老的由多个石头建筑构成的宗教场所。和耶利哥古城一样，哥贝克力石阵始建于大约公元前 9000 年。外部有围墙，墙内有一组圆形石头构筑物（后来的则是长方形的），周边摆放石头长椅，还竖立着一些 T 形石柱（参见图 8.1A 和图 8.1B）。[11] 那里有一些较小的圆形建筑，可能是用来居住的房屋，但是那些用来举行宗教仪式的圣殿最为壮观。最初，人们将山体基岩打磨成平面，直接在此底面上构建圆形圣殿，并把石柱安插在槽内。后来，场地内泥土碎石太多，人们挖开这些沉积物，插入石柱，四周再搭建围墙。

在每个圆形围墙内部，T形石柱呈放射状布置。中心处有两个分开的石柱，石柱最高为 5 米，最重为 8 吨。石柱建造工艺令人惊叹——它们全都以整块长方形巨石为原料，采用硬石研磨装置加工。考古学家使用可穿透地面的雷达探测遗址，估计这里约有 100 到 200 根石柱，分别建于不同年代。许多石柱上有浅浮雕装饰图案，往往是一些有毒的或者危险的鸟兽，如蝎子、狮子之类，还有人类的胳膊和手。

德国考古学家克劳斯·施密特（Klaus Schmidt）是哥贝克力石阵的发现者，他认为，这些围场是用来祭祀祖先、举办葬礼的场所。当时的人可能会把尸体放在空旷的地方，等待乌鸦和秃鹫啄食，留下骸骨。在填埋的沉积物中，考古学家已经发现了这些人类遗骨，此外还有瞪羚、亚洲野牛、野驴等野生动物的骸骨。[12] 在围场中，实际上仅仅遗留了极少数人类残骸。这说明，祭拜之地可能并不在围场内，人类骸骨可能已经被送走。尽管疑云重重，但是这些雕着图案的独石柱可能代表人类重要的祖先，并还被赋予了某种超自然的能力。

哥贝克力石阵并非独一无二，在新月沃地北部也有类似的圆形、长方形建筑和雕花石柱，但是若论宏伟壮观，哥贝克力石阵确实首屈一指。哥贝克力文明与中东后来的文明也有不同之处：后来的神庙往往位于城市中心，但是在这里，没有迹象表明神庙位于中央，具有监控全局的权威地位。哥贝克力的圣殿（举行宗教仪式的地方）高踞山顶，万众瞩目。当时，新月沃地各族群处于从狩猎-采集过渡到早期农耕的转型期，人们肯定在这里聚集，举行公共仪式。

在耶利哥，人们建造围墙和塔楼；在哥贝克力石阵，人们修建圣殿。两地的人们都有能力在某种形式的统一领导下，组成劳动大军，那么问题来了：如何为这些劳动者提供食物？也许是他们投入很大精力栽培野生谷物，因为考古学家发现，遗址内还有已经烧焦的谷物遗存。此外，还有大量的中空石槽，显然是用来研磨谷粒，做成稀粥。[13] 这两个地方的情形是否和我在第 7 章结尾处提出的设想相符？当时，越来越多的人在同一社群内定居，而可以利用的野生食物却有限。在这种情况下，他们有足够的动力花更多的时间从事农耕活动，而人口增长显然会增加资源压力。

大约公元前 9000 年时，狩猎–采集者逐渐安定下来，在稳定的大型社区内聚居，但是在动植物驯化方面，他们并未取得实质性的进展。这时候，耶利哥塔楼和哥贝克力石阵的建设让他们意识到自给体系的力量。2000 年之后，新石器时期的重要迁移活动方才如火如荼地开展，人们走出新月沃地，进入欧洲。其原因很明显：那时候他们才具备必要的迁移条件——拥有完全驯化而且便于携带运送的动植物资源。但是这是否意味着，在那之前，迁移不曾发生？

塞浦路斯

近年来，考古学家在塞浦路斯这个地中海岛屿上收获了一系列戏剧化的发现。这些发现出人意料，发人深思。大约公元前 9000 年，耶利哥和哥贝克力人正在兴建史前最古老的建筑，新月沃地农耕者还需要漫长的历程才能将食物物种完全驯化。人们携带农作物和动物，从土耳其南部海岸地区（那时的海平面比现在低）出发，跨过大约 50 千米宽的海沟，来到塞浦路斯，并在此定居。这些来自安纳托利亚的移民几乎把家搬空了——他们携带数千块闪闪发光的黑曜石石器，这些黑曜石来自安纳托利亚中部的卡帕多西亚（Cappadocia）内陆地区，那里距离土耳其海岸 250 千米。[14] 由于年代如此久远，我们并无证据表明新月沃地还有其他规模较大的迁移活动，但是一个中石器时代族群稍早时就曾经来到塞浦路斯，并且成为导致塞浦路斯两种本土动物（倭河马和倭象）灭绝的因素之一。

最迟到公元前8500年，在塞浦路斯聚居的前陶器新石器时代族群就已经把多个黎凡特北部动植物物种带到岛上。其中有的已经驯化，有的则仍在驯化过程中。[15] 我们可以想象当时的场景：他们乘坐兽皮筏子或独木舟，摇动船桨，带着用来栽种的种子，四蹄被捆的牛（可能是小牛，而非沉重的壮年牛）、山羊和猪，漂洋过海，小舟中还有猫和狗。由于老鼠和狐狸可能混进来，偷吃储藏的谷粒，所以会抓老鼠的猫就有用武之地。[16] 绵羊和鹿是后来才来到塞浦路斯的，新石器时代塞浦路斯人的肉食大部分都来自鹿这一物种。由此推知，他们可能引进黇鹿作为猎物。在塞浦路斯岛上，除了野生大麦，很少有新月沃地本土动植物物种的野生祖先。如果之前中石器时代的聚居者真的已经把倭河马和倭象捕杀殆尽，那么后来到达岛上的人几乎就没有什么动物可以猎杀了——起码在引进鹿之前，可供猎食的动物物种十分匮乏。

总之，塞浦路斯提供了十分清晰的证据，有助于我们理解新月沃地食物生产的起源和传播过程，其原因主要有两条：其一，那里的环境相对封闭；其二，岛上的野生、半野生和驯化动植物资源必须从亚洲大陆上运来。所以，即使当新石器时代聚居者抵达岛上时，有些引进的物种资源尚未完全驯化，依然不会发生本土资源和引进资源混淆的情况。

当然，有一点让人疑惑：直到公元前7000年之后，新月沃地上的新石器时代族群才开始迁入欧洲，其中包括希腊。与前陶器新石器时代就来到塞浦路斯定居的早期移民相比，两次迁移相差2000年。为什么人们这么早就来到塞浦路斯？从理论上讲，塞浦路斯岛面积大，几乎无人居住，对于农耕-聚居者而言，岛上条件可谓得天独厚。而且，科学家发现，在岛上，与新月沃地本地相比，单粒小麦和大麦的驯化特征发展更快。显然，由于岛上没有野生小麦，所以不会产生野生物种与驯化物种混合的情况。

尽管如此，新石器时代的塞浦路斯人向农耕生活过渡的节奏似乎迟缓，很久才达到完全依赖驯化谷物的水平，这也可能就是他们未能立刻继续迁移的原因。近期发表的一篇报告甚至提出，与同时代的新月沃地遗址相比，在塞浦路斯岛上，新石器时代农业总体而言发展得并不顺利。[17] 从数量角度看，牛的驯化也不算成功。所以，可能存在相互矛盾的信息，导致我们无法完全理解这次迁移。

人口增长，文化繁荣的地方

公元前 12000 年至公元前 7000 年，自纳图夫文化和前陶器新石器时代文化开始，新月沃地迎来社会与文化蓬勃发展的时期，如火如荼，盛况空前。在这里，各种古代文化和食物生产群体往来沟通，形成了一幅幅波澜壮阔的画卷。如今我们把它作为世界上最古老、影响最广泛的文明范例，力图溯本求源，寻根问底。

食品生产的发展是物质基础，可谓重中之重。除此之外，在这一阶段，新月沃地整体人口数量和单个聚居地的平均规模都显著增长。[18] 前陶器新石器时代后期及陶器新石器时代时期，大型聚居地的规模暴增。这可能反映出，那时社会不稳定性增加，人们对安全的需求也随之增加。人数越多，安全保障也就越大。这一时期的一项重要进步是住宅形状和规模改变。之前住宅为圆形，合适单个家庭居住；之后的中东建筑则以长方形构筑物为特色。这种住宅内设多个居室，可能适合大家庭居住（参见图 8.1）。

到公元前 7000 年时，在新月沃地，以下城市格局已经相对常见：长方形住宅一家挨着一家，每套住宅的占地面积最多 12 公顷，由多个居室构成；每个城市都住着数千名居民。闻名遐迩的加泰土丘（Çatalhöyük）就是其中的典型：加泰土丘位于土耳其中部城市科尼亚（Konya）附近。在城市之中，单层长方形房间连在一起，构成非常厚实的建筑网络——几乎是实心，缺乏通透空间。人们使用梯子从屋顶进入房间。平坦的屋顶覆盖着泥土，那里可能是户外活动区。[19] 在图 8.1F 中，我们可以看到，叙利亚幼发拉底河畔布克拉斯的建筑也属于这一类。在加泰土丘，大一些的房间用于就寝、墓葬（往往多人合葬，位于就寝平台之下，呈蹲伏姿势）、食材准备和储存，以及和迷信相关的活动。如今我们能看到的相关遗物如下：嵌在矮墙上的公牛角芯，用陶土烧制的"母亲女神"和神秘壁画。废弃居室留下的公共空间用来处理垃圾，并作为茅坑使用。

叙利亚北部的阿布胡赖拉和约旦的艾因加扎尔聚居地的规模与加泰土丘类似。艾因加扎尔出土了大约 20 个几乎 1 米高的人像。这些人像的框架由芦苇秆和枝条制成，材质为石灰泥，有些人像还镶了沥青眼珠。这些人像可能是以某些重要祖先为原型而制作的，而在耶利哥和其他遗址，当时的人们还用石灰泥裹住人的颅骨，并添加面部特征。这些文物看上去有异曲同工之处：哥贝克力石阵的石柱，用石灰泥加工的颅骨，还有石灰泥材质的人像，可能都是纪念聚居地创建者和地位很高的家族族谱中德高望重祖先的方式。

新石器时代新月沃地的转变

考古证据表明，最迟到公元前 6500 至公元前 6000 年，即前陶器新石器时代后期直至陶器新石器时代，新月沃地上实际聚居地数量显著减少（可能为保障安全）。[20] 人类族群似乎越来越集中，城市规模越来越大，同时有些聚居地被废弃。气候的不稳定期可能是造成衰落的原因之一——世界各地的古气候记录告诉我们，公元前 6200 年左右气候异常。人类对环境的影响也许起到了推波助澜的作用，比如兴农毁林。再比如，从纳图夫人开始，人们就使用石灰浆涂抹房屋地板，覆盖尸身，而制作石灰浆需要砍树，以燃烧石灰石或白垩，森林也因此被毁。[21]

大约公元前 6500 年时，新月沃地新石器时代族群迁移活动也揭开了序幕。他们走向欧洲、非洲北部以及亚洲中部。这两件事发生在同一年代，可能并非巧合。在第 10 章，我们将详细考察这些迁移旅程，在此我只想提出一个问题：对资源的过度开采是否会导致某些族群离开新月沃地寻找新土地？在新石器时代晚期，这种兴衰更替并不罕见，中东和欧洲更是经历了大起大落。但是，像迁移这样复杂的人类活动，其原因太难确定：是纯粹由环境变化导致的，还是人类的影响只是叠加因素，继而造成了不可控的后果？但是几乎可以确定的是，在许多情况下，这两类可能的因素都在发挥作用。

殖民时代的迁移历史告诉我们，欧洲人进入澳大利亚和北美洲的过程中，把以驯化资源为基础的生活方式传播到了富饶的新大陆上。这些移民族群的出生率增加。新月沃地的移民想来应该有同样的经历，而出生率一旦增加，又会强烈吸引更多人外迁。他们对陶器的逐步依赖也起到了一定的促进作用：陶器既可以用来为婴儿烹制断奶食物，又可以用来为成人加工奶制品——反刍动物的鲜奶中含有乳糖，而当时的人们不具备消化乳糖的遗传能力，他们必须用把奶倒入陶盆内，或煮沸，或发酵制成奶酪或酸奶，以分解乳糖。

在考古学家看来，陶器往往显得平淡无奇，因为这种材料就像石头一样，残骸一直都在。在大多数考古遗址内，只要人们在使用陶器，陶器碎片十分常见。但是，值得注意的是，在欧亚大陆西部，除新月沃地之外，仅有塞浦路斯和位于南亚边缘地带的俾路支（位于巴基斯坦西部）显然经历过前陶器新石器时代。其他所有地方的族群似乎都是在首批来自新月沃地的新石器时代移民到达之后，向这一外来文化学习，继而掌握陶器制造技术的。几乎可以说，看似不起眼的陶器是新月沃地新石器时代族群流散背后的关键因素。

公元前 6500 年，新月沃地就像一朵鲜花，含苞待放，又好比成熟的野生豆荚，随时可能爆开。那里的人们整装待发，准备将把他们赖以生存的农业体系传播到其他地方。在第 10 章，我们将追随他们的脚步，考察他们的活动，但是目前，让我们来关注另一个食物生产起源地。

🚶 东亚最初的农耕者

欧亚大陆上第二个重要的食物生产起源地集中在今日中国的黄河流域、长江流域和辽河流域。最迟到公元前 6500 年，这里已经驯化的物种有猪（中东人和东亚人分别驯化这一物种）、小米、黍子和小颗粒粳水稻。后来中国人又驯化了大豆和蚕。新月沃地属于地中海气候，其特征是冬季多雨，中国的黄河流域、长江流域和辽河流域属于季风气候，雨季和新月沃地相反，以夏季多雨为特征。这里的主要农作物大多也是一年生，但是也有例外：最初中国人似乎把水稻当作多年生湿地物种加以驯化。

在这种食物生产体系的哺育下，这里的人口数量惊人、频繁迁移，与新月沃地类似。但是与西亚相比，东亚驯化的主食动植物品种不多。尽管如此，到公元前 2000 年时，来自东亚起源地的农耕族群已经迁移到中国西部和南部各地，以及东南亚大陆和喜马拉雅山山脚的南亚北部地区。他们还走向北方和东方，进入俄罗斯远东地区、朝鲜和日本，经海上通道进入中国台湾、菲律宾、印度尼西亚，最终抵达新几内亚和所罗门群岛之外无人居住的大洋洲岛屿。其中有些人最终成为波利尼西亚人（包括新西兰毛利人）以及马达加斯加人（参见第 11 章）。

东亚农业起源地带覆盖的纬度范围在北纬 30° 至 45°，和新月沃地类似（参见地图 8.2）。[22] 在东亚，水稻和小米在湿热的夏季，也就是季风季节成熟。由于降雨量大，森林覆盖范围更广，所以新石器时代的东亚人大多采用木材和其他有机材料建造房屋，而非石材或日晒泥砖。因此，中国考古学家在开掘新石器时代早期聚居地的过程中，往往只能通过探测木材腐烂后留下的柱坑进行研究，毕竟这里没有石头垒成的独立地基。但是在长江下游湿地，有的木结构能够保存很久，留下令人惊叹的考古记录（参见图 8.2E）。

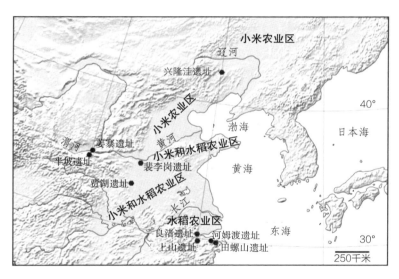

地图 8.2　东亚农业起源地。

新石器时代的东亚也一直都有陶器，但是和新月沃地不同的是，东亚人无疑更喜欢采用整粒蒸煮的方式烹制大米和小米，而不是把它们磨成粉。总之，尽管新月沃地和东亚同属亚洲大陆，又都是农业生产起源地，但是它们的文化有显著差别，农业生产发展的道路也截然不同。毕竟，两地相距 7500 千米，而且一路上有些地

图 8.2 中国新石器时代文化。(A)黄河流域新石器时代村落模型。注意
防护沟、大型中央房以及防护沟外左后方的陶器窑。年代约为公
元前 5000 年。模型为山西省半坡遗址博物馆展品。(B)新石器
时代石制收割刀,边缘为锯齿状。在黄河流域,人们使用这一类
刀具收割小米和粳稻。年代约为公元前 6000 年。华中河南省贾湖
遗址博物馆藏品。(C)上山遗址出土的陶器盘子,陶片中的稻壳
用来增加陶土黏性。年代约为公元前 7000 年。浙江省上山遗址博
物馆藏品。(D)河姆渡文化的干栏式建筑复原展示区。年代约为
公元前 5000 年。浙江省河姆渡遗址博物馆展品。楼梯不属于复原
建筑,人们可能使用带切口的杆子爬上爬下。(E)裸露的房屋干
栏和木制走道,前方有一个地灶,尚未开掘,还带有取暖用的烘
干黏土球。浙江省田螺山遗址博物馆展品。年代约为公元前 5000
年。照片由作者拍摄。

方环境条件恶劣，不易通过。

东亚农业起源地从北至南绵延 2000 千米，其中主要遗址大多位于广袤的华北冲积平原的内陆边缘地带。这一现代中国农业能量基地内的地表水汇入长江和黄河下游，如今，该地大部分地区都被最近形成的冲积层覆盖。主要新石器时代遗址位于华北冲积平原内陆边缘一带微微隆起的地区，以及长江和黄河各小型支流流域。实际上，当农业刚刚开始发展的时候，由于后冰期海平面升高，华北冲积平原大部分地区仍位于浅海之下。

小米和水稻

东亚农业起源地由三个食物生产分区构成，这三个分区有重合的部分：北方的辽河流域和黄河流域为小米农业区，南方和中部（长江中下游低洼平原及其周边地区）属于水稻农业区（大多为小颗粒粳稻）。这三个地区显然互相之间存在联系，人们经常同时耕种小米和粳稻，但是辽河流域气候寒冷，已经不在早期水稻种植范围。每个地区都有陶器和石器，从今日的上海到北京，再到更远的地方，其陶器和石器在样式和形状上都有类似之处。

最迟到公元前 7000 年，辽河流域和黄河流域的聚居者已经开始驯化黍子和小米。考古遗址记录表明，公元前 6500 年时，当地已经出现驯化小米谷粒（具有不落粒性状）。以色列考古学家吉迪·谢拉赫（Gideon Shelach-Lavi）认为，后冰期气候条件温暖，这里的狩猎-采集者因此过渡到居有定所的生活方式，驯化过程随即开始。与新月沃地上首批农耕者纳图夫人相比，这里的驯化开始时间大致相同，但是稍迟一点。[23]

粳稻的驯化则更加复杂。中国南部气候温暖，那里的永久沼泽地内生长着粳稻的多年生野生祖先，分布范围大多限于长江以南，江西省以北。但是，全新世早期和中期，气候比现在更温暖，平均温度高几度。在相对短的时间内，多年生野生粳稻得以传播到北方。粳水稻最终在靠近临时南北分界线的地方被完全驯化，即长江流域和靠近淮河流域的地方，人们开始在季风季节形成的沼泽中栽培水稻。而这种环境促进水稻性状发生了改变：进化为一年生植物，而且颗粒更大。新石器时代村落内最古老的水稻残骸恰好出土于长江下游以南地区，年代大约为公元前 7000 年。但是当时，粳稻基本上仍处于野生状态。[24]

新石器时代东亚文化主要趋势

新月沃地的考古记录说明，当纳图夫人还处于狩猎–采集阶段时，他们就已经建立聚居地——我们还能从遗留的房屋地基推测当时的房屋规划。在中国，考古学家已开掘出与之比肩的狩猎–采集者聚居地。在中国北部，考古记录始于新石器时代早期的农耕乡村，那里也已经开始使用陶器（参见图 8.2）。

中国北方较早的遗址有两个，年代大约在公元前 6000 年。其一是辽河中游的兴隆洼遗址，其二则是黄河中游的裴李岗遗址。在这些文化遗址中，规模最大的几个聚居地面积超过 1 公顷。聚居地内有密集的单间木制房屋，有的呈圆形，有的接近方形，内有下陷的泥地板；这些房屋往往沿中央空地周围布置。有的时候，这样的村落周围还有外围防护沟。与新月沃地上年代更早的前陶器新石器时代聚居地（比如带石墙的耶利哥塔楼）相比，这些聚居地的规模毫不逊色。

到公元前 5000 年时，黄河流域各村落的规模一直在迅速变大。渭河是黄河西面的一条支流，这一时期两个主要的文化遗址，即半坡遗址和姜寨遗址，都位于渭河流域。两地同属仰韶文化，都设外沟作为防御工事。半坡遗址在任何时候都有大约 25 座单间方形以及圆形房屋，聚居地总面积为 3 公顷。姜寨遗址面积更大，房屋大约有 50 座，分成几个单独的建筑群，每个都设一座大型的方形社群公房。在半坡遗址，大人和小孩的墓地分开，成人墓地设在防护沟之外。那里还有一组圆顶陶器窑，孩子死后则放在陶器内，葬在村落里面。[25]

长江下游最古老的村落遗址属于上山遗址，其年代大约为公元前 7000 年，与之相关的主要农作物是尚未完全驯化的稻子。村民不仅食用水稻，而且在用来制造陶器的黏土中加入稻壳以增加黏性。公元前 6000 年左右，后冰期海平面逐渐稳定，人们在这里兴建规模更大的村落，地址就选在河岸低地以及正在形成的三角洲地带。到公元前 5000 年时，人们已经在小块能够蓄留雨水的封闭水田中栽培水稻，如今在东亚广泛分布的水稻田正是脱胎于此。但是今天的水稻田一望无垠，或用雨水，或用水渠中的水灌溉。[26]

在长江流域，这些农耕者不仅栽培水稻，而且采用木柱作为底架，修建高出地面的木制长方形房屋。河姆渡遗址和田螺山遗址提供了清晰的考古证据，让我们能够了解公元前 5000 的干栏式建筑。这两个遗址都位于杭州湾南部低湿易涝的冲积地。1973 年，当考古学家首次开掘河姆渡遗址时，世界为之震惊：这个村落有数栋高出地面的木制房屋，呈长方形，最宽 7 米，长度超过 23 米。采用的木作技术也很成熟：既有暗榫（销钉孔），又有榫卯结构等（参见图 8.2D）。

在河姆渡遗址的一个开掘区，压实的稻壳、谷粒、干草和叶子形成一层平面——可能曾经是个打谷场，这层平面平均厚度为 40 ~ 50 厘米。这里的稻子尚未完全驯化，除了水稻，人们还食用许多非驯化植物，其中包括芡实、荸荠以及储存在大坑中的大量橡子。这些果子可能是人们特地栽种的，有的可能用来喂养家猪。实际上，既然说起中国人在新石器时代的食物，我还要补上一些信息。在淮河流域的贾湖遗址内，有证据表明，当时人们已经在池塘内饲养鲤鱼，用小米喂养家猪，并且食用大米、蜂蜜和水果制成的发酵饮料（所谓"酿造酒"）。[27] 黄河流域也广泛酿造小米酒[28]。

新石器时代东亚人口发动机

公元前 6000 年至公元前 3000 年，中国新石器时代村落发展成为当时全世界规模最大的城市群。其中一个例子尤为瞩目：在上海的南面，有个地方名叫良渚，公元前 3000 年时，这里有一座面积达 3 平方千米（1.9 千米乘以 1.7 千米）的城市，其土制防御城墙建于石头地基上。良渚城的中心建筑群为宏伟的土制高台基地，以及存放玉石珠宝的权贵古墓。考古学家认为，良渚城人口在15000 ~ 30000 人，水稻是他们的主食。人们在水田内栽培水稻，灌溉用水则来自附近的河流。他们在河上筑坝，其中有些水坝至今依然矗立不倒，坝体由草裹泥包垒成，土方几乎达到 300 万立方厘米。这种泥包和现代的沙袋类似。[29]

在此我无意深究中华文明崛起的过程，但是我要强调一点：到公元前 3000 年时，作为小米和水稻农业的起源地，辽河流域、黄河流域和长江流域已经成为世界上人口最密集的地方之一，如今也一样。与良渚城处于同一时代的乌鲁克（Uruk）城位于美索不达米亚低地（今位于伊拉克），在公元前 2900 年时，乌鲁克城的面积比良渚城稍大，为 5 平方千米，也有城墙防护。但是，考古学家认为，公元前 3000 年时，中国农业低地内肥沃农田的范围超过美索不达米亚。由此可知，中国总人口数量可能也超过美索不达米亚。

为理解新月沃地的考古记录，我们可以根据一段时间内聚居地数量及其规划面积的变化，计算出伴随食物生产发展而出现的人口相对增长量。这种方法同样适用中国。考古学家以中国各省级主管部门保留的考古遗址详细记录为依据，实施大量考古测算工作，然后加以分析。其结果表明：公元前 6000 年至公元前 2000 年，辽河流域、黄河流域和长江流域的人口增幅在 10 ～ 50 倍。和新月沃地一样，华北平原在短短数千年之内成为非常拥挤的地方——难怪如此多的遗址都建有防护围墙。

再举一个令人深思的例子：对渭河流域（半坡遗址和姜寨遗址所在地）的一项研究表明，公元前 6000 年至公元前 2000 年，这里的考古遗址数量大约从 24 个增至 3000 多个。相应地，人口数量也约从 4000 增至 155 万。在同一时期内，人们用来从事食物生产的流域面积所占比例约从 0.2% 增至 12%，每个考古遗址的平均人口数量约从 160 人增至 481 人。[30] 从这些数据看来，东亚农业起源地是当时全球范围内人口增长势头最强劲的地方之一。

⚹　非洲萨赫勒和苏丹

大约公元前 3000 年至公元前 2000 年，在撒哈拉以南的非洲，人们逐步发展本土食物生产。其起源地位于萨赫勒和苏丹植被区，它们分别为树木稀少的草原和开阔林地。论纬度，这里属于非洲大陆上北半球热带地区，其具体位置则在撒哈拉沙漠南缘与热带雨林北缘之间（参见地图 8.3）。主要的驯化谷物为小米类，其中以白粱粟和非洲稷最具代表性。这一地区东部的本土驯化食物物种还包括非洲稻、几内亚山药（又称刺皮薯）、油棕榈和黑眼豆。驯化牛、绵羊和山羊则由新月沃地移民带入非洲。DNA 研究表明，北非本土牛并非由当地人独立驯化而来，但是在全新世早期，北非人在野外捕食这一物种。[31]

许多考古学家一致认为，萨赫勒人独立发展本土农业，那里的可食用植物并不是来自新月沃地的引进物种。尽管如此，但是当地的驯化动物有些来自黎凡特。这表明，萨赫勒人可能和新月沃地移民有一定联系。为了正确理解非洲植物驯化史，首先必须考虑之前

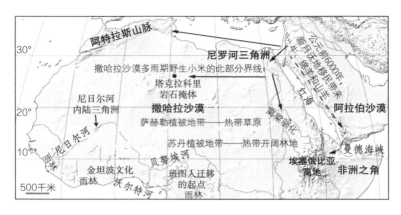

地图 8.3　非洲萨赫勒和苏丹早期农业。

发生的两件事：其一，全新世早期，人类已经占据"绿色撒哈拉"；其二，来自新月沃地的农耕和游牧者曾取道西奈半岛进入埃及。

撒哈拉地区暖湿期

末次冰川极盛期内，大约 2 万年前，对人类而言，撒哈拉沙漠缺乏吸引力，不合适聚居——它北起地中海，南北跨度至少 500 千米。当时，即使尼罗河流域看起来也不适合聚居。不利条件有三项：降雨量低、沙丘密布、没有三角洲地带。

和新月沃地一样，大约 14500 年前后，尤其是大约 11700 年前，新仙女木期结束后，由于湿度增大，撒哈拉沙漠气候条件显著改善。来自南方和西南方的夏季季风雨进入撒哈拉沙漠和阿拉伯沙漠，部分沙漠变成草地。这些野生白粱粟和非洲稷丛生的草地一直延伸到撒哈拉沙漠中部，又吸引了各种野生动物，比如羚羊、瞪羚、牛（主要分布在北方和东方）、河马，以及水生生物（如鱼和鳄鱼）。[32] 撒哈拉沙漠中部的许多地方都有高地山丘，凭借其优越的条件，吸引规模最大的人类族群前来——也许因为那里的降雨量更大。这些人从南方进入撒哈拉沙漠，留下狩猎营地遗迹，营地内有动物骨骸和装饰陶器。他们还在洞穴岩壁上雕刻动物和人像，并留下图画，这些艺术精品被广为称颂。

到公元前 3000 年时，优越的气候条件逐渐消失，撒哈拉沙漠湿润时期很快结束。狩猎者继续迁移，进入尼罗河流域，在那里与刚刚出现的埃及人（他们祖先从事农耕，近期才从新月沃地迁移到尼罗河流域）会合；或者往南走向萨赫勒，在那里他们成为尼日尔–刚果语系族群和尼罗–撒哈拉语系族群的部分祖先（第 12 章）。这些南迁的狩猎者肯定在萨赫勒和苏丹开始发展农业的过程中起到一定的作用。稍后我将探讨这一问题，不过首先让我们分析尼罗河谷在非洲农业的开端中起到的作用。

来自新月沃地的农耕者和游牧者

公元前第六个千年内，甚至可能更早，来自新月沃地的移民抵达尼罗河流域，并在刚刚形成的尼罗河三角洲和法尤姆盆地（Faiyum depression）开创新石器时代文化。[33] 他们到底什么时候到达那里？我们尚未弄清楚具体年代。毕竟，从已开掘聚居地的考古记录看，尼罗河流域仅有陶器新石器时代遗物，但是考古学家在埃及还发现了新月沃地前陶器新石器时代的矛头和箭尖，"赫勒万尖状器"（Helwan point）就是其中的典型，在哥贝克力石阵和同一时期的黎凡特和阿拉伯地区，均有此类尖状器出土（参见图 8.3）。可能来自黎凡特的移民曾经在这里建立前陶器新石器时代文化，但是如今这些聚居地都被深深埋入尼罗河冲积层中，无法开掘。基因证据也表明，纳图夫人曾经沿非洲北部海岸线迁移，并抵达摩洛哥。冰期之后，气候条件日益改善，这可能是他们迁移的原因。[34]

尽管我们无法精确判定这些新月沃地的新石器时代移民抵达埃及的实际年代，但是有一点毋庸置疑：他们从黎凡特带来的驯化农作物未能传播到撒哈拉以南非洲——新月沃地的谷物和豆类无法在

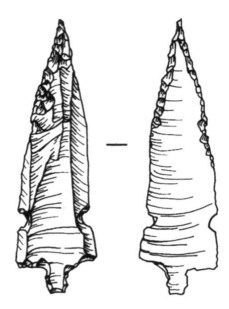

图 8.3　叙利亚哈鲁拉（Halula）出土的赫勒万尖状器（7 厘米长）。该图
　　　　由澳大利亚国立大学的曼迪·默特拉姆（Mandy Mottram）绘制。

非洲夏季季风带来的强降水条件下蓬勃生长。在史前更晚的时候，
大麦和小麦之类的农作物被带到埃塞俄比亚高地，但是它们无法再
往南传播，直到殖民时代，才又再次被带到南非温带地区。

　　驯化动物的迁移之旅则完全不同——它们和具有地域特色的
降雨季节周期的联系并不紧密。牛、绵羊和山羊被畜牧族群带到
撒哈拉沙漠，当时那里的气候依然湿润，到公元前 5000 年时，游
牧者才抵达撒哈拉沙漠中部的山丘。考古学家在利比亚西南部塔
德拉尔特阿卡库斯（Tadrart Acacus）地区的塔克拉科里岩石掩体
（Takarkori rock shelter）中的陶器碎片里面发现还有残奶遗迹。这
表明，至少在那以前，游牧者已经在养牛取奶。同时他们还驯养绵
羊、山羊，并且收割野生高粱。[35]

　　公元前 2500 年，驯化牛、绵羊和山羊的传播范围更广，它们
已经被带到萨赫勒西部的尼日尔河流域；与此同时，它们也出现在

肯尼亚的大裂谷地带。驯养这些动物的人类族群中，很多属于亚非语系——他们从新月沃地迁移至非洲，第 12 章我还会详细探讨该语系族群的非洲之行。但是，我们不应该忽略如下重要事件：公元前 2500 年，在西非和苏丹境内撒哈拉沙漠以南的地方，以本土植物为基础的食物生产正稳健发展。我们会在下一节探讨详情。

热带草原和有草木的开阔地

除了来自新月沃地的牛、绵羊和山羊，在萨赫勒和苏丹植被地带，非洲食物生产以本土谷物、豆类和块茎植物的驯化为基础——这些本土植物适应当地的季风气候。这片广阔的农业起源地带位于北纬 10° 至 20°，显然属于热带。根据目前的证据，早期农业主要集中在三个地方：西非境内尼日尔河和沃尔特河流域，苏丹境内尼罗河上游及其支流地带，以及埃塞俄比亚高地。[36]

这三个地方的人可能分别驯化植物，他们的食物生产活动可能相互独立，但是热带非洲的考古记录并未提供足够细节，所以我们确实无法妄下定论。公元前 2000 年，尼日尔河流域已经出现驯化非洲稷；公元前 3000 年，苏丹境内尼罗河上游支流阿特巴拉河流域已经出现驯化高粱——考古学家发现陶土中有用来增加黏性的高粱壳。在一项新研究中，他们分析这种高粱壳，得出了这一结论。[37]遗憾的是，科学家尚未查明埃塞俄比亚早期农业的发展年代。公元前 1800 年，非洲稷和高粱已经传入巴基斯坦境内的印度河流域（那里当时处于哈拉帕文明时期）。由此可见，当时的非洲不仅已经完成上述农作物的驯化，而且这些驯化物种已经传遍了整个非洲东海岸。

班图大迁移背后的驯化体系

与新月沃地和中国相比，撒哈拉沙以南非洲的考古记录不够翔实。到目前为止，我们无法从中获得如下详细信息：当地人口和人种如何随时间的变化而变化？尽管如此，只要熟悉撒哈拉以南非洲最后 3000 年史前史，我们就绝对不会怀疑：在该地区，本土农作物的驯化是促进人类大规模迁移的一个要素。

大约 4000 年前，西非班图语族大迁移拉开序幕，他们的实际迁移活动源于喀麦隆。但是究其背景，之前萨赫勒地区的农业发展为迁移提供了物质条件。公元前 2000 年前，在尼日尔河流域和沃尔特河流域，人们开始农耕生活，栽培小米以获得食物资源。以加纳境内沃尔特河流域的金坦波（Kintampo）文化为例，人们住在村落大小的聚居地内。他们用枝条编成框架，外面抹上泥，制成木骨泥墙式房屋。他们还使用装饰陶器、磨刃石斧和其他装饰品。金坦波人驯养绵羊、山羊和牛，栽培驯化非洲稷以及属于豆类的黑眼豆。他们用小米谷壳增加陶土的黏性。

近期，科学家开展一项研究，广泛考察西非几乎 2000 个考古遗址（其中年代最久远的为公元前 2000 年，最近的距今不远）。研究结果表明，在近乎 3000 年的西非史前文化发展期刚刚开始时，人类活动主要集中在两个地方：一个是上文介绍的金坦波，另一个则位于马里境内尼日尔河中游地区，靠近广袤的尼日尔河内陆三角洲地带（参见地图 8.3）。[38] 到公元前 1000 年时，驯化农作物和动物已经在西非广泛分布，其中包括尼日利亚东部和喀麦隆境内的班图语族起源地。

班图大迁移主要发生在公元前 1000 年至公元 500 年，班图人逐渐流散到撒哈拉以南非洲的大部分地区，非洲稷、白粱粟、豆类、绵羊、山羊和牛成为他们的食物来源。在公元后第一个千年内，除本土驯化农作物，东南亚热带农作物也进入非洲。其中有香蕉、芋头、参薯和糖蔗，大大丰富了非洲驯化农作物的物种库。[39]公元前 500 年之后，班图人掌握了制铁技术，又为迁移活动尤其是长途征程增添助力：班图人曾经从非洲的维多利亚湖出发，一路南下，进入南非东部，这是迁移过程中他们走过的最长一段路程。第12章我还会详细探讨这次迁移活动。

🚶 新几内亚高地

50多年前，我离开英国，来到新西兰的奥克兰大学，谋得职业生涯中第一个讲师职位。有一天，在考古系茶水间吃午饭的时候，我和同事安德鲁·波利（Andrew Pawley）聊了起来。他是个语言学家，具体的谈话内容如今已经模糊，但是我记得和他谈到新几内亚岛和太平洋一带的族群分布。

那是一片广袤的海域，西起马达加斯加和苏门答腊岛，东至遥远的波利尼西亚岛分界线。那里居住的人大多说南岛语，这一语系内的各种语言之间联系紧密。新几内亚岛恰巧就在这片海域中间，尽管有些在沿岸小岛上居住的族群也说南岛语，但是在新几内亚岛内部，大部分居民说的语言属于另一个语系，语言学家称之为"巴布亚语"。这一语系以多样化为特征，各语族之间存在很大差别。

安德鲁对我说，明明周边全都是南岛语系的地盘，而且南岛语系分布范围特别广，覆盖大半个地球。尽管如此，新几内亚岛大部分地区的居民却并没有受影响，他们依然使用巴布亚语，这也太有意思了。除了澳大利亚，南岛语系族群几乎占据岛屿东南亚和太平洋上所有地区，但是他们从来没有彻底渗透至新几内亚岛内部。

我们都知道，当初从远方走进上述岛屿的南岛语人已经是农耕者（参见第11章），我们认为，新几内亚岛上的巴布亚语人最终保住了大部分岛屿的控制权，可能因为当南岛语人登岛的时候，巴布亚语人也是从事农耕的食物生产者。后来的研究结果表明，我们的猜想基本正确。从人口角度看，新几内亚各族群规模都不小，足以保住大部分领地，而岛上的南岛语人只能在几个沿海小岛上定居。

安德鲁和我在奥克兰大学茶水间探讨巴布亚语的时候，我未来的同事（1973年，我迁入澳大利亚，进入澳大利亚国立大学任教）杰克·高森（Jack Golson）正在瓦基河流域（Wahgi Valley）内的库克茶站（Kuk Tea Station）草拟研究计划。瓦基河流域位于那时还属于澳大利亚的巴布亚新几内亚领地（如今为巴布亚新几内亚）的西部高地（Western Highlands）（参见地图8.4）。从1966年到1977年，杰克及其团队一直在库克遗址进行实地考察。他们发现，最迟到公元前2000年，新几内亚高地人已经开始使用排水沟控制沼泽的水位。早在公元前5000年，他们已经为栽培农作物而垒筑土坡。[40] 后来，我的另外一位澳大利亚国立大学同事蒂姆·德纳姆（Tim Denham）在库克遗址继续从事研究。他确认了新几内亚高地人的农业成就：高地人创建本土农业体系，其驯化农作物有香蕉、山药、天南星科植物（芋头就是典型代表）和糖蔗。[41] 尽管看上去芋头是从东南亚引进的物种，[42] 但是库克的驯化农作物群在南岛语社群到达新几内亚海岸线之前就已存在。

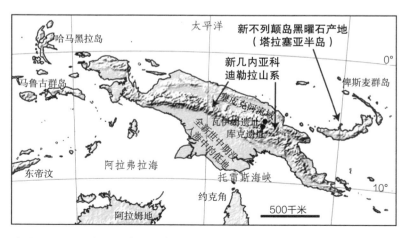

地图8.4　新几内亚及其早期农业。

得益于这次研究，新几内亚高地被认定为世界上又一个农业起源地。开始的时候，有些考古学家将信将疑。其中部分原因是，考古证据主要就是沼泽中挖出的沟渠，与非洲和欧亚大陆上的考古记录相比，不够翔实有力。新几内亚和亚马孙河流域类似，属热带气候，在这种高温和高湿的环境中，有机物残留会迅速分解。

再者，新几内亚的驯化水果和块茎植物往往很难在考古遗址内留下可辨识的痕迹。其中有一个原因尤其突出：这些驯化的物种依靠繁殖体建植方法（vegetative planting）耕种，人们种下秆茎或块茎片段，而非种子。这类农作物存在的证据来自植硅体（phytolith）和淀粉（植物体内的微观颗粒）的研究结果，岛上又没有本土的结实谷物（grain-bearing cereal）或驯化动物，但是当地人食用本土豆类。大约 3000 年前，菲律宾和印度尼西亚的南岛语人才把猪、狗和鸡引进新几内亚海岸地区。

瓦伊姆遗址位于吉米河流域（Jimi Valley），在库克遗址以北大约 50 千米处。最近考古学家在这里有新发现，为库克遗址的考古证据增添了一些有趣的数据，表明这里确实存在聚居地。瓦伊姆是一个开敞式遗址，位于山脊顶部，这里主要的考古地层的年代大约在公元前 3000 年。出土文物包括石杵（pestle）、人像石雕、磨制石斧片段，以及山药、糖蔗和香蕉等植物的淀粉。遗址内未发现陶器，但是有柱坑，说明人们曾经在这里修建木制住宅。[43]

我们把所有证据放在一起，结果显而易见：新几内亚确实是又一个农业起源地，当地人在这里栽培本土植物，从事食物生产。殖民时代，当欧洲人来到新几内亚时，岛上居民几乎全都是农耕者。仅有少数居住在低地的社群以野生西米棕榈（sago palm）树干中的淀粉为食，但是就连他们也普遍食用次要农产品和家猪。[44] 使用巴布亚语的新几内亚人确实是本土人，并非从其他地方迁入新几内亚的外来族群——至少他们已经在这里生活了太长时间。这些人属于西太平洋本土族群，从考古学、生物学和基因组的研究结果看，自更新世以来，他们世世代代都在岛上生活。[45] 巴布亚语与世界上任何其他语言都没有亲缘性，尽管新几内亚人和澳大利亚原住民有紧密的生物关系，但是两地的语言并无关联。无疑，新几内亚农业源自本土。

赤道附近的农业起源地

我们再来详细考察新几内亚的特殊之处。这片土地和澳大利亚可能同属一个大陆架，但是从地质角度看，两地几乎天差地别。澳大利亚是一片古老的大陆，风化严重，而且大部分地区较为干燥。新几内亚则是因地壳构造活跃而形成的一系列平行的褶皱山系（地质学上，中间夹杂高原或其他地形的平行山系被称为"科迪勒拉山系"），在过去500万年的时间，在萨胡尔大陆板块北部边缘上，地壳俯冲造成新几内亚平行山系构造隆起。新几内亚是典型的平行山系构造，与喜马拉雅山、阿尔卑斯山和安第斯山系类似。在东南亚岛屿上，其他任何地方都不存在与新几内亚平行山系类似的地形构造。印度尼西亚有些各自独立的山脉，因火山活动而形成，山脉之间被低地分开，并非平行山系；婆罗洲中部的山脉坐落于海拔很低的地方，与新几内亚高地不同，山脉之间没有宽广而肥沃的谷地。

新几内亚是位于赤道附近的岛屿，位于赤道和南纬10°之间。这里的高地并无明显的旱季，终年降雨丰富，但是海拔每增加1000米，平均温度大约降低5℃。这就意味着，居住在海拔2000米以上的村落里的人们在晚上可能会经历霜冻。高地和低地之间，海拔相差较大。从海岸出发，徒步走向高地，也是很艰巨的任务。第二次世界大战期间，日本和澳大利亚军人都曾在欧文斯坦利山地（位于巴布亚新几内亚东南部）沿科科达小道（Kokoda Trail）行军，历尽艰辛。在巴布亚新几内亚东北部有些河流，如果沿着河边往上走向高地，一路上稍微轻松。这一带有零散的陶器碎片出土，表明在 3000 年前之后，高地人和海岸边居住的族群之间偶尔也有联系。但是纵观新几内亚高地的史前史，这就是唯一的陶器遗迹。[46] 整体而言，史前史阶段，新几内亚高地显然是个独立、自给自足的地方。

新几内亚农业能够获得成功，其原因有三：高地不仅土地肥沃，而且由于海拔高，不受疟疾侵扰；终年降雨；地理位置偏僻，远离同样生产食物的外部族群，如南岛语各族群。新几内亚高地上，有宽广又肥沃的谷地，其海拔在 1500 ~ 2500 米。直到 20 世纪 30 年代，欧洲探险者才来到这里，并为之惊叹：高地上人口密度之大，远远超过大多遭受疟疾侵袭的低地村落。正是在这些河谷地带（到目前为止，主要为巴布亚新几内亚瓦基河流域和吉米河流域），考古学家发现证据证明新几内亚也是一个农业起源地。

在新几内亚低地，农业发展水平是否与高地类似？目前我们无法确定。有些低地独有的热带植物可能是来自东南亚岛或西部美拉尼西亚群岛的驯化物种，其中包括椰子、西米、面包果。但是在掌握拉皮塔陶器技术（Lapita pottery，参见第 11 章）的南岛语系族群到达新几内亚之前，即距今大约 3000 年前，新几内亚低地的食物物种驯化状况如何？目前证据不足，无法猜度。

还可以从最后一个角度进行观察，从而推断新几内亚人开始从事农业生产的年代。距今 9000 年前，新几内亚和澳大利亚的约克角半岛之间通过露出地表的旱地相连。当时那里还是萨胡尔大陆架的一部分。如果那时新几内亚低地已经开始发展食物生产，那么在澳大利亚，应该能够发现农耕生活留下的痕迹。而实际上，已经有考古学家声称，在那里发现了当时人们从事农业生产的证据。[47] 但是，目前库克遗址和瓦伊姆遗址内食物生产的年代都在后冰期海平面上升之后，这也有助于我们理解，为什么在澳大利亚北部，人们从来不曾长期从事农业生产活动。托雷斯海峡形成之后，切断了两地间的陆路联系，新几内亚原住民和澳大利亚原住民从此分道扬镳。

美洲农业起源地

公元 1492 年，欧洲人开始进入新大陆。此时在美洲，从加拿大东南部到阿根廷和智利，广大的农业区哺育了各个食物生产族群，这一地带自北向南大约绵延 6000 千米。当时，加拿大大部分地区、北美大平原、落基山地以及北美洲西海岸还被狩猎–采集族群占据，南美洲南部也是如此（参见地图 7.1）。

大部分农业区内，玉米是最重要的主食。西班牙征服者来到美洲时，这种农作物是哺育墨西哥和秘鲁阿兹特克和印加文明的基础物种，可惜这两个文明因殖民者的到来而毁灭。实际上，起码从公元前 2000 年开始，早在阿兹特克和印加文明起源之前，玉米就开始承担重任。如今，玉米在全世界广泛种植，不仅是人和动物的食物，而且是用来制造燃料乙醇的原料。史前阶段，美洲北纬 47°到南纬 43° 范围内，直到海拔 4000 米的地方，人们都在栽培玉米。和亚马孙河流域的木薯一起，它养育了数百万美洲人。根据我的亲身经历，如今在东南亚的许多地区，在干旱贫瘠的土地上，水稻不易栽培，但来自美洲的玉米、木薯，还有红薯这些农作物起到了至关重要的作用。

从单个农作物的角度看，美洲驯化农业的起源地异常分散（参见地图 8.5）。人们还不止一次驯化许多植物物种，比如笋瓜、豌豆等。这些单个农作物的驯化是在各自独立的农业起源地完成的，还是那些已经从事农耕的族群在开发新品种的过程中完成的，我们未必能弄明白。但是，考古学家一致认为，至少在四个地方，具有狩猎–采集背景的族群以相对独立的方式开始发展农业：安第斯山脉地区中部和亚马孙河流域周边地区、南美洲西北部、中美洲以及美国的东部林地。

地图8.5 美洲古老的植物驯化地区和遗址位置。

我用了"相对独立"一词，其原因为，在考古记录中，有些很重要的线索说明史前史时期这些地区之间偶尔会有联系。其实，在新月沃地、非洲和东亚各地漫长的驯化期内，不同地区的贡献者之间也会有往来。这里有两个例子。其一，玉米起源于墨西哥，在公元前5500年前，可能就由人类带进中美洲和南美洲。这些人可能沿西海岸的海上通道在各地之间往来，至少在早期村落农耕年代

（Formative Era，又称形成年代），人们似乎就已经开始使用这条通道。[48] 其二，美国考古学家詹姆斯·福特（James Ford）1969 年发表长篇巨著分析考古细节，阐释在早期村落农耕年代美国东南部、中美洲、安第斯山脉以及美洲其他地区各种文化之间的密切联系。[49] 我一直都认为福特的看法新颖独到——在演变过程中，这些文化并非处于完全封闭的状态。[50]

结合上述原因，如下假说就显得顺理成章：美洲各植物驯化基地之间曾经有过往来，但是这种联系也许时断时续。到底哪一族群的农业生产行为具有独立性、未受其他族群的文化影响？我无法确定，而且这也不是我的主要兴趣所在。我认为，"文化影响"这一概念本身就十分宽泛，史前史离我们又过为久远，我们根本无法找到任何细节，也无从了解具体情况。起码在缺乏文字记录的情况下，深究这一问题其实并无意义。我们只需要了解人们在哪一个特定地区从事驯化活动，然后直接考察这种驯化活动在人类族群史前史上的影响即可。

说起影响，我们知道，在中美洲以及安第斯山脉地区中部的食物生产活动中诞生了人类历史上绚烂璀璨的几大文明，而且这些文明并未开发出具备生产或军事功能的金属制品。从技术角度看，玛雅、阿兹特克、印加以及其他著名的美洲文明依然属于新石器时代，所以他们的农业成就（参见图 8.4）更加令人惊叹。

说起金属的使用，早在公元前 7500 年，在北美五大湖附近，当地人就已经通过加热、捶打等方式制造铜质矛头。但是到公元前 3500 年时，这一技术已经失传。究其原因，可能是当地铜矿采集的难度增加，不易找到原料。[51] 至少 3500 年前，安第斯山脉一带的人已经掌握了一些基本的冶金技术，包括铜、金和银的捶打和熔炼技术等，但是他们制作的金属成品仅用于身体装饰和仪式活动。当西班牙征服者入侵之际，美洲本土的冶金技术不仅未能保护这些冶

图 8.4　美洲考古遗址内某些以食物生产为基础的文明获得的成就。这些
　　　　遗址的位置参见地图 8.5。我在此展示这些瑰宝，其原因是，自最
　　　　初的美洲人在新大陆上聚居以来，16000 年间，除了在白令海峡周
　　　　围活动的爱斯基摩-阿留申语系族群、阿萨帕斯卡（Athabaskan）
　　　　语系族群和波利尼西亚人与旧大陆稍有接触，新大陆族群和旧大
　　　　陆族群之间几乎没有联系，但是两地人们获得的成就旗鼓相当，
　　　　而且有异曲同工之妙。1492 年前的 16000 年内，两地之间不曾相

互交流，任何驯化农作物（除了波利尼西亚的甘薯）、动物或大型人类物种，都不曾穿越两个大陆之间的天堑。对我而言，这张图就是智人统一性的证明——从人类行为的物质表现看，我们并无太大区别。（A）大约公元前 2000 年时，秘鲁利马附近埃尔帕拉伊索（El Paraiso）遗址内，陶器前时代晚期，有多个房间的阶梯式平台，此为重建构筑物。（B）公元前第一个千年间，墨西哥谷地奎奎尔科（Cuicuilco）的圆形阶梯式平台（又称金字塔），直径为 110 米，高 25 米。（C）公元前第一个千年间，墨西哥塔巴斯科州拉文塔（La Venta, Tabasco）遗址中，由整块玄武岩雕成的头像（奥尔梅克文化）。（D）公元 8 世纪，洪都拉斯科潘（Copan）遗址的玛雅统治者石像。（E）公元后首个千年初期，墨西哥谷地特奥蒂华坎（Teotihuacan）遗址内阶梯式平台地基，即"幽冥大道"（The Avenue of the Dead），背景左方则是太阳金字塔（the Pyramid of the Sun）。（F）大约公元 1000 年，后古典时期内，墨西哥伊达戈尔州图拉市（Tula, Hidalgo）B 金字塔（Edificio B）顶部的托尔特克战士，即"亚特兰蒂斯"柱状雕像（Toltec "Atlantids"）。图拉的 B 金字塔的形状和平面布置与奇琴伊察（Chichen Itza）的武士神庙（Temple of the Warriors）十分相像（参见第 J 张照片）。（G）公元 9 世纪墨西哥尤卡坦州拉布纳（Labna, Yucatan）遗址内美轮美奂的仪式性拱门，采用玛雅普克（Maya Puuc）建筑风格。（H）公元前第一个千年，位于秘鲁高地的查文德万塔尔城堡（Castillo at Chavin de Huantar），属于查文文化（Chavin culture）。城堡内设迷宫，迷宫通道上雕刻着精美的人和猫图案。（I）公元 7至 8 世纪，墨西哥恰帕斯州帕伦克（Palenque, Chiapas）遗址上的玛雅"宫殿"，是一座风格独特的四层塔楼。（J）公元 900—1200年间，玛雅后古典时期（Postclassic Maya），尤卡坦州（Yucatan）奇琴伊察遗址上的武士神庙，但是其建筑风格深受来自墨西哥谷地的托尔特克文化的影响，两地相距 1500 千米。（K）15 世纪，秘鲁高地南部，乌鲁班巴河（Urubamba River）上的马丘比丘（Machu Picchu）印加城。（L）15 世纪，秘鲁库斯科省萨克塞华曼（Sacsayhuaman, Cuzco）石头工事，由多角石块垒成，不使用砂浆，但是严丝合缝。在复活节岛维纳普（Vinapu）遗址，也有类似的石头工事，这说明，史前史后期岛上的原住民和南美洲大陆有联系（参见第 11 章）。所有照片都由作者本人拍摄。

金者，反而平添祸端：它激发了侵略者对金块的兴趣。

美洲最初的农耕者

在美洲，人们经历了漫长的过程，才从精心管理野生植物的狩猎-采集者，发展为以完全驯化的农作物为主要食物来源的农耕者。最明显的例子来自玉米。基因比较研究结果表明，大约公元前7000 年时，人们开始从其祖先物种大刍草（一种墨西哥西部的禾谷植物）中拣选出玉米这种植物。人们最初采集玉米秆内的汁水，经发酵后制成饮料，而这种饮料可以用来帮助婴儿断奶。[52] 墨西哥中部干燥洞穴中遗留的玉米棒表明，到公元前 3300 年时，玉米正处于这样的驯化过程：包裹粒籽的坚硬稃壳正在消失，玉米粒更易剥离，但是依然保持成熟时落粒这一野生植物的性状，而且玉米的棒体很小。[53] 显然，玉米棒的驯化正在稳步开展，但是速度缓慢。

　　到公元前 2000 年时，墨西哥中部和洪都拉斯栽培的玉米棒最长达到 6 厘米。最终有迹象表明，玉米即将成为主要的食物来源。[54] 大约在同一时期，玉米被引进至美国西南部，甚至更早的时候，玉米已经进入秘鲁，并且其数量越来越多。美洲许多地区存在以定居为主要生活方式、以村落为基础的、人口密度高的各种文化。公元前 2000 年过去之后不久，玉米已经成为哺育这些文化的主食。[55]

　　玉米从野生物种进化到完全驯化状态，大约经历了 5500 年。相比之下，在新月沃地和东亚，谷物和豆类只需要 2000 年就从野生过渡到完全驯化状态。为什么玉米的驯化时间远远长于后者？如果一开始的时候，收割者就以获取玉米秆汁水为目标（这依旧是假说，尚未被确认），那么只有改变这一行为，人们最终才会拣选体积大的玉米棒。在驯化的早期阶段，如果玉米秆中的糖分才是人们想得到的东西，那么就要掰掉尚未成熟的玉米穗。这样一来，植物的糖分得以保留，但是这对结出玉米棒毫无帮助。要收获玉米棒，必须留下穗子，等成熟之后，才能逐步拣选，以培养驯化特征。人们出于两种不同目的驯化玉米，这可能是它的驯化过程如此长的原因。

　　美洲过渡到完全农业时期的过程相对缓慢可能还存在其他原因。许多美洲农作物都是佐料而非主食（比如辣椒）。再者，旧大陆上的农业体系曾受到动物驯化的影响。为了驯养动物，人们必须生产更多粮食，以确保动物在冬季或旱季也有饲料。但是在古代美洲，动物驯化从未以同样的方式刺激农业体系，而且当时美洲人也未曾从事任何奶制品的生产活动。在安第斯山脉地区，人们驯化美洲驼和羊驼，用来生产肉和皮毛，也用于运输，但是它们的传播范围十分有限。这就意味着，人们主要靠猎捕野生动物来获得肉蛋白。比如，在中美洲特奥蒂华坎文明中，人们就猎食鹿和野兔，他们也可能圈养野兔，南美洲人则养殖豚鼠。

尽管也有考古证据表明，早在全新世初期，在中美洲和南美洲北部，人们就试图驯化农作物，但是这些证据不仅比较零散，而且常常扑朔迷离，那些与来自植物残留的微观植硅体和淀粉粒相关的研究结果更是如此。我们的普遍看法是，直到公元前2500年之后，美洲的食物生产才初具规模，而且很多地方在很久以后才进入农耕阶段。主要在公元前2500之后，安第斯山脉地区才首次出现平台和金字塔建筑群以及大型村落，而中美洲可能更晚才出现这样的建筑。这预示着，早期村落农耕文明和古典文明即将崛起。

南美洲：安第斯山脉地区和亚马孙河流域

美洲目前的考古记录表明，美洲定居农耕生活首次出现在厄瓜多尔和秘鲁北部的海岸和河流下游地区。在秘鲁北部的扎娜河流域（Zaña Valley），植硅体和淀粉粒分析结果表明，公元前3000年时，当地人已经栽培多种农作物，包括豌豆、笋瓜、木薯、花生和其他块茎植物（但是玉米棒尚未出现）。科学家指出，当时已经出现与之相关的农田和用来灌溉的水渠，还有小型村落。[56] 到公元前2500年，在厄瓜多尔海岸区里尔奥图遗址上，已经出现了面积为12公顷的大型村落，约有1800人居住。他们使用陶器，而且也栽培玉米。在里尔奥图，人们围绕一个长约300米的长方形空旷院落的其中三个边布置聚居地，如今残留的椭圆形柱坑标示着昔日房屋的方位。每个院落的侧边都有两座大型土堆，那里是公墓和公共活动场所。[57]

南美洲食物生产的早期证据不易解读，其中一个原因是，大部分相关资料来自植硅体和淀粉粒的分析结果，而非实实在在的种子和玉米棒的大块遗留物。仅凭这些微观证据，我们很难确定所有物种是否完全驯化，以及它们在人们的饮食中是否占据重要地位。大部分与这些证据相关的背景环境看上去好似早期村落，说明当地人正刻意栽培这些植物物种。但是，和新月沃地或东亚的情况不同，这些村落本身的布局和范围都并没有清晰的农舍特征。而且，南美洲到处都有玉米，这说明人类刻意传播这一物种。在巴拿马的各考古遗址中提取的玉米植硅体表明，公元前 6000 年，玉米已经从墨西哥的起源地传播到这里。[58] 公元前 4500 年，玉米已经传播到秘鲁北部。[59]

在紧靠安第斯山脉地区东部的亚马孙低地内，尤其是位于玻利维亚东部和巴西朗多尼亚州（Rondônia）马德拉河（Madeira）上游，科学家发现了可观的植硅体和淀粉粒的证据。这表明人们很早开始栽培食物物种，并且为此垒筑土堆。这些证据几乎可以追溯到全新世初期，而且相关的微观残留物来自各种植物，其中包括木薯、笋瓜，豌豆，甚至还有可可（cacao）。但是最初的驯化植物中，并没有玉米。[60] 这里的情况与厄瓜多尔和秘鲁北部的情况类似，虽然最初的驯化证据年代久远，但是大型聚居地和灌溉系统在此后很久才出现。所有上述区域内都存在相同的情况：科学家分析土壤中和人类牙齿上的植物残留，其结果表明，人类很早就开始驯化植物。但是考古证据表明，实质性的人口增长很久之后才出现，两者之间的年代差可能长达 6000 年。

根据考古证据，南美洲人口从什么时候开始显著增长？用考古术语回答的话，应该是秘鲁前陶器晚期，即公元前 2500 年至公元前 1800 年。在安第斯山脉地区，人们逐渐驯化美洲驼、羊驼、土豆和藜麦，并且引进了高产玉米品种。因此，人们在那些周围被沙漠环绕的秘鲁北部安第斯山脉地区的排水谷地中，修建以灌溉农业为基础的大型祭拜中心（参见图 8.4A，即利马附近埃尔帕拉伊索石头平台复制建筑），比如在素普谷地（Supe Valley）内 66 公顷的卡拉尔（Caral）遗址上，就伫立着阶梯式平台和金字塔。[61]

在初始期（公元前 1800 年至公元前 900 年），这一阶段的玻利维亚遗址数量更多，规模更大，陶器已经出现，那里的人与相邻的亚马孙低地之间的联系也越来越密切。根据科学家在某项研究中所做的估算，由于农业繁荣，洪堡寒流又带来丰富的海上资源，在前陶器晚期和初始期（公元前 2500 年至公元前 900 年），秘鲁人口增长了 15 ~ 20 倍。[62] 其他考古项目中的估算结果也与之相符。[63]

中美洲

考虑到玉米最终成为最重要的主食，令人奇怪的是，中美洲农业生产发展缓慢，直到公元前 2000 年之后，才确立农耕生活方式，农业基地的规模才足以支持人们兴建大型村落和祭拜中心。实际上，直到公元前 1500 年之后，中美洲人才在墨西哥湾低地首次兴建能够与秘鲁前陶器晚期和初始期相媲美的大型纪念性建筑。而在危地马拉的玛雅文明起源地，这一年代更迟，为公元前 1000 年。与安第斯山脉地区农业发展相比，这种明显的迟缓到底出于什么原因，我们并不清楚，但是其中一个答案可能是，南美洲人首先培植出产量最高的玉米品种，稍后才把它们带回中美洲。[64]

中美洲早期农业遗址广泛分布，考古学家在墨西哥的瓦哈卡和危地马拉肥沃的谷地开掘出大量村落。在瓦哈卡谷地，到公元前 1700 年时，已经出现了面积在 1 ~ 3 公顷之间的聚居地。那里有长方形的房屋，有的用柱子搭建，有的则是茅草房，还有钟形的储藏坑，陶土器皿以及小型陶制人像。公元前 1200 至公元前 900 年，瓦哈卡谷地的人口增长到之前的 3 倍；在公元前第二个千年期间，可能呈 10 倍增长。另一项基于同年代遗址所做的估算结果与之对应：在危地马拉谷地，每 250 年人口增加 1 倍。[65]

上述考古记录表明，公元前第二个千年期间，中美洲大部分地区的农业生活方式稳定发展，各地建立类似的陶器文化，人口相应增长[66]，人们对祭拜中心的建设也更有兴趣。这意味着权力和权威中心的崛起以及战争的兴起。宏伟的"奥尔梅克视野"（Olmec Horizon）就是人们眼界开阔之后创作的艺术品。这是一批巨石头像，世界闻名，气势恢宏，出土于墨西哥湾海岸附近的圣洛伦索（San Lorenzo）和拉文塔祭拜中心（参见图 8.4C）。公元前最后一个千年内，在墨西哥谷瓦哈卡（参见图 8.4B），中美洲东部的玛雅地区，以及同一时代的安第斯山脉地区中部查文文化（参见图 8.4H）中，人类社会都实现了类似的发展和进步。

得益于早期村落农耕年代的社会进步，公元前最后两个千年内，中美洲和安第斯山脉地区中部都涌现出一系列奇异而瑰丽的文化。在许多次战争和残酷的旱灾之中，它们轮番登场，直至殖民时代到来，这场精彩的文化大戏才以悲剧谢幕。在中美洲，这些古典和后古典文化包括特奥蒂华坎（位于墨西哥谷，参见图 8.4E），阿尔班山（Monte Alban，位于瓦哈卡）上的萨波特克（Zapotec）文明遗址，图拉的托尔特克文明遗址（伊达戈尔州，参见图 8.4F），阿兹特克特诺奇蒂特兰遗址（Tenochtitlan，位于墨西哥城），以及许多装饰精美的玛雅建筑、雕像和石刻文字（参见图 8.4D、图 8.4G、图 8.4I 和图 8.4J）。

在南美洲，类似的文化包括秘鲁北部和中部的莫切（Moche）文化、瓦里（Wari）文化和奇穆（Chimu）文化，与之相关的考古遗址和精美的墓穴被保留下来。此外，声名卓著的高地印加人也留下了令人惊叹的石头建筑（参见图 8.4K 和 L）。印加人与阿兹特克人属于同一时代，同样因 16 世纪早期西班牙征服者的到来而遭受灭顶之灾。在第 12 章，我会继续讨论这些民族及其语言。这里我想声明一点：每次我有机会去美洲实地考察的时候，那里的古典文明和后古典文明总是令我有迷惑之感。他们的创造力让我惊叹，但是那里四处可见的活人献祭行为又让我迷惑。这种行为被宗教信仰激发，人们显然认为，只有献上活人作为祭品，整个族群才能存续。如果征服者没有来到美洲，那这些文明又将如何演变？

美国东部林地

谈到美洲的农业起源地，我们不应该忘记，在密西西比河中游流域、密苏里河流域和俄亥俄河流域，有一片得天独厚的北美洲大陆东部林地。那里的人们也从事植物驯化，并取得进展。此地驯化的许多农作物如今并非现代人类常见的食品原料，其中包括瓜类、藜以及其他种子植物。有些种子植物流传至今，比如向日葵。美国考古学家布鲁斯·史密斯（Bruce Smith）曾指出，大约从公元前3000 年时开始，这些物种的种子越来越大、种皮越来越薄。这意味着人们正在栽培这些物种，并且拣选种子后精心栽培。[67]

考古记录显示，公元前 1000 年至公元 1000 年，东部林地的人们注重驯化。他们垒筑土坡，建设村落，并创建相关的"林地"文化，尤以俄亥俄河流域和密西西比河流域内的霍普维尔最为典型，考古学家称之为"阿迪纳"（Adena）文化。但是，公元 800 年之后，以玉米为基础的密西西比文明崛起。东部林地内，人口密度显著增加，大规模高台建筑才实现重大发展。

最后我还要强调一点，遗憾的是，我们无法了解美洲农业起源地的人口学意义。其主要原因是，公元 1492 年之后，旧大陆上的疾病进入美洲，导致当地人口骤减。尽管如此，美洲食物生产者人口扩增的情况与许多旧大陆新石器时代起源地的情况类似，我们将在第 12 章再次探讨这一问题。

中期小结

本章重点考察相关考古记录——驯化动植物，与之相关的人类聚居地，以及相关人类族群规模的扩张（或缩减）情况。我们追随各地农耕族群的脚步，发现他们沿着不同的道路，从小型的狩猎-采集者社区发展为大型农业社群。他们的生活方式，也从四处流动过渡到居有定所。他们的发展成就参见表 8.1。

之后的章节中，我将进入下一个阶段，开始考察之后数千年内，上述发展变化对人类族群和语系分布的影响。食物生产方式一旦确立，人类依赖这些可携带、运送的驯化动植物物种库生活，人类族群就可以开始寻找新领地；而族群规模的扩大、人口的迅速增长又会促进这一过程。于是各民族开始迁移，他们的语言和生活方式也因此传播到其他地方。相比之下，至少在殖民时代来临之前，此时的陆上迁移规模远远超过后来历史书上记述的与征服和帝国扩张相关的迁移。

表 8.1　世界 7 大农业起源地内主要发展成就简表。这些发展成就与农业生产方式的确立相关，具体体现在驯化资源、陶器制造、社会复杂化以及与之相伴的人口扩增等方面

新月沃地	首批创立文字的文明 迁入欧洲和北非 陶器 农业生产方式确立 迁入塞浦路斯 纳图夫
非洲萨赫勒和苏丹	班图族迁移开始 小米农业—萨赫勒和苏丹 在埃及建立文明，创立文字 埃及的新月沃地农业 新月沃地驯化动物 绿色撒哈拉的陶器
东亚	首批创立文字的文明 迁入喜马拉雅、朝鲜和东南亚 小米和水稻农业生产方式确立 陶器（日本、中国北部，俄罗斯远东）
新几内亚高地	海岸地区的南岛语系族群有狗，猪和陶器 （无陶器） 库克水渠 农业生产方式确立 库克土坡
安第斯山脉地区和亚马孙河流域	陶器（安第斯山脉地区）早期村落农耕年代祭拜中心 农业生产方式确立 陶器（亚马孙流域）
中美洲	早期村落农耕年代祭拜中心 陶器 农业生产方式的确立
美国东部林地	阿迪纳和霍普维尔 农业生产方式确立 东南部的陶器 古老的祭拜土坡

第 9 章　源自历史深处的声音

全新世期间，农业生产蓬勃发展，创造了物质条件，更多农耕族群得以扩散到之前被狩猎-采集者占据的领地，以及许多之前无人居住的岛屿。史前史学家应该如何追溯他们的扩散过程？考古学、遗传学和生物人类学从不同的角度出发，考察人类迁移活动。此外，在对过去 1 万年间的人类进化史进行溯源时，另一类研究也崭露峥嵘，它就是以世界主要语系为对象的研究。本章的主要论题：各语系如何起源？如何随着食物生产族群的迁移而扩散？有些情况下，他们跨越海洋和大洲，流散到天涯海角。

早期农业传播假说

作为一个考古学家，在我的职业生涯中，有个假说对我本人的科研观念影响至深，我在此介绍给读者。30 多年前，少数考古学家、语言学家和生物学家开始意识到，世界上大部分广泛分布的语系、遗传谱系（genetic ancestry）和全新世考古文化的起源都与人类对食物生产日渐加深的依赖有关系。在这种情况下，史前时期最深刻的变化体现在农业、基因和相关语言的大规模扩散中，而且这种变化的发端远远早于任何有文字记载的文明和历史上所有帝国诞生的年代。

20 世纪 80 年代，这一假说已经在我心中生根萌芽。当时，剑桥大学考古学家科林·伦福儒（Colin Renfrew）和我分别开展研究，试图验证这一假说——当时它仅以初代版本的面目出现。伦福儒研究印欧语系从安纳托利亚传播到欧洲的过程，我和同事们则研究南岛语系如何从台湾岛扩散至波利尼西亚。[1] 在我看来，伦福儒最大的贡献在于提出如下观点：新石器时代开始时期，除了北极地区（已经不在农业气候带之内），整个欧洲大陆上的考古记录都呈现巨大变化。在整部欧洲的史前史中，新石器时代之肇始牵涉最深刻、最基础的变化。无论是青铜时代、铁器时代，还是早期历史上的迁移都根本无法与之比拟。与新石器时代初期的大规模迁移相比，罗马帝国的扩张几乎只能算是局部的。

伦福儒的洞见具有巨大意义，过去如此，如今亦然，在印欧语系的起源研究方面，更是影响深远。如今，在大部分欧洲地区、中东的很多地方以及大部分南亚北部地区，印欧语系都具有主导地位。新石器时代文化在欧洲传播期间，涉及人类族群的大规模替换，这也绝对是无可争议的史实。但是，在 20 世纪 80 年代，我们尚未掌握古基因组分析技术，所以这一史实不像今天这样显而易见。人类族群的替换必然伴随相关语言的传播。由于我们的考察对象是史前史，我们可能永远也无法准确了解其中内情：当时哪些语言在欧洲大陆上传播？但是如今在欧洲，与新石器文化传播范围类似的仅仅有一种语系，即印欧语系。根本没有与之竞争的选项。

20 世纪 90 年代，伦福儒和我意识到我们的观点一致，并且我们开始把这一假说运用到世界各地的相关研究中。2001 年，伦福儒发起了一项重要的学术会议，并为之拟定主题，即"农业和语言传播假说"（farming/language dispersal hypothesis），会议在剑桥大学的麦克唐纳考古研究所（McDonald Institute for Archaeological Research）召开。[2] 在 2005 年我的相关专著《最早的农人》（*First Farmers*）发表之前，我为这一论题做出的贡献是与贾雷德·戴蒙德合著的一篇文章。这篇与语系起源地和族群扩散相关的文章于 2003 年在《科学》杂志上发表，而合著者贾雷德·戴蒙德正是《枪炮、细菌与钢铁》（*Guns, Germs, and Steel*）的作者。[3]

2005 年，在《最早的农人》一书中，我详细阐释了这一假说，并将其名称改为"早期农业传播假说"。[4] 支撑这一假说的一项重要基础是，科学家经观察发现，和食物生产族群相关的几大语系的起源地与主要的农业起源地有重合的部分（旧大陆上相关情况参见地图 9.1，美洲相关情况参见地图 12.3）。我依然认为，这一发现具有至关重要的意义。

如今，有的科学家支持早期农业传播假说，也有的提出批评。这两派科学家都在同样的背景下工作：考古学、语言学、进化生物学、基因组学迅速推出新的科研成果，其中颇多结论具有颠覆性。最典型的例子是，古 DNA 分析结果最近已经改变了我们对早期农耕族群人口构成的理解，而我们对迁移重要性的看法也随之改变。

以这一假说为视角，我考察全新世史前史中人类进化的历程，得出如下结论：全球重大语系（如地图 9.1 所示）的传播过程与以之为母语的族群的迁移过程有千丝万缕的联系。如果科学家声称，如此大规模的语系传播过程中（比如印欧语系、班图语族或南岛语系的传播），并不存在大量人类迁移活动，那他就必须提出其他令

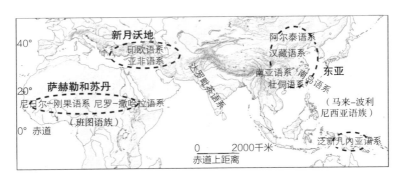

地图 9.1　旧大陆上农耕者使用的、分布范围广的语系起源地和重要的农业起源地有部分重合。班图语族是尼日尔-刚果语系中分布范围最广的分支，马来-波利尼西亚语族则是分布范围最广的南岛语系分支。

人信服的机制阐释语言传播的动因。那么是否存在任何其他机制，能以令人信服的方式解释如此广泛的语言传播？稍后我还会继续探讨这一问题。

通过语言理解人类历史

现在，让我们把眼光投向距今最近的史前史阶段。如果把今日多姿多彩的世界比作一幅织锦，那么锦上的丝线就在那时织成。当我们沿着时光隧道，从全新世一直走向现在，史前史的语言学重构开始扮演越来越重要的角色。之前我们一直使用来自三个学科领域的信息理解人类进化史，如今再加上语言学，这就意味着，我们借鉴四个独立学科（考古学、基因组学、生物人类学和语言学）的研究成果，试图理解塑造人类历史的迁移活动。

因此，我们可能会问一个实际问题：过去1万年来，各族群开始从事食物生产，继而创造如群星般璀璨的文化和文明，我们应该如何记录这段距今更近的历史？有没有最好的方法？在之前的几部专著中，我往往采用这样一种方法：分别列出每个研究领域内的发现。

现在，作为一个考古学家，我是否应该逐个列出世界上相关的考古文化，分别记述它们的成就和失败？这也许是个可行的方法。但是，时间越久，信息越容易丢失，所以考古文化无法提供和古代生活方式相关的准确信息。而且世界各国财富分配并不均衡，其科研投资力度也不一样，所以考古信息的质量差别很大。在此无须举例说明：显然，在某些相对富裕的国家，考古信息丰富翔实，但是在政局动荡的国家，我们几乎找不到任何考古记录。考古学本身无法复述人类历史。

分别介绍"种族"是不是可行的方法？过去很长一段时间内，

学者和科学家总是使用这一具有争议性的概念。作为科学术语，种族即亚种，人类种族即智人的亚种。但是这一术语带有浓重的生物和社会偏见。我年轻的时候，人类学教科书中充斥着这些概念——"白种人""黑种人""黄种人"和"棕种人"，但是如今这些术语早已湮没在旧纸堆中。其实，如今的非洲、欧洲、亚洲、美洲和大洋洲的本土人之间无疑依然存在身体和基因差异。毕竟，他们各自都有漫长的独立进化史，持续受到不同背景下自然选择的影响，所以他们之间的差别也在人们的意料之中。我们无须使用"种族"一词也能理解上述族群之间的差别。由于历史原因，"种族"的含义带有误导性质——会让人感到人类内部存在形态截然不同、泾渭分明的亚种。

对目前存活的族群开展比较研究、分析他们的身体特征以及DNA，是否就能得到我们想要的所有答案呢？我认为还是不行。遗传学家大卫·赖克和我的意见一致：

> 从今日的人类族群结构中，我们找不到古代事件的细节，无法复现详尽的史前史。邻近的族群之间总是存在基因混合现象，曾经的遗传特征已经含糊不清。不止如此，还存在其他问题……现在，古DNA提供了确凿证据，我们因此得知，如今居住在一个特定地点的人们，从来都不是很久以前曾经住在这里的人们的纯种后代。[5]

那么古DNA的分析研究能否解决上述难题？从当今的科学出版成果看，这一领域的研究独领风骚。但其实它和考古学类似，也存在同样的深层次问题。世界上有些地方已经发现了大量的古DNA，但是也有些地方的古DNA记录依然是零。究其原因，有的是样本收集出了问题，还有的则是当地原住民有抵触情绪，不愿意配合科学家对史前人类骸骨实施分析。再者，与热带气候相比，寒冷气候条件更适合古 DNA 的存留，但是新的 DNA 提取技术正在弥补这一差距。距今时间越长，样本越少，各地古 DNA 研究水平的差距就越大，其实考古记录也存在一模一样的问题。

那么语言能否告诉我们答案？问题依然是否定的。因为年代越久，信息缺失越严重。如今世界现存的相关语系仅仅能够提供过去 1 万年间人类史前史中的连贯信息，而且在很多情况下，语言反映的历史信息所属年代甚至更近。其原因为，尽管不同语言曾经拥有共同的祖先，但是人类语言一直持续变化，推陈出新，曾经的亲缘关系如今可能并没有留下任何痕迹。与一直遗留在人骨之中的古老基因和一直埋在曾经的聚居地的废墟之中的古老文物不同，没有文稿记录的语言早已失传，那些古老的词汇也早已无影无踪。从任何直接意义上讲，非书面词语转瞬即逝（根据如今的证据所做的比较性重构除外），与之对应的非书面语言也烟消云散。

但是，现存语言中，又确实留下了过去 1 万年内各族群之间相互联系的痕迹。这一时段的人类进化史也正是如下各章的直接重点。我相信，我们能够重构全新世人类迁移过程，并且能够找到这一过程与所有语系的全球史前史之间的联系。这种联系有助于我们理解史前人类进化的历程。作为一名考古学家，在大部分职业生涯中，我一直以这一思路为研究导向。在本章中，我会解释其中原因。

为什么语系对史前史重构具有重要意义？

与考古学和古 DNA 分析研究相比，语言有一个特殊优势。语言总是存在于语系之内，语系包含海量信息，有助于我们理解使用该语系的族群在历史上的迁移活动。语系的划分清楚明确。其原因为，如今存活的人依然使用完整的语言体系。多数情况下，成千上万的人使用同一种语言，所以语言记录是完整的，而非零碎的片段（如化石或古 DNA 样本）。在重构语言历史时，我们也能够对语言进行比较分析。殖民时代之前，旧大陆和新大陆上的主要语言及其分布概况如地图 9.2 和地图 9.3，以及表 9.1 所示。

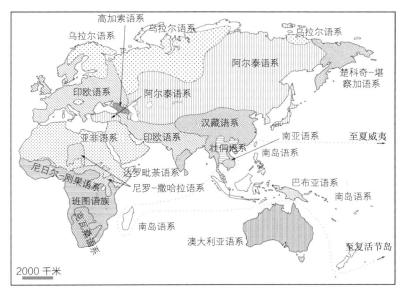

地图 9.2 旧大陆上的主要语系。背景地图由澳大利亚国家大学克莱夫·希利克（Clive Hilliker）绘制，语言学分界线重绘部分引自 M. Ruhlen, A Guide to the World's Languages (Stanford University Press, 1987)。

所有语系还有一项重要特征：在同一语系内，由于各种语言都继承了同样的语法和词汇特点，所以它们之间的亲缘关系清晰可辨。即使不是语言学家，人们也能意识到，在不远的过去，英语和荷兰语以及德语有共同的祖先，但是和藏语或纳瓦霍语就没有这种关系。语言学家分析各语种的音系、词汇和语法，辨识出大量同宗

地图 9.3　新大陆上的主要语系。背景地图由澳大利亚国家大学克莱
　　　夫·希利克绘制，语言学分界线重绘部分引自 Michael Coe et
　　　al., Atlas of Ancient America (Facts on File, 1986)。

表 9.1　世界上分布最广泛的农耕者语系，按照公元 1500 年的大致分布范围排序

语系	今天人们依然使用的语种数量	经度范围	纬度范围	原始语言起源地
南岛语系	1258	210°	65°	台湾岛
印欧语系（表 9.2）	445	110°	55°	安纳托利亚、黑海大草原（起源地有争议）
阿尔泰语系	79	125°	45°	中国东北部（辽河流域）
尼日尔-刚果语系	1542	60°	45°	西非萨赫勒（班图语族起源地在尼日利亚、喀麦隆）
亚非语系	377	75°	35°	黎凡特、非洲东北部（起源地有争议）
汉藏语系	457	60°	30°	黄河中下游地区
图皮语系	76	35°	30°	亚马孙河流域西南部
犹他-阿兹特克语系	61	30°	35°	墨西哥中部或西部
尼罗-撒哈拉 w 语系	207	30°	35°	东非萨赫勒、苏丹
阿拉瓦克语系	55	20°	30°	亚马孙河流域西部
泛新几内亚语系	481	43°	12°	新几内亚高地
南亚语系	167	25°	20°	中国南部或东南亚北部（起源地有争议）
壮侗语系（侗台语系）	91	15°	20°	中国西南部
达罗毗荼语系	86	10°	10°	德干高原

同源的语言学元素，证明了英语、荷兰语以及德语（以及印欧语系内所有其他语言）之间的亲缘关系。但是英语和藏语或纳瓦霍语之间就不存在这种关系，也找不到标示其同源性的元素。

容我再啰唆几句。根据语言分类，从基本词汇和语法看，英语属于印欧语系日耳曼语族。罗马帝国衰落之际，说日耳曼语的移民从遥远的北海海岸进入英格兰，英语自此生根发芽。这些移民中，既有罗马后期军队中的雇佣兵，又有罗马军团撤出之后意欲找寻新农田的自由聚居者。迁移运动之后，在北海靠近英格兰的一侧，英语开始发展演化；而在靠近欧洲大陆的一侧，则衍生出荷兰语、丹麦语和德语。

但是，今日英语词汇中，还有许多来自中世纪法语的单词。其原因为，公元1066年，诺曼人征服了英格兰。法语属于罗曼语族，源自拉丁语；而英语属于日耳曼语族。博学的语言学家一眼就能认出英语中的法语外来词。其实，即使是普通人，只要愿意查一下字典（或者会说法语），也能发现其中的端倪。

因此，由于英语的主流源自罗马帝国末期北欧人使用的古代日耳曼语，它被归入日耳曼语族。和源自拉丁语的法语不同，英语并非印欧语系罗曼语族（又称拉丁语族）中的一员。但是，英语吸收了许多外来词汇，其中包括法语，还有与之同属的其他相关日耳曼语，比如斯堪的纳维亚维京人使用的语言。如果把英语比作人，我们可以这样说：从内核看，英语属于日耳曼谱系，但是由于它在历史上与其他民族曾有接触，所以也杂糅了一些法语元素。

英语这个例子应该有助于我们理解语言和语系的如下性状：

- 起源于人类扩张阶段；
- 相互借鉴，相互影响；
- 有时候会失传，有时候会被替代；

● 有时候会扩散到广大地区，并替代其他语言。

比如，盎格鲁-撒克逊人在英格兰奠定英语基础之后，又过了1500 年，殖民时代的英语就四处扩散并替代其他语言。

在人类族群中，语言往往代代相传，所以它所属的语系具有连贯性。这一特性具有重大意义，能帮助我们理解距今不远的人类史前史。科学家可以采用比较和重建等手段再现语系的内部演变史。由于具备这些优势，语系可以被视为相关族群的标识符：在历史上，特定族群使用隶属于某语系的语言，并且在迁移过程中使用、传播该语言。相比之下，该族群的遗传学和考古学特征可能会过于复杂多样，难以理解。语系好比骨骼或者脚手架，构成人类史前史和文明史的展示平台。

🚶 语系等同于"族群"吗？

这个问题的回答是肯定的，起码是部分肯定的：从一定程度上说，语系等同于"民族"（people），或者"族群"（ethnic group，属常见术语）。在近期历史上，语言以及使用这种语言的同名种族常常共同扩散，比如殖民时代的英语、西班牙语、荷兰语和法语——这是显而易见的事实。但是，我必须澄清一点，这并不意味着使用同一语系内各相关语种的所有人都拥有共同的基因型（genotype）或统一的独家文化历史。我们可以推定，无论古今，只要实际条件允许或受到鼓励，就肯定存在人类混合现象。有时，他们必须抛弃之前的语言，转而使用新语言，即便这类事件的规模往往不大。之后我会介绍相关事例。

无论如何，尤利西斯·恺撒曾在作品中提到，公元前 58 年，凯尔特人赫尔维蒂都落（Celtic Helvetii）曾试图从日内瓦湖迁移至高卢。[6] 自那时开始直到殖民时代，乃至今日，战争和饥饿也每每导致民族流散。总之，历史上记录在册的所有重要迁移都围绕使用共同语言、来自特定起源地的核心族群展开。过去也好，现在也罢，语言都体现社群凝聚力，也是彰显其成员资格的重要标识。以语言为线索，我们能够以相对精密的方式，重建史前史和文明史。下文我们将见证语言的这一优势。

语系的起源

考察过去 1 万年间食物生产方式和农耕者的扩张过程，我们首次真切地感受到人类史前史上实际语言的重要性。而这些语言又属于各自的语系，源于已经消逝但是由语言学家重构的祖先语言。这些祖先语言被称为"原始语言"，语言学家通过比较同一语系内如今现存的语言，或者以有文字记载的古老语言为基础重新建构原始语言。其中包括语音、词汇以及这些词汇的赋意。对考古学家而言，原始语言中与物质文化和生活方式相关的词汇具有特别重大的意义。比如，许多重要语系的原始语言中都有多个和食物生产相关的词汇。这意味着，曾经使用这种语言的人也了解食物生产。

我认为原始语言这一概念意味深长。我们从中可以推知，最初的语言从相对集中的局部地理位置扩散开来。因此，这一概念强调作为载体的人类族群在语言传播过程中发挥重要作用。另一种与之相反的假说则根本站不住脚：各种语言分别源自并无关联的祖先语言，不知何故，它们全都聚集在一起，构成大型语系。早在 150 年前，查尔斯·达尔文就已经意识到这一点，所以在探讨语系时，他强调分散而非聚集的重要性："一种语言从来都不会有两个起源地……如果我们发现两种语言中有大量类似的词汇和构造要点，那么公认的结论应该是，这两种语言有共同的祖先。"[7]

（祖先）原始语言这一概念意味着，曾经存在一种语言，它是任何特定的语系或内部语言支系的根源（始祖）。这未必意味着整个现代语系全部来源于某一个家庭或聚居地，但是曾经为原始语言的形成做出贡献的相关语言族群的数目不会太多。如果他们说的语言不止一种，那么这些语言就具有一定程度的亲缘关系，而且使用这些语言的族群相互之间并无沟通障碍。

由于年代相隔甚远，除非存在历史记录，否则如今语言学家几乎找不到相关信息，无法判定重构的原始语言曾经到底占据多大的地理空间。但是，来自近期欧洲历史的实例为人熟知：拉丁语是印欧语系罗曼语族的祖先，其中包括现代意大利语、西班牙语、葡萄牙语、法语和罗马尼亚语，它们都源自罗马帝国时代的拉丁语。

尽管很多人以为，中世纪时，拉丁语以一种僵化的形式出现在神学、医学和法学领域。除此之外，根本没有人在日常生活中使用拉丁语。这绝非事实。在罗马帝国各个不同的地方，人们都使用拉丁方言——现存罗曼语的直接祖先，公元前第一个千年内，罗马文明形成期间，意大利中部人使用的拉丁语正是上述拉丁方言的基础语言。

与逐步扩散、最终广泛分布的罗马帝国时代的拉丁语相比，在其起源地，初始拉丁语的分布范围自然仅限于局部地区。公元前750 年，当罗穆卢斯（Romulus）和瑞摩斯（Remus）创建罗马城的时候，到底有多少人说拉丁语？尽管并无精确记录，但是我猜，估计只有数千人，而非数百万人。在那个年代，罗曼语（即早期拉丁语）仍是单一的语种。在意大利中部大部分地区，可能存在各种罗曼语方言，但是说方言的各族群之间并无沟通障碍。之后，在扩散过程中，拉丁语取代了相邻地区内创造伊特拉斯坎文明的人们使用的语言，以及其他各种语言。自那以后，罗马人争分夺秒地传播他们的语言，其分布范围之广引人注目。而在两千年之后，说英语的殖民者也以同样的态度，在北美洲和澳大利亚不遗余力地传播自己的语言。印欧语系的重要分支罗曼语族在罗马人的努力下诞生，相关的历史记载可谓车载斗量。

语系的传播：以文明史为借鉴的比较性视角

语言及其使用者的扩散规模如何逐步扩大，最终达到形成重要语系的程度？罗曼语族源自罗马帝国时期。当时，由于帝国军队的老兵在被征服的土地上聚居，在不到帝国疆域一半的范围内，拉丁语成为持续扩散的俗语。帝国之内，大部分族群依然使用在被罗马征服之前使用的语言，其中包括希腊语、埃及语/科普特语（Coptic）、阿拉姆语（Aramaic）、柏柏尔语（Berber）、盖尔语（Gaelic）。在这些地方，人们使用双语，即其母语和帝国官方语言——拉丁语。

以这一观察结果为基础，我们就能开始思考一个意义更加重大的问题：整个印欧语系（1492年前，该语系中各语种的分布范围参见地图9.4，语种列表参见表9.2）如何从其远古起源地扩散到世界各地？这个问题的复杂程度远甚于上述示例。到1492年时，整个印欧语系在全世界广泛分布，从冰岛到孟加拉国，从欧洲北极地区到斯里兰卡，其覆盖领域已经远远超过传说中新石器时代或青铜时代超级帝国可能占据的疆域。与如此大规模的扩散相比，罗马帝国几乎不值一提，而且有文字记载的历史根本没有告诉我们任何与印欧语系的扩散要素相关的信息。

表 9.2　印欧语系中重要语族及各语族语支

安纳托利亚语族[*]	赫梯语、卢威语（Luwian，可能是特洛伊语）、利西亚语（Lycian），吕底亚语（其分布范围在今日土耳其）；大约公元前 2300 年至公元前 2000 年的泥简上记录着赫梯名称
吐火罗语族[*]	公元后第一个千年后期，用于佛教和商业文本的两种语言，见于中国新疆塔里木盆地
希腊语族	现代和古代希腊语，还有用线形文字 B 书写的迈锡尼希腊语，见于公元前第二个千年后期泥简
亚美尼亚语族	今为单一国家语言
阿尔巴尼亚语族	今为单一国家语言
印度语族	梵语、印度语、乌尔都语、孟加拉语、旁遮普语、马拉地语等
伊朗语族	阿维斯陀语（Avestan）[*]、波斯语、库尔德语、乌尔都语、普什图语（Pashto）
意大利语族	拉丁语、奥斯坎语（Oscan）、翁布里亚语（Umbrian）[*]
凯尔特语族	爱尔兰语、苏格兰盖尔语（Scottish Gaelic）、威尔士语、康沃尔语（Cornish）、布列塔尼语（Breton）
日耳曼语族	德语、英语、荷兰语、斯堪的纳维亚语（包括冰岛语）、哥特语[*]
波罗的语族	立陶宛语、拉脱维亚语、古普鲁士语[*]
斯拉夫语族	俄语、保加利亚语、波兰语、捷克语，以及前南斯拉夫各国使用的多种巴尔干语

数据引自 Thomas Olander, "The Indo-European homeland," in Birgit Olsen et al., eds., *Tracing the Indo-Europeans*: *New Evidence from Archaeology and Historical Linguistics* (Oxbow Books, 2019), 7–34。

[*]：其口语形式已不复存在。

如表 9.1 所示，现存许多语系的地理分布范围同样广阔，其中包括今日的印欧语系。这些语系的扩散反映出史前史期间的迁移动力，我们只有在近代史上的殖民时代才能找到与之类似的动力。殖民时代发生了大规模的族群迁移，其中最典型的两个例子，就是人们从不列颠群岛出发，到达北美洲和澳大拉西亚，并把英语传播到那里；西班牙语和葡萄牙语则被传播到东亚和美洲（族群迁移规模较小）。在文字发明之前，史前史上许多分布广泛的大型语系肯定

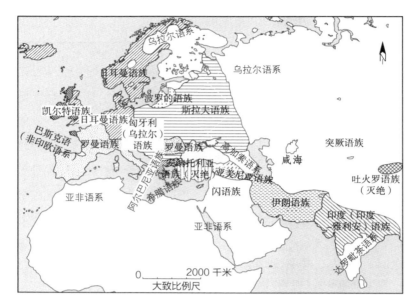

地图 9.4　印欧语系内 12 个主要的、有历史记录的语族，及其在殖民时代之前的大致分布范围。背景地图由澳大利亚国立大学 CartoGIS Services 提供，语言分界线引自 M. Ruhlen, *A Guide to the World's Languages* (Stanford University Press, 1987)。

也曾经历类似的传播过程。

　　这一类语言的传播不仅牵涉整个族群，而且让外来语言成为移居地内的日常俗语。移民族群在新领土上的聚居行为在传播过程中起到了推进剂的作用。移民族群本是原始语言的使用者，而未来的语系则从原始语言中衍生并演化而成。就像软饮料或汽车品牌那样，语言从来不能自行传播。或者至少可以说，只有在被原本与之并无关联的语言族群吸纳、运用的时候，才能在并无任何外在原因的情况下实现语言的远距离传播。

　　我们如何认识到这一点？首先，让我们回顾历史，思考这一问题：当使用外来语言的族群侵犯原住民时，当地语言会发生什么样的变化？根据历史记录，语言传播到已经有人聚居的地区时，会出现如下几种结果：

● 移民语言和本土语言并存，罗马帝国境内大部分地区就是如此。

● 由于说外来语言的移民在数量上具有绝对优势，所以他们的语言替代了本土语言。例如，在罗马帝国部分地区，拉丁语逐渐取代本土语言；殖民时代内，在美洲和澳大利亚的许多地方，也发生了类似情况。

● 本土族群人数更多，他们的语言取代 / 吸收了人数不多但是位高权重的移民精英使用的外来语言。历史上的前现代时期，在几乎所有靠征服外族崛起的帝国境内，如果并无大量农耕者移居至被征服地区，几乎都发生这种情况。比如亚历山大帝国、成吉思汗创建的蒙古帝国、奥斯曼帝国、诺曼王朝等。

● 近期殖民时代条件下，原住民和强势输入的族群联合创造出洋泾浜语，糅合了本土和那些由来自远方的当权者强加给原住民的语言。巴布亚新几内亚的新美拉尼西亚语（Tok Pisin）就是其中的典型，它保留本土语言的语法结构，又吸收了英语词汇。不过，就目前所知，在殖民时代之前，洋泾浜语和克里奥尔语并不突出。

敏感的读者可能注意到，在此我略去一种情况。其实，很长时间以来，某些史前史学家一直对与之相关的理论推崇备至。理论上讲，少量的移民精英拥有很高的社会地位，他们的语言会取代人数远远占优的原住民族群的语言——这种情况与上述第三种情况相反。考古学家将这一假定情况称为"精英支配"。

在前国家状态下，原住民族群并没有读写方面的压力，也不存在中央政府为普及国家通用语而做宣传的情况，所谓的"精英支配论"真的具有语言学相关性吗？我深表怀疑。毕竟，在全球人类历史上，我根本找不到任何例子，能够证实这种情况确实存在：在足够大的范围内，精英语言取代本土语言。也就是说，根本不存在精英语言取代本土语言，并且发展为完整语系，覆盖广大地理范围的情况。下一章我将继续探讨这一问题。除非本土族群严重衰落，遭受残酷压迫，否则任何一个正常运行的健康社群怎么会放弃自己的语言呢？

对于世界上很多人来说，语言是令人骄傲的财富，也是身份的象征。语言学家玛丽安娜·米森（Marianne Mithun）曾指出："当一门语言消失的时候，文化中最私密的部分可能也会随之消失。语言是最基本的方式，它将体验综合为概念，将各种概念结合在一起，确保人与人之间形成互动……语言的遗失意味着民族和其传统之间不可逆转的割裂。"[8] 根据历史记录，殖民时代内，全世界都存在类似的情况：原住民抵制所谓"精英"外来语的支配地位。历史学家阿尔弗雷德·克罗斯比（Alfred Crosby）在其著作《生态帝国主义》（*Ecological Imperialism*）中，就此问题做出精彩的论述。[9]

克罗斯比的主要贡献是，他把 1492 年之后被欧洲国家征服或殖民的地区分为两部分。第一类被称为"新欧洲"，这些地方大部分属于温带气候，原住民族群人口密度低，往往由狩猎–采集或以亲缘关系为基础的农耕群体构成。其中典型的例子为北美洲、澳大利亚和新西兰。成千上万的欧洲移居者（未必总是自由人）乘船来到这些地方，尤以 1820—1930 年为甚。他们占据土地，带来疾病，驱逐原住民民族，并且在新地方复制他们早已习惯的家乡生活方式和食物生产体系。

在这一方面，英国人是典型：18 世纪和 19 世纪的工业革命和农业革命席卷不列颠岛。其中一个副产品就是，英国人口数量大幅度增长，甚至达到必须将罪犯运出本土的程度。在南美洲南部，尤其是阿根廷和乌拉圭——也是原住民族群不多的地方，西班牙人进行类似活动。荷兰人以大致相同的方式在南非建立殖民地，但是这些移民集中分布在地中海气候地区内。那里冬季多雨，当地的狩猎–采集族群和游牧族群散布在班图语族农耕族群聚居地之外的地区。而后者人数众多，抵制殖民运动。

如果说新欧洲是一种极端情况，那么与之相反的另一种极端情况就是，在热带和暖温带地区，本土聚居者人口密集。他们有自己的文明，往往已经发明本土文字。其农业高度发达，当地疾病的凶险程度（如疟疾）不亚于欧洲殖民者传入的疾病。在大部分亚洲热带地区和非洲，由于移居人数不足，欧洲人无法建立殖民地。欧洲帝国和贸易公司在那里经营，意在为投资者创造财富，而非为殖民者抢占农田。克罗斯比这样描述中东的欧洲十字军："征服者作为一个集体，虽然占据统治地位，但是好似一杯热茶中的一块糖。"

今天的旅游者会发现，在印度尼西亚，很少有人说荷兰语；在越南，很少人说法语；在菲律宾，很少人说西班牙语。如今看来，所谓精英支配式语言传播，在这些地方根本不奏效。在印度、菲律宾、马来西亚和非洲某些地区，确实有不少人说英语，但是精英支配并非语言传播的动力。很久以前，在这些地方，曾经的英国殖民者要么已经回家，要么已经去世。这些国家之中，英语深受欢迎。但是，在其中任何地方，英语都并非整个族群的第一语言。因为传播英语的，并非来自不列颠岛或者来自美国的一波移民浪潮——后西班牙殖民地菲律宾就属于后一种情况。如今，在许多已经成为现代国家的前殖民地中，英语其实是一种分布广泛的通用语言。与此同时，这些国家各本土族群依然使用高度多样化的当地语言——印度和菲律宾就是典型案例。英语的传播已经失去了消极的殖民含义，它在世界上的广泛分布是它更受欢迎的真正原因。

介绍了上述两种极端情况之后，我们再来看看一种介于两极之间的例子。西班牙和葡萄牙人 16 至 17 世纪征服热带美洲，从墨西哥到加勒比岛乃至玻利维亚和智利北部，全部沦为殖民地。殖民者和人口密集的原住民族群正面交锋，而且这些原住民族群往往隶属于大型帝国，比如墨西哥境内的阿兹特克帝国以及安第斯地区的印加帝国。西班牙人凭借大炮、细菌、战马和军事联盟最终征服当地族群，从贝纳尔·迪亚兹（Bernal Diaz）到贾瑞德·戴蒙德，许多作者都曾详细探讨这一历史事件。[10]

但是，和后来的英国殖民者不同，西班牙征服者及其跟随者并非拖家带口，结伴到美洲聚居。实际上，这些人形成人数不多而且大部分为男性的精英阶层，他们拥有土地，并迅速与原住民族群通婚。如果按照上述旧大陆热带地区的标准，西班牙语和葡萄牙语也应该遭遇抵制，但是直到今天，当地人依然广泛使用西班牙和葡萄牙语。为什么这两种语言如此幸运呢？

在《枪炮、细菌与钢铁》一书中，贾瑞德·戴蒙德解释说，与亚洲热带地区和非洲相比，由于美洲和旧大陆之间一直处于隔绝状态，当地没有旧大陆上那些引起疾病的灵长类和驯化物种。对欧洲征服者而言，新大陆确实相对健康。但是，对当地原住民而言，殖民者可能构成致命威胁。16世纪期间，欧洲人把传染性疾病（比如天花、肺结核和麻疹）带到美洲，导致某些地区内的原住民人口大批死亡（最高占总人口的90%），而他们的语言也随之消失。原住民族群缺乏必要的免疫力，无法抵挡来自旧大陆的病原体。

于是，自从1492年哥伦布登上加勒比海岛，美洲原住民族群的种族灭绝悲剧就此拉开序幕。这为殖民时代内西班牙语和葡萄牙语在欧洲和非洲移民以及拉丁美洲原住民混杂的族群中逐步取得统治地位创造了条件。[11]但是，如果面对外来疾病的影响，美洲原住民社群能够顽强地生存下来，那么他们的语言也会幸存。在北极以及中美洲、亚马孙河流域和安第斯山脉地区的偏远地带，这种例子比比皆是，而且如今人们依然使用这些语言。

实际上，即使原住民人口因疾病肆虐而骤减，西班牙语在拉丁美洲的传播也并非势如破竹，水到渠成。南美洲早期的西班牙行政长官不允许当地人学习西班牙语——他们认为，西班牙语是统治阶级内部重要的传播媒介，当地人听不懂西班牙语，这有利于殖民统治。当地人则心怀怨恨，根本不愿意学习西班牙语。对他们而言，被迫学习外来语是殖民压迫的象征。[12]

因此，在西班牙征服者到达南美洲（16 世纪）之后大约两个世纪内，原住民社群并未广泛使用西班牙语。他们依旧使用本土语言，其中克丘亚语（Quechua）和艾马拉语（Aymara）更是通用语言，这些语种的《圣经》译本也流传开来。直到今天，它们依然是原住民族群的日常俗语。

精英支配式语言传播？

上文我已经指出，殖民时代期间，精英统治无法为语言的传播保驾护航，少数征服者无法强迫人数占优的原住民族群接受外来语。我们再来扩大考察范围，其结果也在意料之中：只有在罗马帝国的某些地区，当地人受罗马驻军的影响逐渐采用罗曼语，其他旧大陆上的所有帝国之内，征服者在语言传播方面都遭遇失败的命运——例如克罗斯比重点研究的十字军。在这些例子中，我认为，亚历山大大大帝的语言之战实在令人唏嘘。

亚历山大大大帝和他的大军所向披靡，他创建的帝国绵延 5000 千米，从巴尔干半岛和尼罗河直到巴基斯坦的印度河流域，都臣服在他的麾下。大军四处兴建与大帝同名的城市，希腊士兵常驻于此，而且往往与当地人通婚、娶妻生子。在中亚和南亚，直到公元后最初几个世纪，被征服地区依然使用希腊语及其字母系统，但是之后它们又消失得无影无踪。继亚历山大之后，在佛教艺术和文明奠基阶段（公元前 300 年至公元 100 年），历届印度–希腊王国对南亚的文化和艺术造成重大影响，但是这些王国的统治者不再是希腊人族裔，其中更多为突厥人或斯基泰人。过去 2500 年来，南亚人主要信仰佛教和印度教，这两大教派在亚历山大到来之前已经存在。希腊人统治南亚期间，对这两种宗教几乎没有造成任何影响。

从语言这一角度看，本土波斯语、库尔德语和帕拉克里语（与经典梵语同一时代的印度口语），即印欧语系印度–伊朗语族中的所有语种都力压前亚历山大帝国的通用语，尽享胜利者的尊荣。前波斯帝国（阿契美尼德王朝）通用的阿拉姆语也在语言之战中获胜，但是它属于闪语族。胜利的原因也很简单：这些本土语言使用者的人数远远超过希腊人，他们不愿意放弃其语言身份特征，永久接受希腊语。在语言的世界中，亚历山大高超的军事技艺不足为道。

亚历山大四处兴建亚历山大新城的时候，肯定志在建立希腊殖民地，成就宏图霸业。但是，正如喀罗尼亚的普鲁塔克（Plutarch of Chaeronea）所说，希腊人太少，无法抵挡住本土民族复兴的洪流，还有许多希腊人黯然回乡，"远离地中海家园，他们心情郁闷，至少又遭受两次打击——都在收到亚历山大的死讯之后发生。于是，这些思乡的老兵决定回家。"[13] 征服广大疆域后，亚历山大帝国缺乏足够的人口资源，无法成功替换本土语言，只有埃及部分地区例外。和中亚相比，那里距离希腊更近。在最后的交锋中，希腊语确实替代埃及语（但是埃及南部依然使用科普特语，它是埃及古语的直系后裔）。但是后来，希腊语最终又被阿拉伯语取代。

奥斯曼人、蒙古人和莫卧儿人在语言战场的表现也未必超过亚历山大的军队。为了清楚阐释这一论题，我得引用语言学家尼古拉斯·奥斯勒（Nicholas Ostler）的著作《语言帝国》（Empires of the Word）。在书中，奥斯勒考察了全球有书面历史记载的语言传播案例，得出了令人震撼的结论。[14] 在此我转述他的部分结论：

- 武力征服之后，当地语言状况却并未发生实质性改变，这体现出这类军事荣耀空虚的本质。这类事例很多，比如西欧被法兰克人、汪达尔人和西哥特人征服，甚至连罗马人和诺曼人征服大不列颠岛都位居此列。

● 语言社群中，最简单的、含有生物学意义的成功标准就是语言使用者的数量。

● 考察语言传播历史，我们会有如下重要发现：族群迁移是历史上语言传播的第一驱动力，直到今天它依然发挥主导作用。

● 人们往往认为贸易是推动语言传播的要素之一，但是很难找到证据表明它对语言的传播具有长期影响。

除了贸易，我还要探讨信仰对语言传播的影响。世界上的重要信仰在传播过程中几乎不会和特定的日常口语挂钩。读者可以自问，今日的伊斯兰教徒、基督徒、佛教徒或印度教徒说的是哪种语言？这一问题显然没有答案，所以我们能够理解"不和特定口语挂钩"的含义。

世界上绝大多数伊斯兰教徒在日常生活中不会使用阿拉伯语；现代基督徒也不可能全部说希伯来语、希腊语，或者阿拉姆语，尽管最初的圣经就是用这些语言写成；世界上的佛教徒日常使用的语言并非都衍生于巴利语；印度教徒也不是个个都说帕拉克里语的后裔语言——起码在印度北部以外的地区并非如此。信仰、（文字）书写、贸易和军事征服以及强大王朝都无法解释全球语系的分布状况。精英统治也很难影响语言的传播。

🚶 继续探究全球人类族群史前史

如今我们已经来到人类进化史上的重要时刻。如第 8 章所述，世界上数个地区已经确立并发展各自的食物生产方式。人类族群及其生活方式和语言即将开始大规模扩散，最终覆盖地球上绝大部地区。采用我在本章概述的原则，通过梳理世界主要语系的历史，我们能够更清楚地理解上述扩散活动。

在以后各章，我将探讨其中最重要的扩散对世界人口地理构成的影响。在很长时间内，这种地理结构相对稳定，直到1492年才发生重大变化。当然，古代文明以及中世纪的征服活动有时会导致人口再分布，但是其规模相对较小。最突出的例子有罗马帝国、中国汉朝，以及中世纪时期的塞尔柱突厥人和玛札尔人，前者占据土耳其，后者则进入匈牙利。但是，和他们所属的主要语系的全部扩散活动相比，这些迁移活动只能算局部现象。

第10章　新月沃地和欧亚大陆西部

公元前6500年之后，来自新月沃地的农耕移民扩散至欧洲大部分地区、西亚多地以及非洲北半区（详见第12章）。大量翔实的考古学、语言学和遗传学研究成果表明，这些移民正是旧大陆西半区许多现存族群的祖先。新月沃地农耕者扩散的过程正是这些族群的萌芽时期。考察上述考古学、语言学和遗传学记录，我们就会发现大量与扩散活动相关的信息。目前，在很多重要论题上，历史学界还存在严重争议，其中一个争议焦点就是，印欧语系各民族的起源地在哪里？我试图不偏不倚地介绍各种不同的观点。在这一章，我还会介绍南亚（印度次大陆）的史前史，以及这片土地上的印欧语系和达罗毗荼语系各族群的历史渊源。

第8章结束的时候，我们追随人类祖先，跨入公元前6500年。当时，新月沃地新石器时代的自给体系已经发展到一个新的阶段：它高度依赖已驯化的动植物物种，而这些物种易于转运，只要新环境的自然条件合适，来自新月沃地的移民就能把本土食物的生产体系传播到那里。公元前6500年至公元前4000年，新月沃地上爆发前所未见的外迁洪流：一拨一拨的移民沿着不同的方向走向各个地区。新石器时代的农耕者从安纳托利亚、希腊和巴尔干出发，扩散到全欧洲所有农业区，占据阿尔卑斯山南北双麓。除此之外，人们又从伊朗和高加索南部出发，分别往东往北进入欧亚大草原，并走向印度河流域。还有人从黎凡特南部出发进入北非。在欧亚大陆西部和北非"智人"的史前史上，上述所有活动共同构成大迁移时期。从目前已经被科学家查证的族群流散规模看，它也许算不上"空前"——"智人"之前曾经走出非洲，迁移到世界各洲，但是在史前史阶段堪称"绝后"。

🚶 新月沃地上的早期农耕者

　　大迁移期间，新月沃地上的社群发展状况如何？到公元前6500年时，新月沃地新石器时代农耕者越来越依赖土陶器，这些陶器具备多种重要用途。我在第8章就已经提到，人们使用土陶制的水盆和滤盆，能够把牛、绵羊和山羊的奶加工成酸奶、酥油（精炼奶油）或奶酪。这样一来，那些出于遗传因素、天生乳糖不耐受的族群也能轻松消化乳制品。所谓"乳糖耐受性"指的就是成人具备将乳糖转化为葡萄糖，以补充能量的能力。显然，公元前大约3000年时，在游牧族群中，成人才具备这种能力，这就意味着，"成人乳糖耐受性"不可能是推动新月沃地族群大规模外迁的因素之一。[1]与石器相比，陶器的制造无须大量劳力，这就意味着陶器更加易得，母亲煮粥更加方便，不至于在孩子断奶的时候担心他们挨饿。所以，陶器是一项重要发明，对人口健康及其生殖能力具有促进作用。

　　从间接证据中，我们能够推知，当时，新月沃地的农耕者可能已经使用驯化牛犁地，但是和后期带刮板的翻土犁具不同，那时的农具构造简单，只可以用来开沟整地。公元前6500年时，他们是否懂得使用车轮？我们不得而知。根据欧亚大陆西部的考古学记录，大约公元前3500年时，才出现实心木轮和手推车。在黄铜和青铜时代，权贵去世之后，人们会在地下先挖竖穴，再在上面垒起大型土墓堆，这些受保护的竖穴坟墓中，往往放着实心木轮和手推车。考古学家偶尔还发现，少数土墓堆中（北欧有的土墓甚至还处于新石器时代），还有侥幸在墓穴垒筑之前就留下的车辙，说明那时的人已经拥有某种类型的轮式交通工具。[2]再来看旋转工具，新石器时代的农耕者肯定已经掌握相关原理，会使用原始的钻具和车床加工木材。

新月沃地新石器时代农耕者还会用织布机，他们用亚麻纤维纺线，然后上机织布；最终绵羊羊毛取代亚麻，成为纺线原料。由于那时的纺织品很难保存至今，所以我们无法确定人们到底什么时候开始喂养绵羊，以生产数量和质量都符合要求的织布纤维。新石器时代，新月沃地上的人们还逐渐掌握了金属加工、捶打、熔炼和铸造技术，尤其是黄铜和黄金冶炼技术。但是，直到公元前 4500 年之后，冶金技术才成为人类社群的重要技能。

一言以蔽之，直至公元前 6500 年，新月沃地是个生产力发达的地方。但是，经历几乎 3000 年的前陶器新石器时代的发展之后，此时的新月沃地据说陷入衰落期。那里环境和气候条件恶化，聚居区分崩离析。人们纷纷离开大型市镇，流散到规模较小的聚居地。许多族群放弃农耕生活方式，开始从事牧业。

为什么新月沃地会由盛转衰？不少考古学家认为，气候变化是主要原因，但是我认为未必如此。毕竟，在全新世开始前，人类就经历新仙女木期，当时很多地方再度被冰川覆盖。相比之下，这一阶段的气候和海平面波动几乎微不足道。新仙女木期的气候条件显然更为恶劣，但是当时新月沃地上纳图夫文化一直蓬勃发展，并未受到严重影响。[3] 很难想象，全新世期间，在气候变化并不严重的情况下，形态更复杂的新石器时代社群反而因气候遭到重创。除非他们在农业气候带边缘居住，否则这种较轻微的气候变化不可能对农业造成严重影响。

人类本身的行为是否是问题的症结所在？毕竟，新石器时代的新月沃地上有许多地方本身生态环境就很脆弱而且缺水。人们是否过度开采资源，最终招致灾难？科学家指出，资源被破坏可能就是约旦境内艾因加扎尔文化式微的原因之一。艾因加扎尔城面积一度达到 13 公顷，居住人口近万，随后其规模迅速缩小，大约公元前 6200 年时已被废弃。[4]

又或者，瘟疫会不会是文明衰微的元凶？前陶器新石器时代内，像加泰土丘和艾因加扎尔这样的大型城镇的发展进入鼎盛时期。在长达几个世纪的时间内，数千人集中在有限的城镇空间里，瘟疫的降临并不令人意外。[5] 由于卫生条件差，人们的健康状况可能会在特定时期内逐步恶化。他们又和驯化动物以及共生动物（如老鼠）密切接触，疫病风险大大增加。[6] 人类以及驯化动物无疑都有可能感染病毒性瘟疫。遗传学家分析人类骸骨中留下的病原体 DNA，其结果表明，新石器时代内，在欧洲和亚洲部分地区，鼠疫杆菌确实潜伏在人类环境中。[7] 但是，目前并无直接证据表明当时的新月沃地存在任何与鼠疫相关的流行病。

社会动荡是否是文明式微的原因？随着越来越多的人居住在密集的村落和城镇内，亲族集团之外的冲突在所难免。如果没有负责监管的权威机构对其进行有效控制，社会矛盾就会日益激化。比如，在加泰土丘，前陶器新石器时代内，人们的居室一间挨着一间，构成建筑群，地板下有大量的墓穴和壁画。到了陶器新石器时代，就在加泰土丘即将被废弃时，建筑结构发生了变化：庭院周围有独立式多居室住宅，墓穴则设在另外的地方。[8] 这种变化未必意味着社会动荡，但是它确实表明社会发生了某种变化。人们的住宅越来越分散、相互独立。如果他们希望离开聚居地，其行动就会越来越自由。还有一个有意思的现象，上述社会变化发生的时间恰好和新石器时代首次迁移的时间重合——公元前 6500 年之后，人们从土耳其西部进入欧洲。

尽管上述诸般猜测都有合理性，但是说句实在话，我实在无法精确解释公元前第七个千年内新月沃地上聚居地的规模为何缩小。我们不如关注这种变化造成的结果：也许由于人口增长，掌握高产农业技术的人却无法在新月沃地继承土地，于是他们有了外迁的理由——希望去个新地方，追求更美好的未来。我们不应该忘记，这是人口扩散的时期，也是新环境中人口强劲增长的时期。这些移民并未遭受鼠疫折磨，也不是社会崩溃之后幸存的饥民。他们生殖能力强，而且掌握了与之匹配的易于传播的食物生产方式。让我们先看看他们在欧洲的境遇。

公元前 7000 年至公元前 4000 年新石器时期欧洲大迁移：考古学研究

新月沃地农业起源地集中在黎凡特地区，延伸至安纳托利亚和伊朗札格罗斯山脉（Zagros）北部山麓的丘陵。公元前 8000 年时，这里的前陶器新石器时代村居生活方式日益成熟。目前的证据表明，大约公元前 7000 年时（正值陶器问世时期），新月沃地上的农耕者开始扩散，迁入欧洲、高加索和亚美利亚。[9]更多详细情况（均为科学家的合理推测）参见地图 10.1。

公元前 6500 年，陶器在新月沃地上已经成为常用器具。在安纳托利亚西部，爱琴海沿岸一带，以及博斯普鲁斯海峡周围，人们已经习惯了新石器时代的村居生活方式。[10]迁移运动也如火如荼，人们走进巴尔干和多瑙河下游地区。公元前 5400 年，农耕者已经到达今日德国境内的北欧平原，那里有肥沃的黄土（冰川活动期间被风吹来的尘土）。一路上，他们成功越过喀尔巴阡山地，还在横跨多瑙河两岸丰饶的匈牙利大平原上聚居。同时，他们往东扩散，到达黑海北岸之外的黑海大草原。黑海原本只是一个大型淡水湖，后冰期海平面上升，海水从博斯普鲁斯海峡灌入湖内，黑海因此更加宽阔。不久之后，这群移民来到黑海大草原。

公元前 6000 年，农耕者还乘坐独木舟沿着地中海北部海岸线摇桨东行，抵达达尔马提亚（Dalmatia）、意大利、地中海西部岛屿以及伊比利亚地区。考古学家在罗马附近布拉恰诺湖（Lake Bracciano）中的拉玛摩塔（La Marmotta）水下遗址内开掘出一艘独木舟。船身长 10 米，是早期新石器独木舟的精美样本。科学家认为，大约在同一时期，人们从新月沃地迁移至突尼斯、阿尔及利亚和摩洛哥的北非海岸地区。

公元前 4000 年左右，新石器时代农耕者终于到达不列颠群岛和斯堪的纳维亚南部。看起来，首批到达英国和爱尔兰的聚居者来自欧洲大陆上大西洋沿岸地区。这些移民带来一种传统构筑物：把木头或石头架设在土堆之下，围成大致闭合的空间，作公共墓地使用。英国新石器时代另一种极富特色的构筑物显然来自欧洲大平原：他们用直立的石柱或木柱围成一圈，然后再设一道外层围沟。

这种圈式构筑物让我们想到年代远远早于该时期的哥贝克力石阵。在那里，人们也架设围栏、竖立石柱。英国考古学家把这类历史构筑物称为"石阵"（henge）。在英格兰西部的索尔兹伯里平原（Salisbury Plain），有个世界闻名的历史遗迹，被称为"巨石阵"，也属于这一类构筑物。巨石阵始建于新石器时代，自那时开始直至青铜时代又数度重建。英国境内的文化融合现象表明，新石器时代族群分别从阿尔卑斯山南面和北面出发，可能在今日法国境内相聚、混合，然后跨过海峡来到不列颠群岛。

这些历史遗迹如今只剩下最基本的部分，却依然壮观。但是我们不应该忘记，工程从开始到完全竣工历经 2500 年。这些移民从安纳托利亚海岸和希腊出发，最终在不列颠群岛和斯堪的纳维亚聚居。迁移之路一段又一段地延长，周围环境、文化状况和建筑技术也在一点一点地变化。

在希腊和巴尔干半岛之外的欧洲温带地区，气候条件更潮湿，所以他们放弃了新月沃地上的露天晒制土砖，转而使用土、木、木

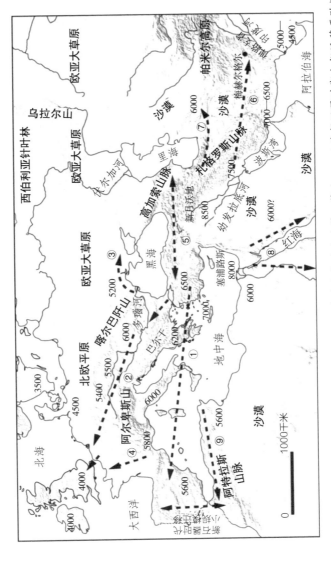

地图 10.1　新月沃地人口扩散图。地图中数字表示年份，年代全部为公元前。箭头 1～4 为新石器时期人们迁移至欧洲以及在欧洲全境继续迁移的大致路线。箭头 5 示意新月沃地北部各地族群之间的往来交流，箭头 6 和 7 为进入土库曼斯坦和巴基斯坦停留路支省的迁移路线。箭头 8 和 9 为新石器时代从黎凡特南部进入北非的迁移路线（参见第 12 章）。

骨和泥墙作为建筑材料。为了适应新环境，他们还改良建筑技术，比如，拉玛摩塔居民就在布拉恰诺湖岸边建起高脚式房屋。与新月沃地相比，欧洲东南部大部分住宅面积小、相连的配套房间少，但是在欧洲北部平原肥沃的黄土地上，木制长屋建筑技术进步显著。从实用功能看，这些构筑物可供多个有亲缘关系的家庭共同居住。由于使用木头而非土砖作建筑材料，如果情况需要，可以把这些木头拆下来，然后在新工地上再次建房。毕竟，当时所有农耕族群都频繁迁移。

总之，公元前 6500 年至公元前 4000 年，在两次重要的迁移过程中，新石器时代聚居者一路西行 3500 千米，足迹踏遍阿尔卑斯山南北双麓；再从安纳托利亚西部和黎凡特出发，进入爱尔兰和葡萄牙。他们把欧洲富饶的土地变为万顷良田，他们采用常年耕作制，摸索出犁地、施肥等农耕方法，并用草料喂养牲畜。由于成功开发牛、绵羊、猪和驯化农作物等资源，食物供应有了保障。在最初几个世纪内，这些地区的人口急剧增长。科学家估计，新石器时代初期，在巴尔干地区和北欧平原上，某些地区的人口出生率最高达到每年 2.5%。这就意味着，在两代人的时间内人口数量增长 2 倍。最近一项考古调查表明，新石器时代中，巴尔干地区的妇女平均每人最多生养 8 个孩子。[11] 而在那些土地较贫瘠的地区，中石器时代狩猎–采集者的后代依然占据一席之地，但是最终，他们必须融入规模迅速增长的农耕族群。

起码在一段时间内，所有这些新石器时代的迁移和生殖能力无疑体现出社群的勃勃生机。但是盛景不常在，和历史上的新月沃地类似，这些地方的环境也开始恶化，北欧平原更是如此。这次衰落的起因又是什么？考古学家再次陷入困惑。常见的解释有几种：气候变化，土壤肥力丧失，瘟疫流行。公元前 5000 年之后不久，黄土地区的人口可能已经增长到 100 万～250 万。防御壕沟、大屠杀为新石器时代的村居生活蒙上阴影，甚至还出现人吃人的传闻。[12]
欧洲北部大部分地区的新石器时代晚期社群具有如下特征：人口数
量显著下降，聚居地遭到废弃，越来越多的人从事牧业。公元前
3500 年之后，这些趋势更加明显。

　　我们由此可以推知，在新石器时代欧洲的土地管理和社会控制
体系之下，许多地方确实存在决定性的增长限制，这和之前新月沃
地的情况一样。[13]当时，游牧族群居住在绵延至黑海北部和东部的
大草原上，他们并未忽视形势的变化。公元前 3000 年，他们开始
向西部迁移，找寻新机遇。

　　但是，在我们进入动荡青铜时代之前，我们首先得问问遗传
学家，他们对新石器时代新月沃地至欧洲的迁移运动的研究结果如
何。遗传学和考古学研究结果是否一致？

新石器时代欧洲大迁移：遗传学研究

　　在撰写《最早的农人》这本书时，我已经清醒地认识到，在阐
释欧洲新石器时代历史时，必须抓住迁移这一至关重要的因素。与
中石器时代相比，新石器时代文化出现巨大变化。我难以想象，如
果农耕者当初没有带来庄稼和耕种知识，农业怎么可能在一个狩
猎-采集者扎堆的大陆上传播。如今我依然坚持这一观点。

　　当时遗传学家比较欧洲全境内存活的人的线粒体 DNA，并且
主要以此为依据讨论 DNA 的分析结果，但是这些结果根本无法提
供任何与迁移事件相关的清晰易懂的信息。自那时起，许多遗传学
家纷纷指出，只凭如今存活的人的 DNA，我们很难理解 8000 年前
发生的事件。更何况，这些 DNA 仅仅来自母体遗传的线粒体，只
占全基因组中很小的一部分。史前史上，人们频繁迁移，其语言和
文化的地域模式早已不复当初。某些遗传学家甚至认为，由于存在

基因漂变以及不同的选择性因素，遗传线粒体谱系可能受到时空频率变化的影响。早在 20 年前，我们就已经十分清楚：只有开发出能够扫描全人类基因组 DNA 序列的技术，并且从很久之前去世的人体内直接通过含碳量测定年代的骨头中提取样本，遗传学在史前史研究中的应用才有光明的发展前景。

2015 年，科学家在《自然》杂志上发表文章，介绍其研究成果：他们搜集从中石器时代直到青铜时代末欧洲全境所有人类骨骼，从中提取古 DNA 进行分析。[14] 在遗传学史前史的研究领域，这是一项重大突破。其研究意义不言而喻：早期新石器时代农耕者高效利用资源，扩散到欧洲各个农耕地区，足迹遍布阿尔卑斯山南部和北部，迅速替代中石器时代的狩猎-采集者。近期科学家对多瑙河流域新石器时代文化开展研究，并写道："考察现有的生物考古发现，不难看出，要想合理解释人类最初如何过渡到新石器时代，只能从大规模族群迁移中寻求答案。"[15]

自那以后，类似的研究层出不穷。科学家分析不列颠群岛上新石器时代的人类基因组，其结果表明，新石器时代聚居者从伊比利亚和法国大西洋沿岸出发，由海路到达英国和爱尔兰。大约公元前4000 年，不列颠群岛上的中石器时代族群几乎全部被替代。[16] 迁移过程刚开始的时候，新石器时代聚居者和中石器时代狩猎-采集者之间几乎不存在杂交繁殖现象。但是，随着时间的流逝，之前的狩猎-采集者转而从事食品生产。在全欧洲范围内，中石器时代狩猎-采集者的遗传标志性信息所占比重增加。而在欧洲北部农业区边缘地带附近，这一变化尤为明显。[17]

遗传学家很快意识到，新石器时代的欧洲迁移主要的出发地点为安纳托利亚。[18] 从遗传学角度看，安纳托利亚地区的农耕者祖先与黎凡特南部约旦河流域及其内陆腹地上的农耕者以及伊朗境内的农耕者都有显著区别。中东地区最初的农耕者并非源自单一的基因组族群。上述区别表明，从一开始，新月沃地新石器时代文化的扩散就呈放射状态势，外迁族群好比车轮上的辐条，从中心流散至周围各地：

　　近东农耕者的影响并不局限于近东地区：起源于安纳托利亚的农耕者往西部扩散，进入欧洲；起源于黎凡特的农耕者往南部扩散，进入东非；起源于伊朗的农耕者往北部扩散，进入欧亚大草原；伊朗早期农耕者以及欧亚大草原上游牧者的后代往东部扩散，进入南亚。[19]

本章稍后会详细介绍欧亚大草原上的游牧者。

从新月沃地东部出发的迁移

　　新月沃地东部食物生产发展历程与黎凡特和安纳托利亚类似，但是时间稍晚。原因可能是，伊朗南部的札格罗斯山山麓丘陵地带已经超出许多新月沃地驯化谷物和豆类的野生物种的分布范围。[20]尽管如此，公元前 10000 年后不久，今日伊拉克库尔德斯坦境内的狩猎–采集者逐渐向定居生活过渡。他们在小型聚居地内用石头垒成圆形地基，然后建造房屋，这种地基与西部纳图夫人垒筑的地基相似。公元前 7000 年，在札格罗斯山西侧出现了越来越多的村落。那里的泥砖住宅呈长方形，内设小房间，布置成隔间的样式。这种住宅与黎凡特和安纳托利亚地区许多前陶器新石器时代后期的聚居地（参见图 8.1F）内的房屋类似。[21]

　　最晚到公元前 6500 年，新月沃地东部的文化传统已经往东流传到了很远的地方，巴基斯坦俾路支省内博兰山口（Bolan Pass）脚下的梅赫尔格尔（Mehrgarh，参见地图 10.1 和地图 10.2）考古遗

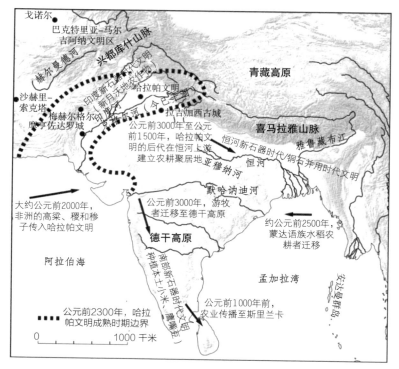

地图 10.2　南亚新石器时代聚居地。

址就是证据。这里紧邻印度河流域，地处地中海气候的东部分界
线。前陶器新石器时代的移民利用冬季降雨量大的气候特征从事农
耕。最初，新月沃地的农业革命就孕育在这一气候条件中。[22] 俾路
支省之外就是印度河流域和恒河流域、印度半岛和斯里兰卡，这些
地方全部属于夏季季风气候。难怪，到达俾路支之后，来自新月沃
地的移民（至少暂时）停下脚步，没有继续东进。

　　大约公元前 6000 年，新月沃地上的食物生产族群还向北方和
东北方扩散。他们走过高加索地区，沿里海南部进入土库曼斯坦南
部半沙漠地带中的绿洲。这次迁移发生的时间稍迟，当时，这些移
民已经开始生产陶器——与同时代欧洲东南部的陶器新石器时代聚
居者遥相呼应。伊朗和亚美尼亚的新石器时代族群的外迁之旅也在

持续，人们走出高加索地区，进入黑海大草原，为居住在黑海之外的新兴游牧族群的祖先贡献了大约一半基因。[23]

科学家分析新月沃地之内和周围的古基因组，还获得一项重要发现：新石器时代刚刚开始的时候，安纳托利亚、黎凡特南部和伊朗的新石器时代族群的基因组各不相同，但是在新石器时代期间，这些族群之间的基因混合事件频繁发生。公元前 5000 年之后，在伊朗和高加索地区全境内，安纳托利亚新石器时代祖先基因占比高达 30% ~ 50%。其分布范围超过里海沿岸，与中亚阿姆河上游的巴克特里亚-马尔吉阿纳文明融合（Bactria-Margiana，参见地图 10.3）。[24] 同样，伊朗新石器时代祖先的基因也开始在同一时代黎凡特某些族群的基因组中出现。黎凡特祖先的基因则向北方扩散，进入安纳托利亚地区。[25] 新月沃地的农耕者不仅四处扩散，而且其内部也出现基因混合，最终打破了自旧石器时代以来一直十分稳定的基因边界。

🚶 南亚早期农耕者

梅赫尔格尔（Mehrgarh）遗址位于印度河流域之外，那里是从西方进入南亚的关口。公元前 6500 年时，梅赫尔格尔人已经开始从事农耕活动。其驯化物种显然大多来自新月沃地，其中包括小麦、大麦，绵羊和山羊；瘤牛则是唯一的本地驯化动物。农耕者可能从取道伊朗进入梅赫尔格尔（目前缺乏能够证明这一假说的梅赫尔格尔古 DNA 信息），他们带来传统的泥砖住宅建筑技术。这种由泥砖砌成的直线建筑（主要由直线、直角构成，形状为正方形或长方形）内部设有相连的小房间，和新月沃地前陶器新石器时代晚期聚居地上的常见住宅相似。

在大约 2000 年时间内，梅赫尔格尔一直是新月沃地新石器时

地图 10.3　铜器和青铜时代的黑海大草原迁移假说。如箭头 1 所示，伊朗和高加索新石器时代农耕者进入黑海大草原，之后在青铜器和青铜时代迈科普（Maykop）文化接触、交流。如箭头 2 所示，迈科普和美索不达米亚平原南部的乌鲁克之间存在联系。箭头 3、4、5 所示为大约公元前 2800 年至公元前 2300 年，颜那亚基因组族群在欧洲中部和西部的绳文器（Corded Ware）文化和比克（Beaker）文化分布范围内的迁移活动。如箭头 6 所示，大约公元前 2700 年，人们从黑海大草原出发，沿欧亚大草原东走向阿尔泰山脉，之后继续南行（如箭头 7、8 所示），大约公元前 2000 年至公元前 1500 年进入里木塔里盆地和南亚。

代农耕者东迁的终点站。如果继续前行，翻越俾路支省的山丘，就会来到印度平原，那里属于季风气候（夏季降雨量大），冬季干燥少雨。在这一气候条件下栽培新月沃地的谷物和豆类需要投入大量劳力进行人工灌溉；印度河流域首批农耕者必须管理农业体系，以应对气候条件中的不利因素。因此，在梅赫尔格尔文化奠基阶段，印度平原上并未出现与其年代相同的前陶器新石器时代聚居地（但是必须承认，目前的考古证据十分有限，相关记录也不明确）。在那里，已知最古老的新石器时代村落（显然，那里的村民全都使用陶器）大约建于公元前 5000 或公元前 4500 年（参见地图 10.2）。[26]

农耕者一旦在印度平原上定居，其人口增长速度相当可观。公元前 3200 年，设有防御堡垒的小城镇出现，壮观瑰丽的印度河流域文明从此揭开序幕，考古学家称之为"哈拉帕文明"。经测定，哈拉帕文明的成熟时期在公元前 2600 年至公元前 1900 年，具有如下特征：以砖砌建筑为特色的大型城市，防御城堡（城堡地基高出地面）和公共建筑，配备排水系统的住宅群，长方形街道网，无法破译的古老文字，铜器，精致的彩绘陶器。哈拉帕与阿富汗和美索不达米亚都有贸易往来。

印度文明对后世最重要的影响是，哈拉帕文明并不局限于印度河及其支流流域。它的传播范围越来越广，直至东部的上恒河平原。早在公元前 3000 年，哈拉帕族群就开始外迁，将近公元前 2000 年时，迁移规模扩大。而此时印度河流域内许多大规模聚居地却被废弃，摩亨佐达罗（Mohenjo Daro）和哈拉帕都是如此。

哈拉帕文明核心地区为什么会由盛转衰？这又是我们很难解开的千古谜题。河流改道，流量变化可能是其中缘由。无论如何，在哈拉帕文明晚期，其人口重心逐步东移，最终流落在印度北部的亚穆纳河和恒河上游地区。人们开始在恒河平原上兴建农耕聚居地，大约公元前 2400 年，他们把小麦和大麦栽培技术传播到恒河中游。[27]

　　恒河平原上最终出现的考古文化以村落为基础，它脱胎于哈拉帕文明，印度考古学家称其为"铜器窖藏暨赭色陶器文化"（Copper Hoards and Ochre-Colored Pottery）。这种文化与哈拉帕文明之间的传承关系体现在很多方面：陶器样式、铜器、源自新月沃地的农作物和动物。在印度之外的地方，哈拉帕文字消失得无影无踪。直到一千年之后，在波斯帝国时代，人们才开始使用源自西亚的字母文字（包括婆罗米和佉卢文字）。由此可见，尽管在印度核心地带，哈拉帕文明显然式微，但是它在晚期扩散到其他地方。紧随其后的恒河文明以吠陀语（即早期印度语）和印度佛教为特征。而在其萌芽时期，它也深受哈拉帕文明的影响。

　　目前的考古记录表明，南亚北部最古老的食物生产体系显然源自新月沃地。遗传学家则仅仅从一个哈拉帕人身上提取到古DNA——这位哈拉帕人被埋葬在拉吉加西（Rakhigarhi）古城之内。该城市建于哈拉帕文明成熟时期，坐落在克格尔河（Ghaggar River）河畔，紧邻今日印度哈里亚纳邦境内的上恒河平原，距离现代新德里城也并不遥远。这个人属于伊朗高原原住民族群，古DNA分析结果显示，他和埋葬在土库曼斯坦戈诺尔城（Gonur，属于巴克特里亚-马尔吉阿纳文明区）以及伊朗境内青铜时代城市沙赫里索克塔（Shahr-i-Sokhta）。两地（参见地图10.2）的几位古人都有紧密的亲缘关系。[28]

　　戈诺尔古城的年代在公元前2250至公元前1700年，考古记录表明，它与同时代的哈拉帕城之间存在直接联系。实际上，巴克特里亚-马尔吉阿纳文明区和哈拉帕青铜时代城市文明区内的聚居地平面布置格局类似，都以城堡为中心。这意味着，两地族群之间可能存在密切的基因关系，他们使用的语言也可能同族同源。上文曾经介绍过，巴克特里亚-马尔吉阿纳人身上携带的来自安纳托利亚新石器时代祖先的遗传基因最多占全部基因的 50%。但是，目前的哈拉帕古基因组人口样本太小，要想通过基因组分析揭开哈拉帕人的身世之谜，就必须在巴基斯坦和印度找到更多古 DNA 样本，尤其是年代比哈拉帕人更久远的人类遗骨。只有解决了这一关键问题，我们才能进一步了解南亚族群的历史。

🚶 欧洲和欧亚大草原

上一节我们讨论了新月沃地新石器时代的外迁活动，这些移民有的走向欧亚大陆西部，有的则走向东部。公元前 6500 年至公元前 4000 年，新月沃地驯化农作物和动物物种库，以及与之密切联系的古文化扩散到欧亚大陆各个遥远的地方，比如爱尔兰、伊比利亚、俄罗斯西部、天山山脉和巴基斯坦。这一分布范围与殖民时代之前印欧语系的分布范围有很多重合之处。

下一节我会详细探讨印欧语系的起源，但是目前我们还必须考察另一个重要的族群迁移阶段。这一迁移阶段主要发生在公元前 3000 年之后，与青铜时代的欧亚大草原族群密切相关，其迁移地区则位于欧洲和西亚。欧亚大草原西起乌克兰，东至蒙古国，纬度范围大致在北纬 45°至 50°，在中亚地区被阿尔泰山脉隔断。游牧族群在大草原之内四处迁移，还有的离开草原，走向其他地方。他们的扩散以更早之前的新石器时代文化和基因分布为基础，但是他们选择的道路又和之前新石器时代族群完全不同。

2015 年，遗传学家发表文章，首次以基因组分析结果为依据揭示青铜时代早期欧亚大草原上的迁移真相——这些移民从黑海北部出发，进入欧洲。文章还介绍年代更早的新石器时代从安纳托利亚到爱琴海的迁移之旅。自 20 世纪早期以来，许多考古学家就认同草原迁移这一假说，还有几位考古学家著书立说解释这一概念，他们分别是戈登·柴尔德、马丽加·金普塔斯（Marija Gimbutas）和后来的大卫·安东尼（David Anthony）。[29]基因组分析结果证明，来自乌克兰和俄罗斯西部草原的游牧族群扩散到整个欧洲大陆，并在大约公元前2800年时抵达阿尔卑斯山北部。这一族群被考古学家称为"颜那亚"。这次迁移还造成广泛的间接影响，最终波及不列颠群岛。在另一次迁移活动中，颜那亚人又向东扩散，抵达阿尔泰山脉（参见地图10.3）。颜那亚人基因组祖先部分源自欧亚草原上从事狩猎–采集活动的原住民族群。此外，他们还携带数目可观的新石器时代欧洲东部和高加索地区族群的基因。[30]高加索地区和青铜时代文化对颜那亚人也有影响。其中，迈科普文化（大约公元前3500年）留下的印记更加显著：与乌鲁克时期（早期苏美尔人）美索不达米亚平原的联系，精英权贵采用的竖式坟墓（坟墓设在大型土堆之下，内有带车轮的交通工具），高超的金、银、铜加工技术。[31]

公元前2800年时，颜那亚人显然觊觎西部的土地，尤其是那些被特里皮里亚（Trypillia）文化晚期新石器时代农耕者占据的土地。黑海西北部德涅斯特河和布格河流域的黑色沃土一度被这些农耕者占据，但是当时特里皮里亚文化显然没落，聚居地也遭到废弃。颜那亚人抓住机会，赶着牛车，一路西行，穿过喀尔巴阡山地和北欧平原，并在所到之处留下为精英权贵修建的竖式坟墓。这些坟墓不仅建在高高的土堆之下，而且墓内还有牛车殉葬。俄罗斯和乌克兰考古学家称其为"库尔干坟墓"。新的遗传学研究证据表明，公元前2200年之后，黑海大草原上才首次出现成功驯化的现代马匹物种。这一年代相对较晚，至少意味着，公元前2800年时，颜那亚移民进入欧洲时，他们没有军用马车，也没有骑兵，显然并非骑在马背上、狂飙突进的征服者。[32]基本上，他们就是一群正在寻找土地定居的游牧者。

进入多瑙河流域和北欧平原后，颜那亚人迅速压制并吸收原住民文化，在此基础上创建绳纹器文化和钟形杯文化。这些都是考古学家划定的欧洲古文化类型。[33] 绳纹器文化和钟形杯文化最终取代欧洲北部新石器时代农耕文化（比如地图 10.3 中的"双耳细颈椭圆尖底陶器文化"），新旧族群之间可能有数次交锋，有时还会发生暴力冲突。[34]

颜那亚人对北欧族群造成巨大影响，在迁移时期，阿尔卑斯山北部许多族群的 DNA 中，颜那亚基因组标志性信息占比在 50% ~ 80%。即使在今天，许多北欧人依然携带 30% ~ 50% 的颜那亚人的遗传基因，其他基因则来自新月沃地新石器时代和中石器时代狩猎–采集原住民族群。

但是，与新石器时代早期族群相比，颜那亚基因组的扩散有个重要特征：在阿尔卑斯山南部和巴尔干地区，颜那亚人基因组的影响十分有限，而在安纳托利亚地区，几乎不存在任何影响。遗传学家分析公元前 3000 年至公元前 1000 年的希腊和爱琴海地区的古 DNA，其结果表明，颜那亚人并非克里特岛上的米诺斯人的祖先；而在说希腊语的迈锡尼人的 DNA 中，也仅有一小部分源自颜那亚人的祖先。希腊北部古 DNA 分析结果表明，公元前 2600 年之后，颜那亚人的遗传基因占比逐渐增加。[35] 在西部更遥远的地中海岛屿上，比如西西里岛和撒丁岛，在青铜时代和铁器时代族群基因组中，颜那亚人标记性信息占比最高为 25%，往往仅在公元前 2200 年之后出现，而且自罗马帝国时期开始，其占比性逐渐增加。[36] 在法国，该基因组大约于公元前 2650 年出现。在法国钟形杯文化（青铜时代早期）族群中，颜那亚人祖先基因占比在 0 ~ 55%。[37]

由此可见，在欧洲许多地方，颜那亚人在当时已形成的基因组构型基础上又贡献了新的基因，并没有取代之前的全基因组。比如，斯堪的纳维亚南部的战斧文化（Battle Axe culture，与绳纹器文化有密切的亲缘关系）族群中，人们依然携带最高占一半比例的遗传自早期新月沃地新石器时代的农耕祖先的基因。[38] 青铜时代期间，公元前 2450 年至公元前 1600 年，在大不列颠岛上确实发生了大规模族群更替事件。凯尔特语族可能就是在这一时期传入大不列颠岛，但是欧亚草原迁移运动并非这一事件的直接原因。欧洲邻近地区的钟形杯文化族群才是发起者，而这一族群之前就遗传了占比很大的颜那亚人 DNA。[39]

如今我们面临又一个重要问题：颜那亚族群的扩张对欧洲语言分布具有什么样的影响？其中最关键的就是它的扩张对如今占据大部分欧洲温带地区的印欧语系造成什么样的影响？下一节，我们将重点考察印欧语系。

充满争议的印欧语系史前史

1786 年，一位居住在加尔各答的英国人考察、比较几种语言，并提出了一些重要观点：

无论梵语有什么样的历史渊源，它的结构都让人惊叹。它比希腊语更完美，比拉丁语更丰富，比这两种语言更精练。但是从动词词根和语法形式看，它又和这二者之间有太多相似之处——这三者之间的关系如此密切，这些相似点显然绝不可能仅仅是巧合。实际上，由于这三种语言的亲缘性太过明显，任何语言学家只要加以考察，就一定会相信它们有共同的祖先，但是其原始语言可能已经失传；同理，我们还可以推知，哥特语和凯尔特语也和梵语同源，但是由于分别和完全不同的方言融合，所以它们与梵语之间的亲缘关系不是那么明显。古波斯语可能也属于这一语言大家族。[40]

这位英国人就是后来被一些人尊为语言学奠基人的威廉·琼斯

（William Jones）爵士。当时他研究东方语言，还任陪席法官一职。这段话中提到的语言后来都被归入印欧语系，该语系在欧洲和亚洲历史上具有重要影响。其实，早在 1774 年，在詹姆斯·库克的第二次环太平洋旅途中，随行的约翰·莱茵哈德·福斯特（Johann Reinhold Forster）就曾记录东南亚和太平洋岛屿上的多种语言，并提出类似的看法：这些语言有共同的来源。[41] 仅从时间角度看，福斯特堪称真正的"语言学之父"。如今他提到的海洋语家族被称为南岛语系，我会在第 11 章予以详细介绍。

从现代语言学的角度看，琼斯提到了印欧语系中 10 个现存分支语族中的 6 个（参见表 9.2 和地图 9.4），印度语族、希腊语族、意大利语族、日耳曼语族、凯尔特语族和伊朗语族；另外 4 个则是阿尔巴尼亚语族、亚美尼亚语族、波罗的语族和斯拉夫语族。琼斯不知道安纳托利亚语族和吐火罗语族的存在——他著书立说的时候，这两种语言早已失传。[42]

安纳托利亚语族中，最出名的当属公元前第二个千年间的赫梯语。除此之外，尽管特洛伊语言没有留下任何记录，但是我们认为它可能也属于这一语族。很长一段时间内，人们对安纳托利亚语族一无所知，但是 20 世纪早期，考古学家破译了安纳托利亚中部赫梯首都哈图萨（Hattusa，土耳其斯）出土的泥简，该语族才得以重见天日。公元前 1600 年至公元前 1200 年，该地区大部分文件都用赫梯语书写。当时还有另外两种著名的青铜时代语言同属印欧语系。它们分别是书写形式为线形文字 B 的迈锡尼希腊语和早期吠陀梵语（Vedic Sanskrit）。土耳其中部亚述帝国贸易古城坎内什（Kanesh）出土的泥简（大约公元前 1800 年）上，也记录着赫梯人名。埃勃拉 [Ebla，即今马尔迪赫丘（Tell Mardikh）] 古国遗址位于叙利亚北部，紧邻阿勒颇（Aleppo），遗址内还保留着宫廷古文献，我们也许也能从中找到赫梯文字。公元前第一个千年后期，安纳托利亚语族基本上被希腊语族取代。

20 世纪早期，考古学家在中国西部新疆维吾尔自治区干旱的塔里木盆地内发现了几处绿洲遗址。遗址内埋藏着成套的佛经和商函，这些公元后第一个千年中后期的文献用吐火罗语写成。吐火罗语的出土颇为神秘，令我们百思不得其解：这里与印欧语系区相距1000 多千米，中间又隔着重重山脉（包括天山、帕米尔高原、喜马拉雅山脉，参见地图 10.3）。我们完全不了解吐火罗语族族群的历史身份特征，只知道他们使用的语言和信仰的宗教（佛教）。在塔里木盆地的沙漠地区，有保存完好的青铜时代的木乃伊。这些木乃伊具有欧亚大陆西部族群的生物特征，但是目前我们无法确认这些木乃伊与使用吐火罗语的族群之间是否存在任何直接联系。[43] 如今，这一地区的中国少数民族使用的语言属于突厥语族，其中维吾尔族语最为典型。

我们会看到，要想理解印欧民族的起源，就必须研究如今已经失传的安纳托利亚语族和吐火罗语族。从多个角度看，我们都仅凭侥幸才觅得这两颗遗珠——只有专业学者才知道这两种语言。幸运的是，当年这些语言的使用者留下了书面记录。即使在考古学界，20 世纪之前，人们也完全意识不到这两种语言的存在，但是《圣经》曾经提到过赫梯语。有鉴于此，我们不禁想到，印欧语系内还有其他语言分支可能也消失得无影无踪，而那些没有留下书写记录的语言更是彻底湮没在历史的长河之中。

以凯尔特语族为例，考察现存地名和古典时代留下的历史，我们可以推知它的分布范围一度十分广泛，覆盖欧洲中部大部分地区，甚至深入安纳托利亚地区。但是如今，它成为少数民族语言，分布范围仅限于不列颠群岛部分地区和法国布列塔尼大区。由于印欧语系内部历经多次语言扩散，所以该语系本身就具备强大的力量，能够自动清除古老语言留下的印迹。希腊语族代替安纳托利亚语族，罗曼语族和日耳曼语族则代替多种凯尔特语族；而在欧洲东部，自中世纪以来，斯拉夫语族广泛传播，可能取代了许多古老的印欧语。这些语言如今已经失传，而且并未留下任何记录，其中可能包括一些在黑海大草原上生活的族群使用的语言。早在半个世纪之前，富有洞察力的语言学家哈利·海因斯沃德（Harry Hoenigswald）就写道："赫梯语族和吐火罗语族……如今已经灭绝；还有其他断裂的语言分支也是如此，而我们对它们几乎一无所知。我们可以猜到，应该还有许多其他语族语支如今已经消失得无影无踪，但是这种猜想并无多大益处。"[44]

尽管存在这些问题，有意追溯印欧语系及其族群的源头和扩散历史的语言学家还是会利用如今尚存的证据，进行深入研究。过去 25 年来，通过对词汇条目进行复杂的统计分析，语言学家绘制出许多印欧语系谱系（或称"家谱"）图，其中每一张都告诉我们，安纳托利亚语族总是最先出现的语言分支。这意味着，在离印欧语系起源地不远的地方，或者在起源地内，安纳托利亚语族逐步演化。最符合逻辑的推论是，印欧语系起源地位于安纳托利亚地区某地或者附近某地，最起码应该位于新月沃地北部。这样的推论似乎有理有据，然而后续问题更为棘手：我们有没有可能确定其他印欧语系各分支出现的顺序？许多语言学家在重构谱系时，把吐火罗语族排列在安纳托利亚语族之后，然后是亚美尼亚语族和希腊语族。这可能也算顺理成章，毕竟从地理分布看，后两个语族的分布地区靠近安纳托利亚语族的分布地区。但是在到达新疆之前，吐火罗语族最初分布范围又在哪里？我们不得而知。再继续观察其他分支，我们会发现不确定性和争议越来越多。印欧语系外围分支的谱系重构是最困难的，因为根本不存在所有语言学家都认可的外围分支谱系。[45]

语言学家还根据历史语言词汇的变化速率推算印欧语系的起源年代，但是他们不仅无法达成共识，而且他们的演算结果差别很

大。最早是公元前 6700 年，最迟为公元前 3000 年。曾经成功完成
多个研究项目的一个计算机语言学家团队的计算结果是，安纳托利
亚语族从印欧语系分化的年代在公元前 6500 年至公元前 5500 年，
而语言学家将这一时间点定义为"原始印欧语"出现的时间。[46] 我
个人认同这一结果。在图 10.1 中，我列出这些语言学家于 2013 年
重构的印欧语系谱系。在我看来，该结果和新石器时代考古记录高
度相符，而新石器时代的出现和发展极有可能正是首次印欧语扩散
的历史表现。

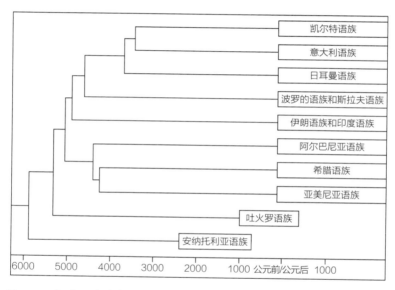

图 10.1　印欧语系谱系图，以时间为坐标标注各语族从原始语言中分离的
　　　　　年代。实际上，各语族的分化是个渐进过程，不像图中所示的那般
　　　　　分明。在进化过程中，相关人亚族物种总是逐步失去物种间交配繁
　　　　　殖的能力，拥有共同祖先的语言也需要时间才会成为相互之间无
　　　　　法理解、沟通的独立语种。波利尼西亚语族与罗曼语族两者间的
　　　　　扩散速率（divergence rate）表明，经历了数世纪乃至一千多年的过
　　　　　程，它们才达到目前的语族分布状态；实际扩散速度由持续互动的
　　　　　程度决定。本图数据引自 Remco Bouckaert et al., "Mapping the origins
　　　　　and expansion of the Indo-European family," *Science* 337 (2012): 957–
　　　　　960; Remco Bouckaert et al., "Corrections and clarification," *Science* 342
　　　　　(2013): 1446。引用过程中由作者修改。

到目前为止，我们能够就印欧语系的起源和扩散得出哪些推论？如下推论还算合乎情理：

● 在欧洲，外来的新石器时代聚居者取代旧石器时代族群，这种取代不仅规模大、完全彻底，而且在欧洲史前史及文明史上堪称空前绝后，所以它一定伴随着明显的语言替换过程。在此过程中，旧石器时代的语种被淘汰。

● 安纳托利亚语族是经证实最古老的印欧语形式，它可能起源于安纳托利亚中部地区。有人认为，安纳托利亚语族群是新石器时代之后才到达该地区的移民，其起源地不明。但是没有任何语言学、考古学或遗传学证据支持这一观点。

● 考古学和遗传学研究表明，新石器时代欧洲迁移运动源于安纳托利亚地区。它也可能是与该迁移运动相关的语言传播的起始地。安纳托利亚语是否是早期印欧语，我们永远也无法确定。但是使用安纳托利亚语的祖先族群具备最合适的地理和时间条件，极有可能把新石器时代的语言传播到欧洲大部分地区，考古学家科林·伦福儒很久之前就提出过这一假说。[47]

● 也有科学家声称，欧洲所有新石器时代语言都不属于印欧语系，但是他们缺乏有力的证据。考虑到欧洲地名、铭文还有古典时代作者的评述中透露的线索，我们必须承认，欧洲确实存在一些"底层"语言。但是除了比利牛斯山脉的巴斯克（Basque）语，并无确凿证据表明这些底层语言确实不属于印欧语系，即使是其中知名度很高的意大利伊特拉斯坎语（Etruscan）和克里特岛上的米诺斯语也是如此。[48]这些语言如今已经失传，我们对它们了解太少，根本无法确定其语系归属。

🚶 来自黑海大草原的颜那亚人传播了最古老的印欧语？

读者会意识到，我们即将面对一个十分复杂却又至关重要的问题。我在上一节提出：最古老的印欧语及其族群来自新月沃地，于公元前 6500 年至公元前 4000 年在新石器时代迁移运动中进入欧洲。但是有些科学家持不同观点，他们认为，最初的印欧语及其族群来自黑海大草原，于公元前 2800 年至公元前 2300 年在青铜时代迁移运动中进入欧洲。这两个假说都有值得商榷之处，但是到底哪一个更符合目前已有的证据呢？

根据目前的考古学和古基因组研究结果，科学家提出如下推论：新石器时代族群把早期印欧语传播至欧洲全境。安纳托利亚起源说与这一推论有很高的契合度。新石器时代的 DNA 分析结果表明，这些可能的印欧语系传播者已到达伊朗、亚美尼亚、土库曼斯坦和黑海大草原。上文介绍的印欧语谱系图也与新月沃地起源说相符。

但是，如果把目光转向南亚，安纳托利亚起源说就面临挑战。如上文所述，南亚目前的古 DNA 样本规模太小。但是考古研究结果表明，新月沃地的食物生产方式从伊朗扩散至印度河流域和恒河流域。在此过程中逐步和本土季风性农耕体系（包括小米和水稻农作物）相融合。最终，公元前第一个千年期间，以哈拉帕文明为滥觞的各文化族群又在恒河流域创建吠陀语文明。因此，用考古学术语说，从哈拉帕文明直至印度北部各类历史文化存在明显的连续性。相比之下，在印度河流域，考古学家尚未发现来自黑海大草原的族群留下的任何遗迹。

青铜时代早期，绳纹器文化和钟形杯文化在阿尔卑斯山以北欧洲地区扩散。其中钟形杯文化族群迁移范围更广，他们最终登上不列颠群岛。颜那亚人传播假说符合这一考古研究结果。颜那亚人还在里海东部创造了多个重要的青铜器古文化，比如辛塔什塔（Sintashta）文化、安德罗诺沃（Andronovo）文化和阿凡纳谢沃（Afanasievo）文化（文化遗址位置参见地图 10.3）；这些古文化族群也携带颜那亚人的遗传基因。

但是，在北欧和中亚地区之外，颜那亚人传播假说就略显牵强。因为在这些地方，很难找到颜那亚人的 DNA 痕迹，也没有任何与之相关的考古遗迹。在地中海北部沿岸和安纳托利亚、伊朗以及南亚地区，更是没有任何与颜那亚人相关的历史记录。如果科学家支持颜那亚人传播印欧语系这一假说，就必须做出解释：在如此复杂多样的情境中，如此广阔的领域内，人数少的移民如何将他们的语言强加给比他们人数多得多的新石器时代原住民农耕族群。[49] 在第 9 章中，我已经指出，根据人类历史记录，参考其他各种跨越大洲的语言变化情况，这一类语言替代绝对不符合常识。

我还要告诉读者，印欧语系黑海大草原起源说和语言学家绘出的谱系图（以图 10.1 为例）也不相符。尽管有些考古学家和语言学家认为，很多语言都有表示车轮和车的同源词汇，这就是黑海大草原起源说的合理依据，但其实，我们没有理由认定这些词汇（或者车轮以及车本身）起源于黑海大草原。更有甚者，在印欧语系的所有分支中，我们未必都能找到这类同源词汇。安纳托利亚语和吐火罗语作为日常用语已经失传，但是语言学家重构了这两种语言，用于语言学研究。这两种语言中都没有和车轮以及车相关的词汇。

印欧语系黑海大草原说还有一个早期版本，20 世纪，考古学家马丽加·金普塔斯大力宣传这一版本。金普塔斯解释说，印欧社群属于父系社会，从事牧业。他们从黑海大草原迁移到欧洲，取代新石器时代母系社会。后者崇拜母亲女神，社会环境更祥和。[50] 但是，近期遗传学家对西欧巨石墓中的古 DNA 的分析结果与上述假说相悖：新石器时代农耕者社群也属于父系社会，有身份地位意识，好战，上流家族内甚至有乱伦现象，与青铜时代的后继者并无不同。[51]

我认为，颜那亚人的祖先族群起源于黑海大草原，最初他们是狩猎–采集原住民。黑海大草原靠近乌拉尔语系（其中包括现代芬兰语、萨米语、爱沙尼亚语和匈牙利语等）的起源地。新石器时代，黑海大草原受到来自东欧和新月沃地东部族群的影响。这些族群带来了驯化动植物，如牛、绵羊、山羊等。他们持续东行，最远达到今日乌克兰境内的第聂伯河。第聂伯河之外属于更加干旱的草原性气候，越来越不利于农耕生活方式的传播，人们普遍从事牧业生产活动，以乳制品为食物。[52] 如今，黑海大草原上分布着斯拉夫语族。该语族起源于中世纪早期，而那些的确与颜那亚人相关的语言，比如乌拉尔语系或印欧语系，根本没有黑海大草原上留下任何痕迹。

公元前 2800 年，颜那亚人抓住机会向西迁移，沿途传播他们的牧业和乳制品生产体系。当时由于农业崩溃，欧洲族群暂时陷入衰落时期，颜那亚人可能有效利用这一条件推广牧业。颜那亚人可能还传播一种早期鼠疫菌变种，即鼠疫杆菌，令那些缺乏任何抵抗力的族群遭受灭顶之灾。但是，我在上文也提到过，还存在另一种情况：欧洲北部新石器时代（甚至更早的）狩猎–采集族群之内可能已经存在鼠疫杆菌。[53] 我认为，这些颜那亚人移民中可能有些用自己的语言取代更古老的印欧语系分支语种。这些语种如今已经失传，也并未留下任何记录。但是这仅仅是我的猜想，毕竟，颜那亚人并无特殊理由刻意取代任何一种语言。

与此同时，在更远的草原上居住的其他族群继续从事狩猎和采集活动。其中最典型的当属早期乌拉尔语系族群，而如今的芬兰语和萨米语正是由这一祖先语系演化而来。公元前 3000 年之后，其中有些乌拉尔语系祖先族群向北迁移，穿越伏尔加河流域的农耕地区分界线，在斯堪的纳维亚和波罗的海地区聚居。[54] 实际上，在乌拉尔语系族群中，颜那亚人的基因组标记也十分常见。换言之，颜那亚人的扩散与印欧语系分布之间并不存在绝对的相关性。[55]

如果上述假说大致符合史实，那么颜那亚人的情况和罗马帝国的衰落类似——当时的西欧已经千疮百孔，北部和东部移民又相继到来。这些后罗马帝国劫掠者和征服者的语言却总是无法久留。所以我猜想，颜那亚人能够占领土地、留下基因印迹，但是无法取代本土语言。3000 年之后，维京人的境遇也与之类似。尽管他们在不列颠群岛和诺曼底建立了规模可观的聚居地，但是与当地族群相比，其人口数量依然不足以对欧亚大陆西部的语言学分布造成任何重大影响。

🚶 走出印度河流域，走向南亚

行文至此，南亚依然是未解之谜。新月沃地新石器时代农业从伊朗传入南亚次大陆西北部，但是目前古 DNA 记录不足，我们无法得出定论：南亚境内存在数量可观的新月沃地新石器时代 DNA。因此，目前许多学者提出，将印欧语系传播到南亚的并非新月沃地族群，而是来自黑海大草原的颜那亚人。[56]

颜那亚人基因组祖先在南亚的传播也经历了缓慢的积累过程，和欧洲地中海和安纳托利亚地区的情况类似。但是在南亚某些现代高级种姓中，尤其在婆罗门中，颜那亚人的基因占比高达 50%。这让我想到，公元前第二个千年内，可能有少量来自中亚的男性进入南亚。他们魅力超凡，在当地族群中建立家族，并保持崇高的社会地位。在历史上，南亚帝国统治者中有很多人来自伊朗和中亚。他们正是这样的男性，直到 16 世纪莫卧儿帝国时期，印度依然由外族统治。所以，在漫长的历史中，伊朗和中亚 DNA 持续流入南亚。

但是，这些颜那亚人移民真的有明确的理由强制性要求原住民使用最初的印欧语系吗？我觉得未必。实际情况可能是，他们采用当时已有的印度祖先语言（后来演化为早期历史阶段的通俗帕拉克里语），以最快的速度形成邦国，从而为今日南亚语言的分布格局打下了基础。

颜那亚文化在南亚是否产生了重大影响？目前存在两大考古难题，让我们感到很难将这一论题解释清楚。其一，在喜马拉雅山脉南，目前尚未发现任何与黑海大草原族群相关的南亚新石器时代或青铜时代古迹。而在遥远的土库曼斯坦南部（中亚），考古学家已经发现源自黑海大草原的古文化遗址，其中安德罗诺沃（Andronovo）文化遗址离南亚最近。但是，安德罗诺沃游牧者的活动范围止于巴克特里亚–马尔吉阿纳城市文明区边缘地带（参见地图 10.3）。

其二，上文曾经提到，恒河文明与哈拉帕文明一脉相承，具有考古学意义上的连续性。这说明在哈拉帕文明中，至少有些人说印度语，但是目前考古学家尚未发现流传至今能够破译的印度语铭文。印度学专家阿斯科·巴普雷（Asko Parpola）指出，哈拉帕文明的艺术和图像表意系统与印度教文化有重合之处。[57] 考虑到恒河文明在公元前第一个千年内的通用语言为印度语（属于印欧语系印度–伊朗语族），我们在试图理解这段历史的时候，不应该忽视这一点：根据考古记录，恒河文明祖先源自哈拉帕族群，而非颜那亚族群。所以我认为另一种假说的可能性更大：公元前 5000 年至公元前 4500 年，新月沃地东部族群在新石器时代迁移运动中把印度–伊朗语族传播至伊朗和南亚。

⻠　南亚和达罗毗荼语系

史前史上，并非所有南亚居住者都属于印度语族群。南亚南部的达罗毗荼语系及其族群如何起源？语言学家认为，达罗毗荼语系独立于印欧语系之外，显然另有起源地。达罗毗荼语系包括巴基斯坦的布拉灰语（Brahui）、印度卡纳塔克邦的卡纳达语（Kannada）、印度喀拉拉邦的玛拉雅拉姆语（Malayalam）、印度泰米尔纳德邦和斯里兰卡北部的泰米尔语、印度安德拉邦的泰卢固语和冈德语（Telugu and Gondi）。

德干半岛上的史前史考古记录与恒河流域的不同：大约公元前3000 年，牛群游牧者和农耕者在德干半岛上扩散，他们使用陶器，显然来自西北方（参见地图 10.2）。最新古气候研究结果表明，当时夏季季风降雨带后移，适合牧业发展的热带或亚热带草原分布范围扩大。[58] 在半岛内，这些人驯化当地小米和绿豆等物种，后来又引进恒河流域以及雅鲁藏布江流域的水稻。[59] 由于哈拉帕文明与阿拉伯海对岸的非洲文明之间存在交流，大约公元前 1800 年，非洲稷和高粱等与季风气候相宜的物种也来到南亚。大约在公元前 1000 年前，斯里兰卡迎来首批农耕者，但是目前我们无法确定这一事件的绝对年代。

基因分析结果表明，在南亚达罗毗荼人体内，南亚和东南亚祖先基因占比超过北方印度-伊朗语祖先的基因占比。最简单的解释可能是，达罗毗荼族群可能大多是南亚原住民，但是由于新石器时代和其他历史年代内，存在族群间的交往，所以他们和印度-伊朗语族群也共享某些祖先 DNA。大约公元前 250 年时，孔雀王朝阿育王及其继任者统治期间，南亚基本统一，源于恒河流域的印度教和佛教传播到南方，印度南北文化交流达到巅峰。但是，由于目前印度半岛上并无古 DNA 记录，所以我们无法把握具体细节。

如今，达罗毗荼语系在印度半岛的分布范围较窄，基本上局限在南部和东部地区，但是布拉灰语属于例外：伊朗东部、阿富汗以及俾路支省部分地区如今依然有人使用布拉灰语。语言学家弗兰克·索斯沃思（Frank Southworth）和戴维·麦卡尔平（David McAlpin）认为，达罗毗荼语族和伊朗早期历史期间的埃兰语（Elamite）在很久之前有共同的语言祖先。[60] 因此我认为布拉灰语尚未失传，这可能是很重要的历史线索。但是目前，我们仅仅发现布拉灰语深受伊朗语族的影响。

语言学家还提出一种假说，我认为有必要加以介绍：达罗毗荼族群起源地就在印度河流域之内或附近，甚至可能就在俾路支省境内。在之前一节中，我提到过一位埋葬在拉吉加西古城的哈拉帕人，其基因图谱显示，他属于伊朗高原原住民族群。尽管如今印度河流域核心地带的居民不再使用达罗毗荼语，但这位哈拉帕人的日常用语是否可能为早期达罗毗荼语呢？这似乎是完全可能的，但是我们永远也无法验明这一点。

如果达罗毗荼语确实起源于印度河流域，这就意味着，公元前3000年前，可能在首批印欧语系族群从伊朗或阿富汗迁移至巴基斯坦之后，该语系某些族群开始南迁，分散到古吉拉特邦（Gujarat）和马哈拉施特拉邦（Maharashtra）。如今，古吉拉特邦和马哈拉施特拉邦还有一些地名留有达罗毗荼语的印迹，但是之后由于印度语族的扩张，两地的达罗毗荼语沦为底层语言。除布拉灰语之外，今日印度境内达罗毗荼语系最近的语言祖先大约起源于公元前2500年，而德干半岛内的某处可能就是其起源地。[61]

有意思的是，在恒河流域，我们已经无法从地名中找到达罗毗荼语的踪迹。这种情况意味着，达罗毗荼语扩张至德干半岛时，印度语也来到恒河流域。在占据新领土的过程中，这两种语言都限制对方的传播。[62] 这种情况可能一直持续到公元前第一个千年，那时印度和达罗毗荼语最终都进入了斯里兰卡。

✦　自那之后，西南亚发生了什么事？

　　源自新月沃地的新石器时代大迁移堪称人类史前史后期最重要的一页，但是这并不意味着这些族群最终到达目的地之后，所有人类迁移活动就戛然而止。许多小规模迁移活动仍在继续，有的属于史前时代，有的见于历史记录，其中包括颜那亚人的迁移之旅。

　　比如，公元前第六个千年内，说闪语的阿卡德人的祖先离开位于黎凡特的故园（我将在第 12 章详细介绍闪语族和亚非语系），一路东行，迁移至美索不达米亚平原北部。他们在 600 多千米的道路上留下了"哈拉夫"（Halafian）彩陶。哈拉夫文化分布范围广，覆盖从今日叙利亚北部阿勒颇直至伊拉克北部摩苏尔的广大地区。这一族群在伊拉克扩张领地的过程中，可能遭遇正在那里居住的苏美尔人的祖先。苏美尔语颇为神秘，它和亚非语系及印欧语系都没有亲缘关系。实际上，它是一种独立语言，不属于任何已知语系。苏美尔人在历史上享有盛誉——他们创建古老的苏美尔文明，还发明文字。

　　公元前第四个千年期间，苏美尔人反守为攻，在哈拉夫人的领土上建立聚居地。苏美尔人的聚居地横跨 1000 多千米，占据安纳托利亚和叙利亚北部幼发拉底河中上游地区以及伊朗西部埃兰人的领地。其中某些聚居地成为独立的城市基地，在那里有苏美尔式三面神庙（tripartite temple）、乌鲁克轮制陶器、记账用的黏土代币（clay token）以及圆筒印章。还有的则是规模较小的飞地，周围依然居住着当地原住民。[63] 这一时期的贸易繁荣昌盛，可能由位于美索不达米亚平原南部强大的苏美尔乌鲁克城控制。

　　公元前第三个千年间大部分时期，苏美尔人的城邦一直控制着美索不达米亚平原。大约公元前 2300 年，说闪语的阿卡德人在统治者萨尔贡的率领下建立美索不达米亚帝国，但是帝国很快衰落。在此之后，在乌尔第三王朝的统治下，苏美尔人城邦复兴，萨尔贡也和历史上大多征服者一样，尽管四处征服，但是并未改变当地语言。起码这时候，苏美尔人的语言并未被替换。

实际上，当时苏美尔文明的衰微已经出现预兆。公元前 2000 年之后，苏美尔口语以及文字逐渐灭绝，但是它的楔形音节文字（cuneiform syllabic characters）经修改后，在中东被许多非苏美尔语文字系统沿用。作为美索不达米亚文明的重要奠基者，苏美尔人为什么消失得如此彻底？考虑到苏美尔文字的孤立性——它和其他任何已知语言都没有亲缘关系，我们又该如何理解它在古代中东语言和族群万花筒中的地位？这一历史难题让我头晕目眩。

语言如风，在史前史上来来去去，我们只能凭借文字的强大力量，窥探那些已经失传的语言——难怪巴别塔会出现在中东人的想象之中。全新世之初，由于食物生产蓬勃发展，新月沃地人口骤增，他们的语言也四处扩散。但是在文明的核心地带，人类语言和文化的多样化发展并未因此受阻。在公元前 2000 年的中东，除苏美尔语、亚非语系（闪语族）、印欧语系之外，还有高加索语系（安纳托利亚的赫梯语和胡里特语）以及伊朗南部强大的埃兰语。埃兰语和苏美尔语一样，很久之前已经失传。高加索地区仍然有少数人使用高加索语。但是中东其他地方，仅有亚非语系和印欧语系依然存续，直至古典时期。之后，中东又迎来距今较近的突厥族群扩散期。

下一章我们将聚焦亚太地区。本章涉及的地理范围局限于阿尔泰山脉以西，越过层峦叠嶂，那里另有一派瑰丽如织锦的人类文明气象。

第 11 章　亚太探险之旅

亚洲大陆东半部分（其中包括那些散落在茫茫太平洋上、与欧亚大陆遥相呼应的众多岛屿）也经历了新石器时代文化发展、人口扩散的时期，它在史前史上的地位丝毫不逊于新月沃地。在中国北部和中部有三个食物生产起源地，三地之间互有交流，至少五大语系及其族群滥觞于此（如今这些语系的整体分布范围参见地图 9.2，具体分布地区参见地图 11.1 和表 11.1），其中包括阿尔泰语系、汉藏语系、苗瑶语系、壮侗语系和南岛语系。其中，波利尼西亚人是位置最偏远的南岛语系族群，他们最初来自何处？又经历过怎样的海上之旅，才到达波利尼西亚群岛？250 多年来，考古学家一直痴心研究，他们有时还会给这一论题披上一层浪漫的外衣。

我曾在第 7 章写道，东亚有三大农业起源地。每一个农业起源地都孕育了一个或多个使用不同祖先语言的族群：

● 科学家大多认为，辽河流域（又称东北平原）是阿尔泰语系及其族群起源地，其中包括日语族、朝鲜语族、通古斯语族、蒙古语族和突厥语族。

● 黄河流域位于中国中北部，被认为是汉藏语系及其族群起源地，其中包括汉语族和藏缅语族，后者被传入中国西藏、缅甸，并经喜马拉雅山南麓进入南亚北部边缘地区。

● 中国中南部的长江流域、东南沿海地区以及台湾岛被视为独立的苗瑶语系、壮侗语系和南岛语系及其族群起源地。南岛语系经台湾岛由海路漂流 13000 千米，最终抵达复活节岛，甚至更远的南美洲海岸。

● 从印度东北部直至马来半岛和尼科巴群岛（Nicobar Islands）的

广大地区分布的南亚语系的起源地不详。其原因可能是，后期汉语族和壮侗语系扩散，替代了原住民使用的南亚语言，所以如今我们很难复原史前史早期阶段的南亚语。

表 11.1　东亚和太平洋岛屿主要语系分支

语言分支或地理位置名称	如今人们使用的或历史记载的语言
阿尔泰语系	
日语族	日语，冲绳语
朝鲜语族	朝鲜语（如今为单一国语）
蒙古语族	蒙古语，瓦剌语，布里亚特语（Buryat）
通古斯语族	鄂温克语，满语
突厥语族	乌兹别克语，维吾尔语，哈萨克语，吉尔吉斯语，土库曼语，土耳其语，雅库特语
汉藏语系	
汉语族	11 种主要汉族语言，其中包括普通话、广东话（粤语）和闽南话
藏缅语族	藏语、缅甸语以及喜马拉雅山脉南部从印度阿萨姆邦至喜马偕尔邦（Himachal Pradesh）的许多其他语言
苗瑶语系	
零散分布于中国南部，越南北部，老挝和泰国	
壮侗语系	
泰语，老挝语，掸语（缅甸），壮语（中国南部），北越多种语言，黎语（中国海南岛）	
南亚语系	
蒙达语族（Munda）	印度半岛东北部语言
孟-高棉语族（Mon-Khmer，并非统一语族）	孟语（缅甸），高棉语（柬埔寨），以及东南亚大陆上多种语言，比如印度阿萨姆邦的卡西语（Khasi），老挝的克木语（Khmu）
越芒语族（Vietic）	越南语（京族），芒语（越南北部）
亚斯里语支（Aslian）	马来半岛内陆多种语言
尼科巴语族（Nicobarese）	尼科巴群岛

语言分支或地理位置名称	如今人们使用的或历史记载的语言
南岛语系	
台湾南岛语族	台湾岛上 15 种原住民南岛语言
马来-波利尼西亚语族（除台湾南岛语族之外所有南岛语言都属于该语族）	菲律宾诸语言 查莫罗语（如马里亚纳群岛），帕劳语 印度尼西亚诸语言（新几内亚岛内和周边的巴布亚诸语言除外） 马来语（马来半岛）和占语诸语言（越南中部） 马达加斯加语（马达加斯加）
大洋语支	美拉尼西亚诸语言，分布于新几内亚海岸，从所罗门群岛、瓦努阿图群岛（Vanuatu）、新喀里多尼亚（New Caledonia）直至斐济群岛的广大地区 密克罗尼西亚分区中部和东部诸语言，该分区包括加罗林群岛（Caroline Islands），基里巴斯（Kiribati）和马绍尔群岛（Marshall Islands）
	波利尼西亚诸语言，该分区包括图瓦卢（Tuvalu）、汤加（Tonga）、萨摩亚（Samoa）、三角地带之外的波利尼西亚文化区（Polynesian Outliers）、塔希提，夏威夷群岛、复活节岛和新西兰
巴布亚语系	
泛新几内亚语族（Trans-New Guinea）	新几内亚大陆大部分地区，外加东帝汶和阿洛岛，以及俾斯麦群岛和所罗门群岛的某些语言
塞皮克-拉穆语族（Sepik-Ramu）	巴布亚新几内亚北部塞皮克-拉穆河流域
西巴布亚语族（West Papuan）	波茨海德（Bird's Head）半岛和马鲁古群岛北部（即哈马黑拉主岛）

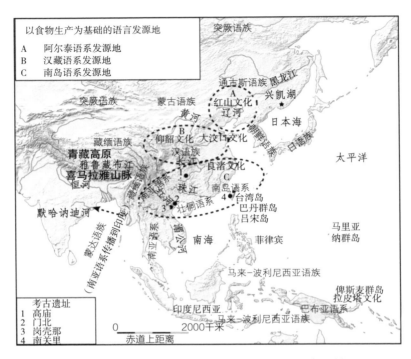

以食物生产为基础的语言发源地
A 阿尔泰语系发源地
B 汉藏语系发源地
C 南岛语系发源地

地图 11.1 东亚以食物生产为基础的语言起源地以及族群迁移概况。

南亚和萨胡尔大陆的人类祖先族群

前文我曾经介绍过东亚两个旧石器时代智人族群在更新世晚期和全新世早期的进化过程。北部族群成为现代东亚人和美洲原住民的祖先（参见第 6 章）。南部族群（参见第 5 章）更适应热带气候，成为更新世晚期东南亚、现代澳大利亚、巴布亚和美拉尼西亚原住民的祖先。菲律宾、马来西亚和安达曼群岛上少量尼格利陀狩猎-采集族群也是他们的后代。

考古学家古观察古人类颅骨，分析其颅面特征，其结果清楚表明，在旧石器时代，南部族群曾经扩散到很远的北方——至少到达黄河流域和日本。但是如今在北方各地，已经找不到南部族群留下的印迹。从遗传学角度看，这一旧石器时代的族群具有多样性。其古 DNA 的分析结果表明，他们的 DNA 包括许多已经本土化的狩猎–采集族群的多种基因信息，自大约 4 万年前的智人在初次迁移扩散期内进入该地区以来，这些狩猎–采集族群已经逐渐形成各自的遗传基因特征。[1] 但是，新石器时代内，多次颇具规模的迁移活动（迁移方向大多自北向南）导致族群间基因混合的分界地带向南方和东方推进。如今，这两个族群的分界地带已经移至印度尼西亚东部岛屿。[2]

在新石器时代迁移活动中，源自东亚北部的农耕族群进入中国南部，足迹遍布中国大陆以及岛屿东南亚，绕行喜马拉雅山脉南麓的丘陵地带，并漂洋过海，深入大洋洲群岛。这一系列迁移活动彻底改变了东亚和太平洋地区的人文地理分布，其发生年代大多在6000 年前之后。食物生产族群不仅传播了驯化动植物（尤其是水稻、小米、黍子、多种水果和块茎植物、猪、鸡和狗），而且最终借助人类史前史阶段令人叹为观止的航海技术抵达太平洋诸岛。波利尼西亚族群正是在此背景下诞生的。

在长江流域南部，从事农耕的迁移者留下的骨骼记录表明他们和之前已经占据此地的原住民族群有显著的区别，这种差异在其面部和颅骨上表现得尤其明显。[3] 在中国东部和北部，早期食物生产族群在类似的迁移活动中，也曾从黄河流域和辽河流域出发，进入其他地方。但是和南方热带地区不同，在这些高纬度地区，原住民和移民族群之间的骨骼和基因组差异并不明显。

科学家不仅研究骨骼，还仔细观察人们的墓葬行为。在中国长江以南的大部分地区以及日本更新世晚期和全新世早期前新石器时代的墓葬内，其骨骼为坐姿或紧紧蜷缩的屈肢姿势，墓穴内往往没有殉葬品。新石器时代的墓葬则与之相反，遗骸颅骨和面部特征反映出他们与东亚族群之间的亲缘性。其下葬姿势一般为仰卧式，墓内有陶器、身体装饰物和石锛等殉葬品。

鉴于颅骨和墓葬相关考古记录体现出明显的生物和文化区别，在遗物得以完好保存的情况下，考古学家不难判断这些遗物是属于旧石器时代晚期的原住民族群，还是新石器时代的移民族群，抑或是两者的混合族群。下文我们将举例说明，在越南和中国中部似乎和平的环境中，存在两类族群基因和文化混合事件。近年来，古DNA研究方兴未艾，为重构东亚族群的历史提供了重磅信息，但是其样本覆盖范围有限，许多细节仍有待考证。[4]

🚶 复原欧亚大陆的探险路程

在东亚温带纬度范围内，人们有条件从事农牧业生产。该地区的新石器时代史前史与阿尔泰语系（参见地图11.2）和汉藏语系（参见地图9.1）的扩散史之间，有着千丝万缕的联系。

我首先介绍阿尔泰语系，它最终覆盖从土耳其到日本这一广阔地区。过去数年间，由语言学家马丁·罗贝兹（Martine Robbeets，来自马克斯·普朗克人类历史学研究所）牵头的一个研究项目集考古学家、语言学家和遗传学家之力获得了可喜的研究成果，有助于我们了解阿尔泰语系的起源地和扩散路线。[5]如今，该语系的主要族群为日本人、朝鲜人、蒙古人、突厥语诸民族以及中国东北和俄罗斯远东的通古斯语诸民族。这些阿尔泰语系民族有共同的史前史。在复杂的迁移过程中，他们的足迹遍布亚洲大陆的大部分地区。

根据语言分析结果我们可以推知，阿尔泰语系滥觞于中国东北部，其具体位置在辽河流域内或者附近，即如今的东北平原上。我在第8章曾经介绍过，大约公元前6000年，兴隆洼人就在那里成

地图 11.2　殖民时代之前，阿尔泰语系的分布范围最大。背景地图由澳大利亚国立大学 CartoGIS Services 提供，语言分界线引自 M. Ruhlen, *A Guide to the World's Languages* (Stanford University Press, 1987)。

功驯化小米。他们还织布、驯养猪和狗。就在公元前 5000 年后不久，红山文化兴盛期间，这些靠水而居、在平原上栽培小米的农耕者开始寻找新领土。

　　与此同时，在辽河流域以南，黄河流域孕育了仰韶文化和大汶口文化以其前身。两地人口密集，目前被认为是汉藏语系的起源地。早期的阿尔泰语系族群和汉藏语系族群在开始扩散的时候，其地理位置显然非常接近，但是他们的扩散方向不同。早期阿尔泰语系族群基本上在北方活动，并未进入新石器时代水稻栽培区。早期汉藏语系族群则往西方和西南方迁移，其中部分原因是，当时中国长江以南被东南亚祖先族群占据，其中包括苗瑶语系、壮侗语系和南岛语系各族群。

　　古 DNA 分析结果表明，从遗传学角度看，最初的辽河流域的黄河流域内的农耕者（参见地图 8.2）属于不同族群。但是到公元前 4000 年时，两者之间的杂交混合为新族群贡献遗传基因。而这些新族群正是如今许多阿尔泰语系族群和汉藏语系族群的祖先。其中最典型的当属朝鲜人、日本人和中国人。[6] 再看这一时期的文化族群，公元前 4000 年，红山文化和仰韶文化具有如下共同特征：在封闭窑中烧制陶器，在大型村落内聚居，栽培小米，驯养猪、狗（但是没有牛，也不生产乳制品），采用纺织技术——他们可能使用当地纤维如麻和苎麻作为纺织原料。

到公元前 3500 年，小米栽培技术已经从中国北部沿不同方向传播到亚洲各地。其中黍子的分布范围尤其广泛：向西传入阿尔泰山脉以及青藏高原边缘地带，向东北传入俄罗斯远东滨海边疆区（Primorye）和朝鲜（原始朝鲜语可能也同时从中国北方传入）。[7] 稍后移民才进入日本列岛，而在全新世大部分时间内，日本一直被绳文族群占据。绳文族群是当地原住民，他们依然使用新石器时代技术，主要靠狩猎和采集为生，也栽培部分本土植物。[8] 公元前第一个千年内，来自朝鲜的移民将弥生文化传入日本九州岛。考古学家认为，他们就是现代日本人的祖先（但是北海道阿伊努语族群既不属于日本语族，也并非这些人的后代）。与此同时，中国农耕者开发出耐受温带气候的水稻品种，在公元前 1300 年之后，灌溉稻栽培技术传入朝鲜，之后又伴随青铜器制造加工和纺织技术，一并传入日本。[9] 现代日本人的遗传基因大部分来自青铜时代的弥生人，但是依然有大约 20% 的基因来自年代更早的绳文族群。

与阿尔泰语系农耕者在中国东北、俄罗斯远东和朝鲜的迁移活动相比，蒙古语族、突厥语族和通古斯语族族群进入更合适牧业而非农业生产的亚洲地区，而且其迁移时间更迟。新石器时代之后，大约公元前 2700 年，在与黑海和西亚大草原族群交流的过程中，阿尔泰山区的阿凡纳谢沃（Afanasievo）族群将绵羊和牛乳制品的生产技术传入蒙古。[10] 自那之后，蒙古语族和通古斯语族族群开始大规模迁移。在扩散过程中，他们的后代逐渐形成多个牧业族群，广泛分布于东北亚地区。后来，这种格局又因俄罗斯和中国聚居者的移民活动而改变。通古斯语族族群的主要扩张活动始于公元前第一个千年后期，出发地靠近黑龙江南部的兴凯湖，中国满族就是该族群谱系中的一个分支。[11]

目前，突厥语族族群相关古 DNA 研究投入不足，我们无法了解年代更久远的族群谱系。但是，语言学家告诉我们，公元前第一个千年内，在大规模迁移扩散期间，该族群作为游牧者和小米栽培者，足迹遍布中亚大部分地区，可能取代了之前的印欧语系族群，甚至走进北冰洋，并在那里驯养雅库特马（Yakut horse）、牛和驯鹿。[12]

之后在各个历史时期，阿尔泰语系族群继续探险，旷日持久的迁移运动逐渐进入高潮：公元 11 世纪内，塞尔柱突厥人进入安纳托利亚地区；12 至 13 世纪，成吉思汗率领蒙古大军征服欧亚大陆。表 9.1 中，以 1492 年前在世界上分布范围大小为顺序把阿尔泰语系排在第三位。但是我必须指出，无论是建立蒙古帝国的成吉思汗，还是以北京为都城建立元朝的忽必烈，其实都未对阿尔泰语系的推广做出实质性的贡献。蒙古大军攻城略地，但是蒙古语并未替代本土语言。

🚶 黄河和汉藏语系

公元前 5000 年至公元前 3000 年，黄河流域的黄土地（冰河时代随风吹来的尘土）孕育出仰韶文化和大汶口文化及其前辈。这些聚居地最终发展成为中国史前史上著名的文化中心，其人口密度居于世界前列。[13]早期阿尔泰语系族群兴盛于北方辽河流域以及更广阔的东北亚地区；与此同时，在黄河流域内黄土地上，早期汉藏语系族群人口迅速增长。其人口外迁也很快开始，但是并非所有人都愿意迁移到很远的地方。正因为如此，今天说汉语的中国人才发展成为规模如此之大的族群。他们留在黄河流域的家园附近，守住肥沃的沿河平原——那里的环境特别适宜栽培小米和水稻，也适合养猪。

目前，语言学研究成果为汉藏语系族群的整体扩张的历史研究提供了最清晰的信息。三个独立的研究小组分别对汉藏语词汇进行分析，得出同样的结论：公元前 6000 年至公元前 4000 年，汉藏语系发源于黄河中游新石器时代文化。[14] 这一年代与仰韶文化及其直接前身的鉴定年代相符。不同研究小组绘制的汉藏语系谱系图都反映出两大语族的分化：汉语族祖先留在故土，藏缅语族祖先踏上征途。

选择离开黄河故园的人们最初可能沿黄河走向下游地区，大约公元前 5000 年，他们进入山东半岛[15]。但是在南下过程中，尚未走进长江流域时，他们可能发现迁移之路并不畅通：很多地方已经被其他新石器时代族群占据，而这些水稻栽培者正是苗瑶语系、壮侗语系和南岛语系族群的祖先。如今，他们的后代占据东南亚大部分地区。说汉语的聚居者仅仅在大约 2200 年至 1900 年前，才在中国南部地区密集分布，最远到达越南中部。[16]

从地理分布角度看，古代汉藏语系中，藏缅语族分布范围最广。在迁移过程中，他们避免与其他食物生产族群（汉语族祖先就是其中一例）发生冲突，顺势而行，沿西方和西南方向走向青藏高原和喜马拉雅山边缘地带，在不丹、尼泊尔和印度北部等地留下印迹。然后，他们继续南下，经中国西南部进入缅甸和泰国西部，克伦语族祖先走得最远，进入马来半岛顶端。

西部仰韶文化以农业为主，人们栽培小米，驯养猪、狗，偶尔还养绵羊。仰韶人可能是最早开始迁移的藏缅语族族群，公元前 3500 年，他们已经来到青藏高原东部边缘地带以及四川北部。[17]但是，公元前 1600 年左右，从西亚引进耐寒小麦和大麦品种之后，青藏高原才出现长期稳定的农业聚居地。[18] 人们认为，这些源自仰韶文化的早期移民是现代西藏人的直接祖先。

新石器时代内，从中国西南部进入缅甸和南亚之后，藏缅语族族群又走向何方？目前我们缺乏考古和遗传学证据，自然无从揣测。但是有一点可以明确，公元前 2600 年，四川省内长江上游地区已经迎来水稻农业革命。位于四川成都平原上的三星堆文化（公元前第二个千年后期）璀璨夺目、特色鲜明。那里出土了造型奇特的青铜人像和面具，与同期黄河流域商朝青铜时代的文化不分伯仲。我们清楚地知道，前者属于汉语族文明，但是三星堆文明依然笼罩着神秘的面纱，它很可能属于早期藏缅语族。

中国南部和东南亚大陆新石器时代聚居地

公元前 4500 年之后，以驯化水稻为主要食物生产物种的农业体系在长江流域已经发展成熟，而且易于传播。多个新石器时代族群从这一广大地区出发，迁移至中国南部。这一波迁移活动与早期藏缅语族的迁移运动有诸多相似之处，但是其地理范围靠近东方。有些族群沿海岸南下，走向福建和台湾。请注意，如今在中国南方三角洲地带和沿河地区低地农田密布，人们在那里种植水稻，但是当时这些地方尚未形成——它们是全新世泥沙沉积的结果。[19] 有些族群沿着长江支流迁移，走向广西和广东。[20] 考古学家在数个位于中国中部地区的考古遗址中，都发现了年代在公元前 6000 年至公元前 3000 年的大型墓地。经考证之后，他们指出：这些迁移者具备东亚新石器时代族群的颅骨和面部特征。[21]

这些新石器时代移民族群要么取代了从事狩猎和采集的原住民族群，要么与之比邻而居。这些原住民族群携带更新世祖先的 DNA。这些在中国南部和东南亚大陆上生活的原住民被归入"和平文化"（Hoabinhian Culture，得名于越南北部和平省，20世纪20年代，考古学家在这里发现多处遗址）这一范畴。他们使用的砾石工具是"和平文化"的标志性用具，此外还有全新世早期的磨制石斧和陶器。越南北部著名的岗壳那墓地遗址（Con Co Ngua，公元前4500年）属于该文化后期阶段，即狩猎-采集阶段，那里也有磨制石斧和陶器出土。岗壳那墓地内的尸骸近乎300具，采用蹲式或屈肢（卧式）姿势下葬，但是没有刻意放置的殉葬品。[22]

目前，由于缺乏古代遗传学的研究数据，我们无法推知：新石器时代族群在扩张期间，是和原住民并存，还是以更迅速的方式取代本土族群？移民和原住民共存的例子来自中国长江中游的高庙遗址。在那里，本土狩猎-采集族群使用邻近地区水稻栽培者带来的装饰陶器。另一个例子来自越南北部的曼北（Man Bac）遗址，在那里，一个来自新石器时代族群的移民的墓穴和一位来自当地族群的原住民的墓穴并排而设，两座墓内摆放的土陶器、软玉念珠和手镯也相似。[23]

实际上，中国南部的族群历史可能非常复杂。比如，有些考古学家提出，在新石器时代文化族群从更远的北方迁移到该地区之前，被称为原住民的"和平文化"狩猎-采集者可能一直在栽培芋头、香蕉和西米棕榈。[24] 又以福建省的考古记录为例，在具备原住民颅面特征的前新石器时代族群中，有些人的DNA图谱和中国新石器时代族群有联系，和别处的和平文化族群反而并无相关性，起码目前的基因组分析结果指向这一推论。[25] 我们还需要大量研究，才能解开这些谜题。

再来看看中国南部到东南亚大陆的迁移之旅：目前的考古记录表明，这一波迁移主要发生在公元前第三个千年之内。[26] 在越南海岸地区以及泰国中部和东北部有成群的考古遗址，考古学家能精确判定它们的年代。许多遗址显然有水稻培植的痕迹，但是近年来，考古学家在中国南部、越南和泰国各地也发现了小米残骸。[27] 这个地区的驯化动物物种库中还添加了一名重要成员：由野生原鸡演变而来的家鸡。[28] 最奇特的就是位于泰国中部最古老的新石器时代遗址——那里的人仅仅种植小米。小米这一农作物源于黄河流域而非长江流域。这是否意味着该遗址与藏缅语族族群的迁移有联系？这些族群会不会从汉藏语系起源地出发，经由中国西南部进入泰国？[29]

与世界上其他很多地方的早期农业传播类似，在整个东南亚地区，无论大陆还是海岛，最古老的新石器时代诸种考古文化之间，在某些方面都存在紧密的联系，其中又以陶器工艺最为典型。一种源自长江流域的极有特色的陶器装饰工艺在南方的马来半岛以及东方的菲律宾乃至波利尼西亚地区的汤加和萨摩亚都留下了痕迹。在陶器烧制之前，人们在其表面印刻许多小凹痕组成的平行条纹，在雕出的线条间往往还有几何图案（在美拉尼西亚群岛和波利尼西亚群岛西部，这类陶器被称为"拉皮塔"，来自瓦努阿图群岛的拉皮塔陶器示例参见图 11.1）。这些类似的陶器技术表明可能存在一个共享文化共同体，流散到各地的族群在该文化共同体内交流信息和思想。如果有一天，考古学家认定这些相互关联的陶艺样式显然源自长江流域中部，始于公元前大约 5000 年，那也在意料之中。[30]

再来看看传播陶艺的族群：语言学家比较其语言环境，研究结果表明，他们可能是如今苗瑶语系、南亚语系、壮侗语系和南岛语系族群的祖先。根据考古学、语言学和基因组信息，科学家就这些语系的起源地做出推论（详情参见地图 11.1）。壮侗语系族群与早期南岛语系族群的起源地十分接近。在新石器时代，在中国东南部以及更远的海南岛和北越地区，这两种语系族群的联系紧密，共享部分祖先语言和遗传基因信息。[31] 仅仅在公元前最后一个千年时，他们才开始历史上重要的迁移扩散活动，在今日泰国和老挝境内建

图 11.1　出土于瓦努阿图群岛中埃法特岛（Efate Island）内图玛（Teouma）墓葬遗址的拉皮塔陶艺图案。该陶器碎片有 3000 年的历史，陶器上的凹痕用梳齿形和圆形压印工具制成。类似陶器分布广泛，常见于美拉尼西亚群岛和波利尼西亚群岛西部。此外，在菲律宾、印度尼西亚北部和马里亚纳群岛也有这类陶器出土。

立邦国。

　　大约 4500 年至 4000 年前，在中国南部和东南亚的新石器时代的迁移活动中，人们沿着不同的方向出发，最终在各地形成新族群。到目前为止，科学家并未报告长江流域新石器时代墓地内古人类全基因组 DNA 的分析结果。但是，在位于浙江著名的良渚文化遗址内，遗传学家提取古 DNA 并进行 Y 染色体分析。其结果表明，他们体内存在与今日壮侗语系和南岛语系族群相关的高频单倍群——如今这些族群在距离浙江十分遥远的南方居住。[32] 科学家还对如今存活的中国南部族群进行全基因组 DNA 分析，其结果同样表明，长江流域新石器时代文化与上述语系族群存在联系。我写这部书的时候，中国古 DNA 研究发展迅速，学术界热切期待那里的科学家为人类进化史的研究贡献激动人心的新观点。

🚶 南亚语系之谜

南亚语系是东南亚大陆上分布最广泛的语系，该语系中，如今使用人口最多的两种语言分别是高棉语和越南语。历史上的吴哥王朝（公元 802—1431 年）曾将高棉语定为国语；10 世纪时，北越人（自称为"京族"）在迁移过程中，逐渐将越南语从红海流域传播至湄公河三角洲地区。[33] 如今，南亚语系族群呈间断分布态势，从中我们能够清楚地看出，之前该语系的分布范围连续而广阔，后来在泰国和老挝被壮侗语系覆盖，在马来半岛上被马来诸语覆盖，在印度东北部被印度语族覆盖，在中国南部被汉语族覆盖。

新石器时代族群中，到底谁最先开始扩散到东南亚大陆的大部分地区？南亚语系族群是第一候选人。但是他们并非没有竞争者——藏缅语族族群也有可能首先开展迁移活动。前文我曾指出，公元前 2300 年左右，早期的藏缅语族族群可能从中国西部进入泰国中部，把小米农耕技术传播到那里。语言学家菲力克斯·劳（Felix Rau）和保罗·西德维尔（Paul Sidwell）的观点与这一假说相互呼应。他们提出，在南亚语系族群到达之前，藏缅语族族群已经在东南亚大陆西部居住。因此，他们认为，从东南亚大陆出发的蒙达语族（属于南亚语系）族群在迁移过程中，不得不乘船渡过孟加拉湾，方才抵达印度奥里萨邦（Odisha）境内默哈讷迪河三角洲（Mahanadi Delta），从而避免在陆路上与藏缅语族族群相遇（参见地图 11.1）。[34]

如今，蒙达语族族群是在印度东北部居住的少数民族。他们的语言属于南亚语系，周围却全是印度语族族群。遗传学家对如今在印度生活的蒙达语族族群进行基因组分析研究，其结果表明，他们的祖先来自东南亚大陆。这些人可能在公元前 2000 年左右开始迁移，出发地点就在缅甸的安达曼海岸。[35] 进入印度的旅途中，他们可能遭遇藏缅语族和印度语族族群。因此，他们只能留在土地相对贫瘠的地区（比如贾坎德邦内干旱的焦达纳格布尔高原。该邦于 2000 年从比哈尔邦分离出来），远离大型河流（比如恒河和雅鲁藏布江）。尼科巴群岛上的人们也说南亚语，他们的祖先肯定沿海路（或直接或辗转）来到岛上。

整个南亚语系起源于何处？这依然是待解之谜。毕竟，我们并不清楚南亚语系是否曾经扩散到中国南部；如果是，它最远传播到哪里？科学家曾经提出，早在壮侗语系和汉藏语系扩散之前，中国大陆已经存在南亚语系族群，其分布范围最远达到长江流域，但是他们并未证实这一假说。另外，古 DNA 分析结果表明，东南亚大陆上的新石器时代族群（其中大部分属于南亚语系族群）与中国新石器时代族群存在亲缘关系，与和平文化狩猎–采集者并无亲缘关系。这就基本上排除了这样一种可能性：南亚语系族群起源于前新石器时代（和平文化）的东南亚大陆。马来半岛内陆的亚斯里语支族群（Orang Asli，被称为"半岛原住民"）属于例外，他们携带可观的和平文化祖先基因。这表明，他们在新石器时代或之后才使用史前亚斯里诸语言。

尽管南亚语系的源头依然笼罩在迷雾之中，我依然可以作出如下推论：公元前 2500 年至公元前 2000 年，早期的藏缅语族和南亚语系族群几乎同时在东南亚大陆上扩散，并根据对方的分布情况做出必要调整。与此同时，印度语族（印度–伊朗语族）族群也在恒河下游和雅鲁藏布江流域聚居并持续扩散。至 1492 年时，他们把印欧语系东部边界扩展到孟加拉国。而在遥远的北方，吐火罗语族的分布范围则划定了印欧语系的边界。

✦　南岛语系族群

如今我们来到人类史前史上最戏剧化的一页：南岛语系族群把他们的食物生产方式和语言传播到太平洋上的各个岛屿。这也是令我痴迷的一段历史，在我职业生涯的大部分时间里，我一直在研究南岛语系族群的扩散过程。如今，南岛语言共有 1000 多种，其使用人口超过三亿。我们依然从三个方面考察南岛语系族群的史前史，即语言、遗传基因和考古记录。其实，当人类演化史发展到原始农耕阶段，我们总是从这三个角度出发介绍主要族群的史前史。

公元前 2000 年至公元前 1250 年，南岛语系族群从他们在中国华南和台湾地区的家园出发，扩散到世界各地，共跨越经度 210°；海上分布范围西起马达加斯加，东至波利尼西亚，两地相距竟达 25000 千米。而且早在千年前，他们就已经走向天涯海角——最远抵达南美洲海岸（但是并未建立大型聚居地，分布范围参见地图 11.3）。他们为什么能在苍茫无际的太平洋上游弋并往西行至马达加斯加岛？追根溯源，要从他们别具一格的文化说起。其中有三个特征尤其重要：可传播的食物生产体系，适合扬帆远航的边架艇和双体独木舟（现代双体船的祖先），以及探寻新社群的热情。他们还在新领土上传播以创始人为尊、地位世袭的传统理念。[36]

语言学的研究成果表明，南岛语系起源于台湾岛：语言学家以如今岛上的人们依然在使用的南岛语为基础成功重构了南岛原始语言。[37]溯本求源，在中国华南地区，该语系祖先语言曾经历更古老的发展阶段。但是，汉语族和壮侗语系在扩散过程中抹去了南岛语系的所有痕迹，所以我们可能永远也无法探知详情。我在上一节也曾介绍过，早期南亚语系的命运可能与之相似。

公元前 3500 年至公元前 3000 年，首批到达台湾岛的南岛语系族群从中国南部福建和广东海岸出发，渡过台湾海峡，抵达台湾岛。

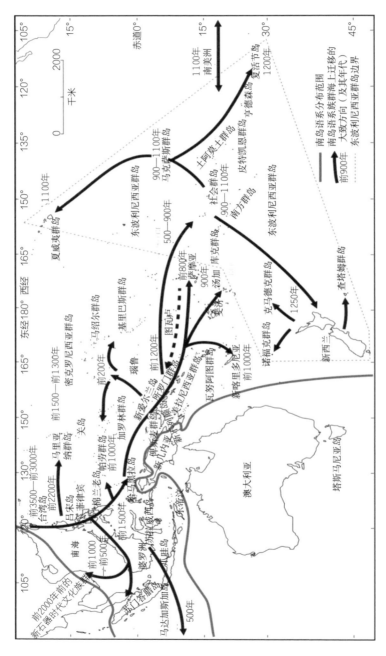

地图 11.3　南岛语系族群迁移活动重构图，时间均为公元年份。背景地图由澳大利亚国立大学 CartoGIS Services 提供。

他们把依靠食物生产实现自给自足的生活方式传播到岛上，科学家以考古记录（台湾大坌坑文化遗址，参见地图 11.1）和比较语言学的研究结果为依据，重构这种生活方式：当时的农作物有水稻和小米，驯化动物有猪和狗（鸡可能是后来从东南亚大陆上引进的）；他们还用无性繁殖的方式培植出雌体构树（paper mulberry tree）。在东南亚和大洋洲上的许多地方，人们用构树树皮制作布料。[38]

这些人兴建村舍聚居地，编织纤维（但是他们尚未使用中国多个民族广泛使用的"背带织机"，中国人称之为"腰机"[39]），使用陶器和磨制石器，并佩戴贝壳饰品（其中包括串珠、手镯和脚镯）。台湾地区有早于整个东南亚的新石器时期文化——其族群原本是直接来自中国大陆南方的移民。从陶器和磨制石器的样式特征看，在东南亚地区，即使是很远的南方，那里最古老的新石器时代文化也显然源自中国华南和台湾地区；菲律宾、印度尼西亚和太平洋岛屿莫不如此。[40]

大约 1000 年内，台湾地区的居民已经占据岛上所有的沿岸地区，但是显然并未入海远行。他们为什么暂时停下迁移的脚步？这可能反映出北流黑潮的巨大威力。在人们发明船帆、桨架（即在独木舟一侧或两侧加装浮材）以及独木舟船体两侧加装的船侧板（用来阻挡海水漫入）之前，他们为黑潮所阻，无法南下进入菲律宾群岛。到公元前 2200 年时，借助上述新发明，他们乘舟出发，经由巴丹群岛（Batanes Islands）抵达菲律宾北部的吕宋岛。在这一波迁移活动中，诞生了一个新的语言分支，即隶属南岛语系的马来-波利尼西亚语族，它集合了多民族的语言创造智慧，台湾岛之外所有的南岛语都属于这一语族。[41]以岛屿东南亚为起点，马来-波利尼西亚语族的最终传播范围十分广阔，西起马达加斯加岛，东至复活节岛，两地直线距离超过地球周长的一半。

⺅ 南岛语系族群史前史研究心得

在南岛语系大世界中，有许多吸引我们深思的人类史前史领域的主题。南岛语系有共同的起源地——台湾岛。而且时至今日，我们依然能从这些语言中追溯这一渊源。实际上，南岛语系族群在历史上还曾经和其他语系族群密切接触，其中以南亚语系和巴布亚语系族群最为典型。

由于上述族群之间的接触，如今，并非所有的南岛语系族群都有相同的遗传起源，但是其中大部分显然是曾在中国华南和台湾岛以及菲律宾聚居的新石器时代族群的直接后代。他们的祖先族群从事食物生产，使用陶器，乘坐带帆的独木舟漂洋过海。[42] 为了清楚地阐释这种比较复杂的情况，我们可以看一下后来发生的巴布亚遗传基因迁移事件。大约公元前 500 年时，巴布亚遗传基因进入美拉尼西亚岛。在此过程中，巴布亚遗传基因完成迁移过程，但是巴布亚语并未随行，因为这些移民吸纳了马来–波利尼西亚语。由此可见，语言和基因并非也不必总是保持百分之百的匹配度。

在我职业生涯早期阶段，史前史学生发现语言和生物特性之间的背离现象时，总是十分困惑。有的学生因此声称语言、文化和生物族群的进化过程总是相互独立的。从现代视角看，尤其是引入古DNA 信息作为史前史研究佐证之后，这类观点显然并不正确。在南岛语系大世界史前史的研究中，确实存在基因、语言和文化分别进化的个别情况，但是我们也没有必要将这类背离现象视为常态。

在研究此类事件时，我们必须记住，尽管 5000 年前，大坌坑新石器时代期间，在台湾岛上，新生的南岛语系族群曾经近乎统一体，如今的南岛语系大世界已经不再是文化或遗传统一体。欧洲人在 1492 年之后首次进入这一世界时，南岛语系已经开枝散叶，不同语种的总数竟超过 1000 种。更有甚者，现代南岛语社群中既有伊斯兰教徒占绝大多数的印度尼西亚（其人口为 2.7 亿人），又有信奉基督教的小国图瓦卢（位于太平洋中部的群岛国家，人口仅为 12000 人）。如今，在南岛语使用者中也存在遗传差异。这种现象告诉我们，在过去 5000 年的许多次后来发生的族群迁移活动中，南岛诸语言、南岛语族群及其考古文化也随之扩散，我们必须将三者的主要传播过程加以区别。历史好比用旧报纸反复裱糊的顶棚，覆盖了一层又一层，我们无法从如今的情况窥见全部历史进程。

多年来我一直在探寻历史，经验告诉我，人类的行为一般是可以推测的，随机性不大，也并不混乱，与迁移有关的行为更是如此。在试图解读人类族群历史的时候，我们面临的困难是必须做出最符合现有的多学科证据的推测。在这一方面，南岛语系在太平洋的扩张为我们提供了绝佳范例。

南岛语系和巴布亚语系

南岛语系族群离开台湾岛之后来到菲律宾群岛，它是迁移之旅的第一站，为这些航海者提供了一个绝佳的歇脚处：在这里，他们背靠内陆，面朝大海，周围有岛屿防护，身处可提高航海技能的天然训练场；菲律宾群岛的地质构型也和印度尼西亚大型岛屿（比如苏门答腊、爪哇岛和婆罗洲）不大一样。公元前 1500 年，该语系族群已经扩散至菲律宾诸岛，并开始进入婆罗洲、苏拉威西岛、马鲁古群岛以及西太平洋上的岛屿。在去往西太平洋岛屿的途中，他们可能要在茫茫大海上航行 2300 千米，首先抵达马里亚纳群岛；他们也有可能从帕劳群岛中转。[43] 大约公元前 1200 年，南岛语系族群从菲律宾出发，往东南方向航行，抵达美拉尼西亚地区的俾斯麦群岛。他们可能最先在阿德默勒尔蒂群岛（Admiralty Islands）建立聚居地，之后在茫茫太平洋上继续航行，在更多岛屿上安家落户。

南岛语系族群就这样占据之前无人居住的大洋洲岛屿，这波令人瞩目的殖民活动在他们入驻波利尼西亚大三角地带之后进入高潮。这三角分别是夏威夷群岛、新西兰岛和复活节岛，其顶端相距8000千米。这波殖民活动分为两次完成，中间有2000年的间歇期。首先，具有拉皮塔文化特色的陶器装饰精美，记录了他们的海上旅途：从俾斯麦群岛出发，经过美拉尼西亚诸岛向东航行，最远抵达位于波利尼西亚西部边界的汤加和萨摩亚。如今，遗传学家分析古DNA，尤其是从瓦努阿图群岛上的拉皮塔文化图玛遗址中提取的古DNA，并利用分析结果追踪他们的海上航线，测定其年代在公元前1200年至公元前800年。自那以后，拉皮塔陶艺文化便丧失了其考古学意义上的连贯性，被美拉尼西亚群岛上不同的陶艺样式取代。[44]

多年来，考古学家一直不明白美拉尼西亚群岛上的考古记录为什么会出现这样的变化。其实，两个世纪以来，欧洲的探险家和考古学家一直在探讨两地族群在身体外观上的差别：美拉尼西亚群岛族群与新几内亚岛族群有生物亲缘性，波利尼西亚族群则与印度尼西亚族群和菲律宾族群有生物亲缘性。早在18世纪70年代，詹姆斯·库克第二次去太平洋远航，随行的科学家约翰·莱茵哈德·福斯特就敏锐地观察到这一现象，他还整理出了太平洋诸语言中的常用词汇表。库克和福斯特很快发现，尽管波利尼西亚族群和美拉尼西亚族群之间存在身体差异，但是他们使用的语言却是近亲。他们开始思考其中的原因。

如今我们了解到，要解释其中的原因，就不得不谈及新几内亚——那里的原住民族群独立驯化农作物、开发农业（详见第8章）。新几内亚农业到底是如何萌芽并蓬勃发展的？与其他著名的农业起源地（比如新月沃地和中国）相比，我们可能对新几内亚不甚了解，但是该岛屿显然对美拉尼西亚群岛的史前史产生了巨大的影响。我们观察到两个重要现象。

其一，在新几内亚，除了西端塞皮克河流域和拉穆河流域，岛内诸语言大多属于一个单独语族，即泛新几内亚语族，它也是巴布亚语系中最大的语言分支。该语族族群的祖先是否随着新几内亚高地农业的发展而扩散？许多语言学家认为存在这种可能性，但是具体情况根本无从确认。南岛诸语言之间存在紧密的亲缘性，但是泛新几内亚诸语言之间的关系并没有那么密切。如果它们随农业的发展而传播，那也应该是 4000 多年前发生的事情，距离南岛语系族群抵达岛上海岸地区的时间十分遥远。[45] 新几内亚高地早期农业留下的考古记录（参见第 8 章）显然与语言学家推测的年代相符。

其二，让我们看看史前和今日 DNA 的分析结果。根据考古记录，大约公元前 800 年—公元前 500 年拉皮塔文化消失之后不久，经遗传学家鉴定源自俾斯麦群岛的巴布亚语系族群大批迁移。他们大多从新不列颠岛出发，进入美拉尼西亚群岛，其中很多人在瓦努阿图群岛和新喀里多尼亚岛聚居，取代了之前占据此地的拉皮塔人——他们的祖先来自台湾岛或菲律宾群岛，属于南岛语系族群。但是，我们观察到一个特别奇怪的现象：这些来自俾斯麦群岛的移民并未将其传统语言，即巴布亚语，传播到此地[46]，起码在所罗门群岛之外，这些移民采纳了之前的拉皮塔人留下的马来–波利尼西亚语（南语语系在大洋洲的分支）。

语言学家已经指出，在瓦努阿图诸语言中有许多来自巴布亚语的元素，这说明之前就在岛上居住的拉皮塔聚居者（他们使用马来–波利尼西亚语）和后来抵达的移民（他们说巴布亚语）之间存在语言混合现象。在我看来，这些巴布亚语系族群之所以会吸纳马来–波利尼西亚语，可能的原因是，该类语言普及程度高、被广泛使用。当时，马来–波利尼西亚语族族群处于其迁移历史的早期阶段，各地的马来–波利尼西亚方言刚刚从它们的共同祖先（语言学家称之为"马来–波利尼西亚原始语言"）中分化出来，所以，这些方言之间可能具有紧密的亲缘性。相比之下，巴布亚诸语言更加多样化，同语系各族群之间无法实现语言互通，只有掌握多种语言的人才能解除沟通障碍。所以，在离开新几内亚、抵达大洋洲岛屿之后，巴布亚语系族群急于找到并采纳更高效的通用语言。

在这一波迁移活动中，巴布亚语系族群取代了美拉尼西亚岛上的拉皮塔文化，但是显然他们止步于斐济，并未继续东行。尽管波利尼西亚人携带的美拉尼西亚基因占比较大，在男性继承的 Y 染色体中尤其如此，但是他们并非在拉皮塔文化扩散初期获得这些基因。而是自那以后在波利尼西亚东部岛屿上聚居之前，在西太平洋内与美拉尼西亚人接触时，他们才获得这些基因。公元前 1000 年之后不久，拉皮塔族群到达西波利尼西亚区的汤加和萨摩亚，并一直在那里生活。美拉尼西亚人也未曾大批迁移到那里，但是那里的拉皮塔族群和美拉尼西亚地区族群之间一直存在基因交流，斐济就是其中一个重要的交流平台。

☦ 波利尼西亚聚居地

大约 3000 年前，西波利尼西亚人携带拉皮塔陶器来到汤加和萨摩亚，成为波利尼西亚文化和社群的创始族群，这种文化一直延续到殖民时代。但是，自这些人在汤加、萨摩亚以及西波利尼西亚其他岛屿上聚居之后，在 2000 年（自公元前 1000 年至公元 1000 年）之内，到底发生了什么？在一定程度上，这段历史依然笼罩在迷雾之中。这些人最终乘舟驶过更宽广的海域，在太平洋中部继续往东航行，并抵达波利尼西亚东部各岛。但是在那之前，他们显然曾停下迁移的脚步，经历过一段很长时间的静止期。无论是考古研究，还是遗传学家对如今存活的族群 DNA 所做的基因组年代鉴定试验，其结果都证实，在公元 800 年至 1250 年，马来–波利尼西亚人开展最后一次大规模迁移。在一系列令人惊叹的航海之旅中，他们在茫茫大海中探险，行程往往达到数万千米（参见地图 11.3）。[47]

在马来–波利尼西亚人的迁移史上，为什么会出现静止期？其原因可能是，冰河期后，海平面迅速上升，西太平洋上的环礁当时还未露出海面，海上旅行者没有可以赖以生存的歇脚之地。许多太平洋环礁都是在 3000 年前至 1000 年前才逐渐成形的，在涨潮时也不会被海水淹没，能够为人类提供固定的居所；而且越靠近太平洋东部，环礁露头的年代越晚。在浩瀚的太平洋上，在这些星星点点的环礁出现之前，大型火山岛之间的距离更远、航程更困难。

考古记录清晰地表明，东波利尼西亚最古老的文化并非直接源自汤加或萨摩亚，而是来自一个中间的过渡地点，而科学家很长时间之内都未曾注意到这个地方。它到底藏在哪里？正当考古学家束手无策之际，语言学家前来救场：他们指出，东波利尼西亚诸语言与位于美拉尼西亚各小岛上的"三角地带之外的波利尼西亚文化区"内诸语言之间的亲缘关系最密切。语言学家认为，这些三角地带之外的波利尼西亚语源自西波利尼西亚，出现时间较晚，来自萨摩亚或瓦利斯和富图纳群岛的移民乘着信风，把该类语言再次传播到西方。无论这些语言何时出现，距今 1000 年前，即人们开始乘舟进入东波利尼西亚的时候，在美拉尼西亚小岛和环礁上，人们肯定已经广泛使用这类语言。

在三角地带之外的波利尼西亚文化区内有很多环礁，其中有些环礁位于所罗门群岛北部。公元 500 年至 1000 年，波利尼西亚人可能在这里聚居。如今语言学家认为，最初的东波利尼西亚人可能正是在这些环礁上创造文化、发明语言。[48] 这些环礁上既没有广阔的农耕土壤沉积层（人类有意积肥的情况除外），也没有用来制作石器的火山岩，所以最初的东波利尼西亚人很难在此发展物质文化。但是，这些人是优秀的航海者，他们的小船高效便捷，所以不必在单一岛屿上搜集所有用于发展文化的原料。换言之，我们也不必将单个岛屿定义为他们丰富文化的发祥地。

还有一个重要的社会因素可能也曾经发挥过重要作用，激励这些人再次开始迁移，朝着更远的东波利尼西亚地平线航行。考古学家在瓦努阿图中部的一座小岛上发现了大约公元 1600 年的一方坟墓，它属于一名酋长，现代瓦努阿图人尊称其为洛伊马塔王（Roi Mata）。酋长墓中有 40 多具骸骨，其 DNA 的分析结果表明，其中有 3 个人和波利尼西亚人有遗传学上的亲缘关系。[49] 如今，该地区大部分人口使用美拉尼西亚语，但是三角地带之外的波利尼西亚文化及语言族群也与这些人混居。洛伊马塔王墓中有 22 具尸骸成对并排摆放，其性别恰为一男一女。考古学家认为，他们是被最初的掘墓者活埋在墓穴之中的。

洛伊马塔王墓的墓葬仪式引人遐思：当时，美拉尼西亚中部社群可能存在严格的等级制度，与首批欧洲探险者在波利尼西亚列岛（比如汤加群岛、包括塔希提在内的社会群岛以及夏威夷群岛）观察到的社会状况类似。洛伊马塔墓为波利尼西亚遗传谱系研究提供了清晰的证据。在由富有个人魅力的酋长统治的等级社会中，上流阶层往往会出现宗派分裂现象，某些人会被一时的雄心感召，带领追随者离开故园，到陌生的地方寻找更美好的生活。当初，居住在所罗门群岛（三角地带之外）的波利尼西亚语族群可能就是这样的一批同道中人，他们成为最初的东波利尼西亚人。

大约 1200 年前，人们首次在东波利尼西亚群岛上建立聚居地。当时，可能有些幸运儿在航海途中成功登陆某些东波利尼西亚岛屿，然后又回到他们在西太平洋上的家园，把消息传给更多人。如果他们真的这样做了，那么肯定会有更多的人一次又一次下海远航，朝着太阳升起的地方东行。在大约 500 年的时间内，他们在广阔的东波利尼西亚三角地带探险，并在所有岛上兴建聚居地（参见地图 11.3）。这些人完成如此惊人的航海壮举，那么在他们朝着似乎无边无际的地平线前行的旅程中，有多少人在海上丧生？我们永远无从知晓。但是我们清楚地知道，最后到达这些岛屿的一批人是新西兰毛利人的祖先。大约公元 1250 年，他们离开波利尼西亚热带家园，一路南行，来到 3000 千米之外的温带纬度地区。自最初在那里兴建聚居地开始，直至 18 世纪欧洲探险家到来，在这 500 年中，在全世界范围内，毛利人是史前史的主角之一，他们获得了令人瞩目的成就。

近期 DNA 的研究结果还表明，在大约 1000 年前，南美洲和东波利尼西亚之间存在小规模的人口交流。[50] 波利尼西亚人可能曾到达哥伦比亚或厄瓜多尔的太平洋海岸地区，和当地美洲原住民接触，从而实现人口交流。但是我必须强调，波利尼西亚人从来没有在南美洲兴建人口规模足够大的聚居地。美洲原住民的文化和语言也从来没有在太平洋岛屿上落地生根。他们确实在泛太平洋地区有过接触，但是这种交流并未达到一定水平，未曾带动整个族群、语言或考古文化的迁移。

在太平洋考古学研究领域，波利尼西亚人和美洲原住民的接触激发了科学家的兴趣。1947 年，挪威探险家托尔·海尔达尔（Thor Heyerdahl）乘坐木筏重温这段航程，称其为"康提基"（Kon-Tiki）之旅，并据此提出太平洋史前史的相关假说。海尔达尔认为，在来自东南亚的移民到达波利尼西亚之前，美洲原住民已经在东波利尼西亚聚居，他们才是那里最初的居民。由于没有证据表明南美洲原住民确实曾在波利尼西亚兴建聚居地，或者南美洲的语言曾在波利尼西亚扎根，如今，现代史前史学家并不重视海尔达尔的整体观点（说句公道话，海尔达尔从未声称波利尼西亚人源自南美洲）。但是，新的遗传基因研究再次引发争议：两地之间到底存在什么样的交流活动？

水稻还是山药？

南岛语系的起源地在哪里？该语系如何扩散？科学家并未就这些问题达成共识，那么我们目前能得出哪些结论？大部分新几内亚人和美拉尼西亚岛民一直都是西太平洋上的原住民。在这方面，遗传学证据确凿，几乎没有任何质疑的空间。大部分南岛语系族群的遗传学祖先源自中国南部，之后这一祖先族群又移民至台湾岛和菲律宾群岛——这也是不容置疑的研究结果。从中国南部直至波利尼西亚东部，新石器时代的考古遗址和物质文化也为上述结论提供了更多佐证。

但是，从台湾岛到波利尼西亚之间的迁移真的如此简单吗？其模式总是固定不变，即单一民族沿一个方向连续迁移？历史显然有其复杂性。其中一个复杂情况与大约公元前500年巴布亚人的美拉尼西亚迁移之旅相关，我曾在上文探讨过这一问题。这次迁移活动显然导致大批语言转换和基因混合事件。

另一个复杂情况则与自给自足农耕体系的重大变化相关。马来–波利尼西亚人在大洋洲小岛上定居后，为了适应谷物栽培机会的减少，他们调整了食物生产体系。猪、狗和鸡几乎能够跟着人类迁移到任何地方（某些遥远的大洋洲岛屿除外），但是水稻和小米就不行。其原因可能是，它们无法适应赤道附近的非季风气候，但那里又是这些人到达大洋洲的必经之地。在许多大洋洲的小岛上，地表水供应不稳定，环礁尤其如此。鱼和其他海产品是大洋洲族群最重要的肉食来源，猪和鸡次之。除此之外，他们以水果和块茎植物为主食，其中许多是来自印度尼西亚和新几内亚岛的食物物种

（如椰子和面包果）。

在岛屿东南亚内，水稻栽培什么时候开始成为重要的农业生产活动？东南亚岛屿气候湿热，不利于植物材料的存留。许多沿河及海岸地区的村舍遗址如今已经深深掩埋在沉积层之下，只有在推土机在大规模施工时才有可能重见天日——只有大型建筑项目才会提供这种深度采掘机会。目前，考古学家仅在中国台湾西南部开掘出这类埋藏深但是极具考古价值的水下遗址——台湾工业发达，而且重视保护自然和文化遗产。[51] 在东南亚岛的其他地方，几乎没有古代人从事食物生产留下的任何证据，或者人们可能忽视了这类证据。

因此，最近在印度尼西亚中部苏拉威西岛卡拉马河流域（Karama Valley）出土的考古证据给我们很大的启发：那里的人们在公元前 1500 年至公元前 1200 年，已经开始精耕细作、栽培水稻。可以想象，只要我们知道这类遗址的具体位置，并且定点开掘，东南亚岛上应该还有很多丰富、翔实的考古记录。米南加西帕克（Minanga Sipakko）新石器时代聚居地位于内陆沿河地带，距离苏拉威西西部海岸线大约 100 千米，所以不受海岸地区海平面变化以及下游深厚土壤沉积的影响。科学家对该遗址植硅体（存留在植物细胞间隙中的显微结构小体）所做的分析表明，那里的居民数世纪以来一直在靠近河阶的地方种植并加工水稻。[52]

目前，除台湾岛之外，米南加西帕克是唯一为东南亚岛屿稻作史前史提供证据的考古遗址。当然这种情况只能说明当地条件不利于考古工作的开展，以至于发现更多证据，不能说明其不存在。早在公元前 2000 年前，台湾岛上已经广泛栽培水稻。语言学家重构南岛原始语言后，也对此提供了强有力的佐证。显而易见，苏拉威西水稻栽培技术源于中国南部地区，经台湾岛和菲律宾群岛传入当地。不过，现代东南亚岛上大部分地区种植多个品种的水稻，这表明水稻栽培技术在到达岛屿东南亚后继续传播。而在传播过程中，水稻植物又持续进化，以适应不同的气候条件。[53] 首批马来–波利尼西亚人携带水稻从菲律宾进入印度尼西亚，之后为更好地适应大洋洲小岛上的环境条件，他们又调整了食物生产物种库。

第 12 章　非洲、澳大利亚和美洲

如今我们还剩下地球表面三个重要部分有待考察，即非洲、澳大利亚和美洲。非洲北部深受新石器时代新月沃地移民的影响，但是在撒哈拉以南非洲北纬 5°至 15°，非洲本土族群也实现了从狩猎和采集到农耕（食物生产）和游牧的过渡，克瓦桑语系和班图语族祖先族群继而走向南方，掀起波澜壮阔的迁移运动。澳大利亚人受到附近印度尼西亚和新几内亚食物生产发展的影响——全新世中期，澳大利亚大陆大部分地区出现重大的考古记录和语言变化，这可能就是当地人与这两地族群交流的成果。美洲原住民也经历数次迁移，在此期间，从几大农业起源地出发的族群最终成为多个从事食物生产、分属各个语系的族群的祖先。4000 年前之后，人们在玉米生产领域实现突破，迎来迁移高潮期。迁移运动持续到公元 1492 年，而上述从事食物生产、分属不同语系的族群在各自领地内相对稳定的发展状态也因殖民者的到来戛然而止。

🚶 非洲大陆

在非洲，过去 12000 年来，全新世人类族群历史与四大语系的历史密不可分。这四大语系分别为亚非语系、尼罗-撒哈拉语系、尼日尔-刚果语系和克瓦桑语系。亚非语系族群最早在非洲建立食物生产自给体系，我会首先介绍该语系及其族群史前史。7000 多年前，亚非语系自黎凡特进入埃及，之后又经过也门，渡过红海，进入东非，但是具体年代不详。

从黎凡特南部到非洲北部的亚非语系族群迁移

在第 10 章，我曾重点介绍新月沃地食物生产方式的扩散过程，其中最引人瞩目的当属早期印欧语系族群从北部地区走进欧洲和亚洲的旅程。读者可能会奇怪，为什么印欧语系族群没有向非洲扩散？我们可以做个大胆但是合理的猜测：另一个重要的食物生产族群阻挡了他们的去路，而这群人正是中东和北非亚非语系族群的祖先（参见地图 9.2 以及表 12.1）。

表 12.1　亚非语系分支及其主要语言

闪语族	已失传，包括阿卡德语（衍生出巴比伦语和亚述语）、埃卜拉语（Eblaite）、亚摩利语（Amorite）、腓尼基诸语言（包括布匿语／迦太基语）
	沿用至今，包括阿拉伯语（包括多地方言）、希伯来语（作为口语，一度无人使用，后来在以色列复兴）、阿拉姆语（Aramaic）、阿姆哈拉语（Amharic，埃塞俄比亚官方语言）
埃及语族	包括古埃及语以及南部埃及的科普特语（它是古埃及语直系后代）
乍得语族	包括豪萨语（尼日尔和尼日利亚北部语言）
柏柏尔语族（Berber）	柏柏尔语、图瓦雷克语（Tuareg），分布于尼日尔和马里
库希特语族（Cushitic）	包括奥罗莫语（Oromo）和索马里语，分布于苏丹和非洲之角
奥莫语族（Omotic）	分布于埃塞俄比亚，但是它是否应归入亚非语系，语言学家对此仍有争议

亚非农耕族群和游牧族群在迁移过程中，分别沿两条路线把新月沃地的食物生产方式从黎凡特南部传播至非洲北部。他们携带

农作物和驯化动物，经西奈半岛进入埃及。这是第一条路线。在埃及他们又分两路前行，有些人沿尼罗河流域走进苏丹，其他人则沿地中海海岸走向突尼斯、阿尔及利亚和摩洛哥，寻找那里的肥沃田地。而在另一条路线上，他们可能赶着绵羊和山羊，但是他们显然并未把新月沃地的农作物传入东非。他们一路南下，途经沙特阿拉伯和也门（全新世早期，这些地方不像如今那么干燥），可能还跨越曼德海峡。这是一群游牧者，在迁移过程中，他们进入苏丹、埃塞俄比亚和非洲之角等季风气候地带。与第一条路线相比，我们对第二条路线上的迁移活动知之甚少。根据考古记录，以黎凡特为起点的人口扩散和语言传播活动始于公元前 6000 年，但是更宽泛的时间范围可能是公元前 8000 年前至 5000 年（参见第 8 章）。

亚非语系的起源地在哪里？有些语言学家认为，应该将非洲东北部视为亚非语系起源地，因为和黎凡特相比，如今更多的亚非语系分支在此地分布。但是，所有语言学家在绘制语言谱系图的过程中，都无法推出这样的结论：亚非语系滥觞于非洲。[1] 另一些语言学家则认为，黎凡特才是亚非语系的起源地。其中部分原因是，在他们重构的原始亚非语词汇中，与自给体系和物质文化相关的词汇恰好可以用来描述新月沃地的纳图夫文化和前陶器新石器时代文化。[2] 最近，语言学家又提出，黎凡特原始语言的出现年代可能为公元前 10000 年。[3] 另外，还有一些语言学家指出，原始亚非语言和原始印欧语存在早期词汇互借的联系，这表明他们曾经是近邻。基于上述证据，另一派语言学家认为，原始亚非语发源于亚洲西南部。[4]

目前看来，黎凡特最终被多数科学家认定为亚非语系族群起源地，但是主要的线索并非来自语言学的研究成果，而且来自考古学研究和史前基因组分析结果。全新世早期，黎凡特地区的农耕文化和人类基因积极外流，而非内聚。在第 8 章我曾经探讨过这一问题：考古证据表明，新月沃地的农作物和驯化动物扩散至埃及。而从埃及反向传播的驯化物种只有一种，即驴。与农作物相比，新月沃地的驯化动物传播范围更为广泛，绵羊、山羊和牛在迁移道路上越走越远。当然，这些动物的主人也一路相伴，最终为撒哈拉以南非洲的史前史做出了巨大贡献。

某些重构的语言也为上述亚非语系族群分别开展的迁移活动提供证据。语言学家瓦茨拉夫·布拉泽克（Vaclav Blazek）认为，在迁移过程中，人们取道西奈半岛，把古埃及语和柏柏尔语传播至北非，但是柏柏尔语在撒哈拉北部和西部的主要传播活动显然仅仅发生于公元前第一个千年之内。在此之前，尼罗-撒哈拉语系和尼日尔-刚果语系本土族群在撒哈拉沙漠广泛分布。与如今相比，那时这两大语系的覆盖范围更广。

人们在迁移过程中跨越曼德海峡，库希特语族和奥莫语族族群因此得以进入非洲之角，而乍得语族祖先族群可能大多沿撒哈拉沙漠南部边缘地带迁移，到达尼日尔、尼日利亚和乍得各地，并在那里聚居直到今天。如今，闪语族，尤其是阿拉伯语，在北非大部分地区占据主导地位，取代了之前曾分布于该地区的多种亚非语。自7世纪开始，伊斯兰教徒四处征战，并在征服领土上聚居，在此过程中把阿拉伯语传播到各地。

遗传学研究表明，把黎凡特基因族谱传入北非的新石器时代族群肯定为许多今日亚非语族群的祖先基因做出贡献。但是，乍得语族族群、库希特语族族群和奥莫语族族群携带的撒哈拉以南非洲原住民DNA占比高，该DNA源自尼日尔-刚果语系数族群和尼罗-撒哈拉语系族群的祖先之间的基因混合。[5]北非地中海族群和黎凡特族群之间的遗传关系更紧密。近期的研究结果表明，公元前1200年至罗马时期，埃及木乃伊的基因组图谱与黎凡特、安纳托利亚甚至欧洲的新石器时代族群最为相似。[6]自罗马时期开始，占一定比例的撒哈拉以南非洲DNA才在法老时代的埃及出现。遗传学家从摩洛哥出土的新石器时代骨骸中提取古 DNA 进行分析，其结果也表明，当地旧石器时代族群与新月沃地纳图夫人以及新石器时代族群之间曾经出现基因混合现象。除此之外，遗传学家还在该史前 DNA 样本中发现一小部分来自新石器时代伊比利亚人的基因。[7]

撒哈拉以南非洲的变迁

我曾在第 8 章探讨过，全新世早期，撒哈拉沙漠的气候不像如今那么干燥（即为"绿色撒哈拉"），尼罗–撒哈拉语系族群在该地区的领地比如今大很多。大约 5000 年前，撒哈拉沙漠面积扩大，尼罗–撒哈拉语系族群被迫南迁，退缩到他们如今的分布范围。当尼罗–撒哈拉族群南下的时候，亚非语系以及以绵羊、山羊和牛为基础资源的游牧生活方式已经从黎凡特传播至撒哈拉沙漠。尼罗–撒哈拉语系族群和亚非语系（尤其是库希特语族）族群向南方扩散的过程中都在传播游牧体系。公元前 2500 年，这两大语系族群已经抵达赤道和肯尼亚的东非大裂谷。[8] 在那里，这些不速之客可能对一直以狩猎–采集为生、隶属于克瓦桑语系的传统原住民族群造成巨大影响。

我在第 5 章已经提到，非洲南部地区最初被狩猎–采集者占据，他们的后代有些如今依然幸存，其中包括非洲西南部的桑人和他们的近亲——科伊科伊游牧者。[9] 此外，坦桑尼亚桑达维人和哈扎人以及中非刚果盆地雨林地带的狩猎–采集者都是与他们有亲缘关系的群体。这些族群如今大多成为从事狩猎–采集活动的少数民族，而科伊科伊族群属于游牧民族，他们周围则居住着人数众多的班图语族农耕者。

这些撒哈拉南部狩猎–采集族群如今流散到各个地方，他们的生活方式也千差万别，但是其中许多人（刚果狩猎–采集者除外）保留了一个共同的重要语言特征：他们的语言里有吸气辅音。语言学家将这些语言统称为"克瓦桑语"。但是他们普遍认为，该语系内某些语言的共同特征太少，不宜归为一类。刚果狩猎者（即"俾格米人"）则使用尼日尔–刚果语和尼罗–撒哈拉语。

在非洲东北部，以牛、绵羊和山羊为基础物种的牧业日渐普及，在肯尼亚和东非大裂谷附近，狩猎–采集族群显然开始适应游牧生活方式，其中包括科伊科伊人的祖先。2000 年前至 1500 年前，这些游牧族群中的某些人又迁移到非洲西南部，进入他们的历史领地。当时班图语族农耕者尚未大规模扩散。公元后仅仅数世纪内，这些游牧民族赶着绵羊和牛，带着陶器制造技术，抵达好望角（参见地图 12.1）。

DNA 分析结果表明，如今在纳米比亚、博茨瓦纳和南非生活的科伊科伊游牧民族携带一定比例的非洲东北部和黎凡特DNA。由此我们可以推知，克瓦桑语族群的祖先极有可能经历上述迁移过程，但是我们并不清楚其中细节。遗传学家卡丽娜·施莱布施（Carina Schlebusch）认为，在迁移过程中，克瓦桑语系族群与非洲南部从事狩猎–采集的桑人发生基因混合，为如今生活在非洲西南部的两个非班图语族族群（桑人和科伊科伊人）贡献了基因。[10]

班图人大迁徙

第四个非洲语言族群由尼日尔–刚果诸语各民族组成，今日撒哈拉以南非洲人口中，大多数人的母语都属于这一语系。尼日尔–刚果语系族群为热带西非原住民，当撒哈拉沙漠处于潮湿期时，他们的祖先肯定在马里和尼日尔–刚果语系族群与尼罗–撒哈拉语系族群的祖先混居。实际上，如今在尼日尔河流域内部分地区，人们依然使用尼罗–撒哈拉语。[11]

尼日尔–刚果语系包含许多分支，班图语族仅为其中之一。过

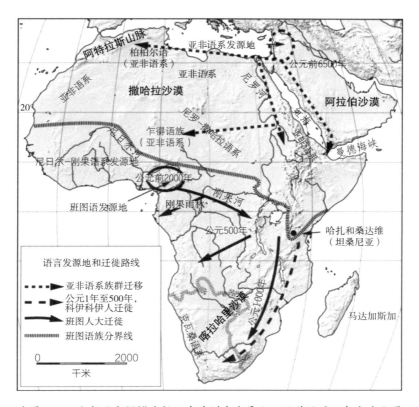

地图 12.1　全新世期间撒哈拉以南非洲内主要人口迁移活动。年代为班图语族族群抵达的大致时间，图中表示班图人大迁徙方向（大致）的箭头引自埃泽奎耶尔·科伊利等人的论文《对班图语扩散的谱系地理分析为雨林路线说提供证据》，该文章在《美国国家科学院院报》上发表，其检索条目为 "Equiel Koile et al., 'Phylogeographic analysis of the Bantu language expansion supports a rainforest route,' forthcoming in *PNAS*"。

去 4000 年来，班图语族族群从位于西北部的家园即喀麦隆和尼日利亚东部出发，迁徙到非洲各地，最远达到南非东部海岸。这里距离出发地大约 4500 千米。如今，班图语族人口大约为 2.5 亿。某遗传学研究团队认为，班图人大迁徙是"人类历史上狂飙突进的人口事件之一"。[12]

在第 8 章，我曾经介绍过，人们在撒哈拉沙漠以南非洲改进食物生产体系，他们不仅栽培小米类和豆类农作物，而且饲养来自新月沃地的驯化动物。公元前 2500 年，在萨赫勒和苏丹的热带草原和稀疏林地植被地带，人们已经开始驯化非洲稷和白粱粟，而这一地区正是班图语的起源地。这几乎是所有语言学家的共识，其中又以尼日利亚东部和喀麦隆最具代表性。公元前 2000 年，这里的人们已经开始从事食物生产和畜牧活动。在一项新研究中，语言学家分析班图诸语言。其结果表明，当时人们已经开始南迁，把班图语传播到紧邻的雨林地带。在迁移过程中，他们可能沿着河岸前行，或者在自然植被稀疏、相对开阔的地带行走。[13]

公元前最后几个世纪内，班图人的祖先也开始掌握炼铁技术。这一技术是本土原创还是外地引进，我们不得而知。大约公元前 500 年，班图人在西非热带雨林的西侧开辟出一条贯穿南北的开阔通道，用来将谷物、豆类、驯化动物（牛、绵羊和山羊）以及铁制工具运送到雨林地带南侧。这项工程得以实施，炼铁技术功不可没。班图人以此为起点，往东走向维多利亚湖以及非洲东部更干旱的季节气候带。在大致靠近维多利亚湖的地方，他们再度出发，在大部分为热带稀树草原的地带南行 4000 千米，大约于公元 1000 年抵达纳塔尔（Natal），而班图人史前迁移运动也在此落幕（参见地图 12.1）。

与这几章中介绍的其他农耕者迁移运动相比，班图人大迁徙发生的日期距今较近，考虑周详的读者可能会问为什么会存在这样的差别。当班图人在雨林地带开辟道路的时候，这片雨林的北部和东北部地区已经被其他非班图语族农耕者和游牧者占据。在东非，这一情况尤其突出。原因可能是，班图人从一开始就基本上朝南方迁移。那里的雨林地带中仅有从事狩猎和采集活动的原住民族群。再者，我在上文也提到过，在此之前，克瓦桑人已经迁移，他们从事畜牧活动。在班图人到达雨林南部之前，他们也许已经占据撒哈拉沙漠以南非洲大部分地区。班图人大迁移之所以获得成功，可能出于以下两个原因：当时他们已经拥有铁制工具；他们从印度尼西亚引进了芋头、大薯、香蕉、糖蔗和家鸡。公元后最初几个世纪内，这些重要的驯化食物资源才进入非洲，当时，马来-波利尼西亚人从婆罗洲出发，在海上航行，最后到达马达加斯加岛并在那里聚居。可以说，这些人和食物资源来得正是时候，得以在班图人迁移的过程中发挥重要作用。

公元 500 年，班图人已经在斯威士兰邻近地区建立聚居地。公元 1000 年，他们已经到达南非偏远的东南地区，那里是季风气候的边缘地带。考古学家采用放射性碳法鉴定考古遗物的年代，继而发现有大量考古记录能够为这一迁移进程提供佐证。但是大约公元 1000 年时，继区域性人口缩减之后，班图人显然再次来到刚果雨林地区并在当地聚居，其中缘由令人费解。[14] 近期，遗传学家考察班图人的迁移进程，他们一致认为，班图人大迁徙造成撒哈拉沙漠以南非洲内人类图景发生重大遗传漂变。但是，在南迁过程中，班图人逐渐靠近季风性夏季降雨气候带（该气候带为食物生产提供良好的环境条件）分界线，他们与克瓦桑族群之间的遗传混合事件也逐步增多。[15] 值得一提的是，班图人的祖先可能和如今大部分活着的班图人一样，血液中携带达菲抗原和异常血红蛋白，对疟疾有抵抗力。[16]

在世界史前史上，班图人迁移运动是波澜壮阔的一页，这一早期农耕族群借此扩散到非洲广大地区。与其他族群相比，班图人拥有铁制工具，以多种农作物和驯化动物资源为依托，所以他们拥有人口优势，能够成功迁移至之前已经被从事畜牧以及狩猎-采集活动的族群占据的地方，最终抵达喀拉哈里沙漠以及非洲西南部的地中海气候带（冬季多雨）。这两地都不适合种植季风性农作物，所以班图人停下迁移的脚步。17 世纪时，当荷兰人开始在南部非洲建立聚居地时，他们遇上了班图人和克瓦桑人。

🚶 澳大利亚大陆

一直以来，在人类史前史学科中，流传着这样一种说法：在欧洲人来到澳大利亚之前，这是一块与世隔绝的大陆。我认为这种说法完全不正确。这片大陆面积如此巨大，过去 3000 年来，海上族群又一直在其北部两侧活动，它怎么可能孤悬海外、完全与外界隔绝？这种说法实在匪夷所思。在其 55000 年（或者更长）史前史上，就像世界上其他地区一样，古澳大利亚也一直处于变化之中。但是它的变化方式与其他地方不一样，全新世期间，在世界上其他地方食物生产族群取代了狩猎–采集族群，而澳大利亚一直被狩猎–采集者占据。如今我们知道，过去 3000 年间，这片大陆的大部分地区也经历了令人瞩目的文化和语言变迁。这种变迁涉及的地理范围并不亚于世界上其他地区规模最大的考古文化和语系扩散运动。

首先，我们来考察相关考古记录。在澳大利亚大陆中部和南部大部分地区，工具制造主要以小型琢背石器为主。巧合的是，它们与南非、印度和斯里兰卡等地旧石器时代的石器类似，后者年代要早得多。在澳大利亚，这些石器在公元前 1500 年至公元前 500 年最为常见（参见图 12.1）。在此年代范围之外，澳大利亚也曾出现琢背石器，但是并不多见。在此年代范围内，澳大利亚大陆大部分地区的石器文化显然以琢背石器为特征，这一特征体现了一定量级的文化变迁。

图 12.1 苏拉威西南部（图上）和澳大利亚东南部（图下）出土的全新世
中期琢背石器几乎一模一样。伊拉瓦拉湖（Lake Illawarra）位于
新南威尔士海岸。图中左下方石器样本长 4.5 厘米。上述样本为
澳大利亚博物馆藏品，租给澳大利亚国立大学考古和人类学学
院，图片由作者本人拍摄。本图首次发表于作者另一专著《最
初的移民》，图号为 5.5，书目检索信息为 Peter Bellwood, *First
Migrants* (Wiley-Blackwell, 2013)。

　　在与澳大利亚相邻的东南亚地区，仅有一地在同一时期使用
类似工具，那就是苏拉威西岛向西南方伸出的部分，属于印度尼西
亚中部。大约公元前 5000 年之后，前新石器时代内，南岛语系水
稻种植者到来之前，"托阿利安"（Toalian）石器文化兴起，苏拉威
西岛西南角的琢背石器正是这一考古背景下的产物。下文我将探讨
苏拉威西岛的考古遗址，在此我提醒读者，全新世期间，在澳大利
亚北部的热带地区阿纳姆地和金伯利高原（Kimberley Plateau）上，

人们根本不使用琢背石器——那里的石器文化以双面尖状器和磨刃斧为特征（参见地图 12.2）。[17] 在新几内亚、印度尼西亚东部岛屿和塔斯马尼亚，同样没有琢背石器的痕迹。全新世早期，冰河期已过，海平面上升，巴斯海峡切断了上述岛屿与澳大利亚大陆之间的联系。

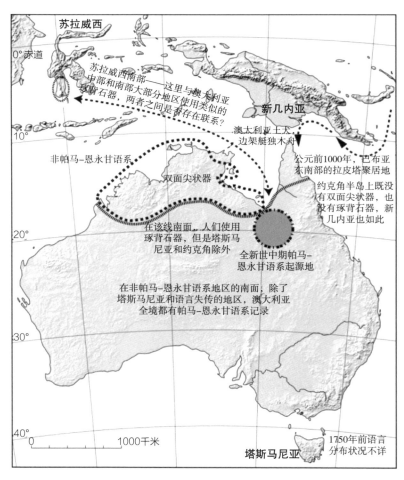

苏拉威西

0°赤道

苏拉威西南部——中部和南部大部分地区使用类似的琢背石器，两者之间是否存在联系？

新几内亚

10°

非帕马-恩永甘语系

澳大利亚土人边架艇独木舟

公元前1000年，巴布亚东南部的拉皮塔聚居地

双面尖状器

约克角半岛上既没有双面尖状器，也没有琢背石器，新几内亚也如此

在该线南面，人们使用琢背石器，但是塔斯马尼亚和约克角除外

20°

全新世中期帕马-恩永甘语系起源地

在非帕马-恩永甘语系地区的南面，除了塔斯马尼亚和语言失传的地区，澳大利亚全境都有帕马-恩永甘语系记录

30°

40°

0　　　　　1000千米

塔斯马尼亚

1750年前语言分布状况不详

地图 12.2　澳大利亚的考古遗址群和帕马-恩永甘语系分布状况。

琢背石器是澳大利亚原住民独立完成的发明，还是自苏拉威西南部引进而来，我们不得而知。毕竟，无论琢背石器这一创意最初源于何地，我们更关注的是，大约 3500 年前，琢背石器文化为何如此繁荣。无论澳大利亚还是它北面的群岛当时都正在经历巨变。[18]

再来看看语言的传播状况。过去数千年内，当琢背石器文化在澳大利亚大陆上传播时，一个主要的语系也在这个地区扩散。语言学家称其为帕马–恩永甘语系，并认为其起源地紧邻约克角半岛与大陆相连的地方。该语系最初的扩散年代不详，但是最近的研究中，科学家推测的年代往往在 5000 年前至 3000 年前。[19] 语言学家无法精确测定相关年代，但是，最近一项研究中，语言学家评估帕马–恩永甘语系，认为在其起源地，该语系曾经历"爆炸式扩散"。[20] 和琢背石器类似，在阿纳姆地、金伯利高原还有塔斯马尼亚岛上，都找不到帕马–恩永甘语系曾经存在的证据。但是塔斯马尼亚本土语言原本已失传，难以追溯。阿纳姆地和金伯利原住民语言隶属于规模小且特别复杂多样的语系，科学家找不到它们和帕马–恩永甘语系之间的联系，而且这些语言可能自更新世以来就已经在当地扎根。

乍看上去，考古学和语言学证据之间如此契合，简直让人不敢相信。这意味着，过去 3500 年来，澳大利亚大陆大部分地区经历重要变化，涉及石器文化和语言，而且这两种变化之间具有直接相关性。但是，我们的考察对象并不仅限于石器文化和语言。

澳大利亚土犬、边架艇独木舟，甚至可能还有农业，都在我们的考察范围内。遗传学家研究现代家犬，并根据其结果提出如下假说：澳大利亚土犬的祖先最初在亚洲被驯化，大约公元前 1000 年时，可能在拉皮塔文化族群迁移到波利尼西亚群岛途中，经新几内亚东南部进入约克角半岛（参见第 11 章）。[21] 科学家最近对历史记录进行分析，其结果表明，原住民狩猎时，澳大利亚土犬可能曾发挥作用。如果这一假说属实，那么在人们猎食袋鼠、沙袋鼠

（wallaby）和鸸鹋（emus）时，澳大利亚土犬可能从旁协助。[22]

殖民时代欧洲人来到澳大利亚时，发现当地原住民在约克角半岛附近行驶边架艇独木舟，这种交通工具也是从外地引进的。它来自新几内亚东南海岸。边架艇独木舟精确的引进年代我们不得而知，但是马来-波利尼西亚语的"独木舟"，这一单词意味着，在欧洲人到来之前，甚至可能早在3000年前。当马来-波利尼西亚航海者出现在新几内亚东端附近的时候，他们就把边架艇独木舟带到澳大利亚了。[23]再者，有的科学家还提出，全新世期间，人们偶尔将农作物植株（如山药、香蕉和芋头）从新几内亚带到澳大利亚北部。[24]所有这些都说明，当北方发生某些根本性变化的时候，澳大利亚也受到了影响。这里并非完全与世隔绝的孤岛。

在前一章，我们了解到，在岛屿东南亚和美拉尼西亚岛史前史上，公元前1500年至公元前500年是非常重要的时间段。南岛语系族群（从遗传角度看，其中有的是亚洲新石器时代族群的后代，有的则是新几内亚岛上巴布亚语系族群的后代）正是在此期间进入印度尼西亚东南部、美拉尼西亚和波利尼西亚的努沙登加拉群岛。在迁移过程中，这些人把农业生产体系、先进的独木舟制造技术和一系列有紧密亲缘关系的语言传播到与澳大利亚邻近的许多岛屿上，他们还带去了家犬。认为不知出于什么原因，马来-波利尼西亚人避免与澳大利亚人接触的这种想法肯定是错误的。

但是，帕马-恩永甘语系与南岛语系和巴布亚语系都没有亲缘关系，所以不大可能源自这些语系。实际上，如果帕马-恩永甘语系源自上述海外语系中的任何一种，那我们可能就会认为它们也应该在澳大利亚北部分布，而非仅仅占据澳大利亚中部和南部。实际上，澳大利亚北部语言并不属于帕马-恩永甘语系。再者，相关考古记录表明，无论马来-波利尼西亚人，还是巴布亚人都从未使用过琢背石器，而确实使用过这类石器的托阿利安人根本不大可能属于上述两个语系族群，因为他们的考古年代和地理位置显然与这种假说不符。简而言之，没有任何证据表明，在历史上任何时期，马来–波利尼西亚人或巴布亚人曾在澳大利亚兴建任何规模足够大的聚居地。我们需要另辟蹊径才能找到合理的解释。

在南岛语系族群到达之前，苏拉威西和澳大利亚之间会不会存在联系，所以两地才使用类似石器？我在撰写另一本专著《最初的移民》的时候，曾经反复思考这类问题，并且提出如下看法：苏拉威西南部的前南岛语系托阿利安族群中，因为其狩猎领土被迁移到此地的南岛语系农耕者占据，所以其中有些人开始迁移，进入卡奔塔利亚湾。[25] 某些托阿利安人会不会从邻近的南岛语系族群引进独木舟技术，并带上他们的家犬，乘着西北夏季季风，在海上航行之后抵达澳大利亚，还把一批琢背石器带到那里。

当撰写《最初的移民》这本书的时候，我还不了解与澳大利亚土犬和独木舟相关的信息，没有考虑到约克角和新几内亚之间可能存在的联系。因此，我那时的想法不够成熟，可能无法反映更为复杂的实际情况。即便如此，如果托阿利安人真的来自苏拉威西，他们也更可能会沿 18 世纪和 19 世纪苏拉威西南部麻卡仙人（Macassan）采用的海上路线航行。当时，麻卡仙人每年都会乘船来到澳大利亚北部海岸，直到后来受到大英帝国政府的阻拦才作罢；他们在那里采集一种黑色的海洋软体动物，其法语为 "bêche-de-mer"，也就是海参。

3500 年前，托阿利安人到底说哪些语言？我们肯定找不到答案，因为前南岛语系诸语言的任何衍生语言如今已经全部失传。这些曾经分布在印度尼西亚西部和中部的语言并未留下任何痕迹。托阿利安语可能并非帕马–恩永甘语系的祖先，但是，语言学家之所以做出这一论断，其主要原因就是，语言学家认为后者是澳大利亚原住民的原创语言。所以，帕马–恩永甘语系源自托阿利安语这一假说无法令人信服。但是我们必须承认，在这场帕马–恩永甘语系起源大讨论中，依然有许多细节有待考证。

　　总之，在澳大利亚史前史后期大部分时间内，显然存在这样一种情况：当地文化可能造成重大影响，在北部地区尤其如此。我们可能面临这样的场景：帕马–恩永甘语系族群的祖先是来自澳大利亚东北部某地的移民，所以该族群是澳大利亚原住民。他们不知为何，在与外界接触的过程中获得了多种实用优势——石器制造技术、能在狩猎时从旁协助的澳大利亚土犬、边架艇独木舟和渔业技术。有意思的是，他们用贝壳制成鱼钩，其形状与前新石器时代印度尼西亚东部（其中又以东帝汶和附近岛屿最为典型，参见图 6.1）出现的鱼钩类似；而全新世期间，这些鱼钩又出现在很远的南方，比如新南威尔士海岸地区。帕马–恩永甘语系族群获得新技术之后，是否受到激励，沿澳大利亚大陆中部和南部大部分地区的海岸四处迁移，并把他们的语言传播到那里？

　　遗传学证据能不能帮助我们做出判断？遗憾的是，目前的澳大利亚全境古 DNA 研究并不能直接为我们解开帕马–恩永甘语系的扩散之谜。但是，最近遗传学家搜集昆士兰和南澳大利亚州帕马–恩永甘语系少数民族的头发，开展线粒体 DNA 研究，并未发现过去5 万年以来澳大利亚在任何时候曾发生过二次迁移的证据。[26] 但是，这一证据未必具有权威性。在此之前，一项 2001 年的研究报告曾指出，自大约 4000 年前开始，一种特定的 Y 染色体单倍群逐渐在澳大利亚大陆扩散。[27] 作者指出，这可能和琢背石器和澳大利亚土犬的扩散相关。最近，遗传学家对如今存活的帕马–恩永甘语系族群开展全基因组研究。其结果也证实，全新世期间，澳大利亚人口大致迁移方向为从东北方扩散到西南方向。[28]

　　综上所述，我们能够得出什么样的结论？帕马–恩永甘语系在澳大利亚占据大部分地区，而且存在与该语系分布范围部分重合的考古文化。在世界上其他地方，如果涉及食物生产活动以及随之而来的人口增长，那么光是上述语言和考古记录就足以让我们得出推论：可能存在席卷整个大陆的大规模人口扩散活动。但是，澳大利亚全新世的考古记录显然并未提供足够证据，表明澳大利亚人确实从事食物生产活动，或者曾出现人口增长。要从事食物生产，人类必须管理驯化动植物。由于缺乏相关考古证据，所以我们无法宣称在澳大利亚史前史上，食物生产生活方式已经得到充分发展。[29] 尽管澳大利亚土犬属于驯化动物，但是它是自外地引进的已驯化物种，不能用作澳大利亚已经建立食物生产体系的证据。目前，我们似乎遇上僵局，无法进一步展开讨论。

　　我十分期待澳大利亚的史前史研究将来会实现新的突破。对史前澳大利亚人而言，几乎全程推动 500 万年人类进化史的狩猎和采集体系为他们提供了特别合适的生活条件。人类学家彼得·萨顿（Peter Sutton）和考古学家科恩·沃尔什（Keryn Walshe）认为，澳大利亚人是土地的精神管理者，而非依赖驯化资源的食物生产者。[30] 全新世期间，来自北方的移民是否推动了波及澳大利亚南方三分之二的土地上的人口迁移活动？我并不清楚，但是急于了解其中情况。

🚶 美洲大陆

美洲大陆上的全新世迁移

　　在旧大陆上，人们投入大量劳力，发展以驯化资源为基础的可传播农耕体系，为人口不断增长的食物生产族群的外迁提供物质条件和动力。我们发现新大陆上的情况与此一模一样，应该也在意料之中。但是，1492 年发生的历史事件在新大陆的史前史上是灾难性的终点，也是悲剧性的起点——新大陆被迫承受这一事件引发的后果。那一年之后，美洲风云突变，原住民族群以及他们的文化和语言遭遇社会动荡。遗传学家和历史学家认为，16世纪内，因旧大陆疾病而死的美洲原住民估计最多达总人口的90%。因此，科学家往往很难重构1492年时的美洲语言和文化图景，许多细节已经无法精确复原。在北美洲和南美洲的中温带纬度地区，欧洲人植入他们自己的食物生产体系，美洲原住民流离失所。如今，科学家想要重构该地区的历史，就越发艰难。

即便如此，美洲原住民并未灭绝。尽管语言学的记录留下了许多空白，但是在一些主要原住民语系的分布状况中，我们依然能够轻松辨识其史前史语系散播态势。但是有个问题十分棘手：当欧洲人开始与当地原住民接触时，原住民族群和语言处于什么样的扩散状况？其起源过程到底是什么样的？由于很难找到答案，所以近年来美洲史前史研究进展缓慢。过去，我们往往很难厘清考古记录和按语系划分的族群之间的关系，而遗传学研究尤其是古DNA研究，才刚刚起步。和澳大利亚的情况类似，当外人前来美洲开展考古或遗传学研究时，原住民族群未必总是热情相待。但是令人欣喜的是，如今人们寻根的愿望越来越强烈，有些美洲原住民愿意帮助科学家获得更精确的数据、更翔实的信息。

尽管这类研究出现较晚，而且进展缓慢，但是科学家已经发现许多很有意思的现象。当欧洲人登上新大陆时，美洲的农耕族群占据这两块陆地上的热带和温带纬度地区。表12.2列出了这些按语系分类的族群，地图9.3则绘出欧洲人到来时这些语系及其分支的分布范围。在表12.2列出的所有语系中，存在一个普遍现象：语言学家提出的语言起源地与美洲农业起源地大致重合，详情参见地图12.3，但是阿尔冈琴语系可能属于例外。

地图 12.3　美洲农耕者语系起源地与农业起源地部分重合。

北美洲狩猎-采集者迁移

　　与更新世旧大陆类似，殖民时代之前，新大陆族群中既有狩猎-采集者，又有农耕者。狩猎-采集者大多在不具备农耕条件的地区活动。这大抵在我们意料之中，但是也有例外事件。比如，如今美国加利福尼亚州土地肥沃、农业发达，但是在史前时期，人类族群并未在那里从事以驯化动植物资源为基础的农耕活动。由于该地

表 12.2 新大陆主要农耕者和混合体系语系

	语系	残存分布	大致起源地区	生活方式和文化取向
北美洲	苏语系（Siouan）	美国卡罗来纳州海岸地区至大平原东部地区	俄亥俄河流域[1]	东部林地农耕活动，公元200年后种植玉米。可能和公元800—1600年密西西比文化有关
	易洛魁语系	阿巴拉契亚山脉至圣劳伦斯河	纽约州西部[2] 阿巴拉契亚山脉	东部林地农耕活动，公元200年后植玉米
	马斯科吉语系（Muskogean）	美国南部各州从大西洋沿岸至密西西比州	美国南部各州	东部林地农耕和狩猎—采集活动，公元200年后种植玉米
	阿尔冈琴语系	美国东北部，易洛魁语系周边，加拿大东部	五大湖区？	加拿大狩猎和采集活动。东部林地以及美国国境内的玉米种植活动
中美洲[3]	奥托曼格安语系（Otomanguean）	墨西哥中部部分地区	瓦哈卡州	农耕活动，可能和最初巴尔萨斯盆地的玉米驯化有关联，和萨波特克与米斯特克文化、古典以及后古典时代文化有关
	犹他-阿兹特克语系	厄尔萨尔瓦多（El Salvador）至美国爱达荷州	墨西哥中部，紧邻奥托曼格安语系起源地	农耕活动，从奥托曼格安语借用玉米词汇。在北美大盆地（派尤特人和肖肖尼人）和大平原南部地区（科曼奇人），人们从事狩猎—采集活动。与中美洲的阿兹特克人相关联，阿兹特克人使用纳华特语时，人抵达美洲时，与特奥蒂瓦坎和托尔特克特克早期文明相关
	米塞-索克语系（Mixe-Zoque）	墨西哥特万特佩克地峡（Isthmus of Tehuantepec）	特万特佩克地峡	农耕活动，可能和奥尔梅克文明形成时期相关
	玛雅语系	危地马拉、墨西哥优卡坦州和恰帕斯州，墨西哥东北部胡瓦斯特克（Huastecan）飞地	危地马拉高地	农耕活动，石刻文字与美洲本土最重要的文字传统相关

续表

	语系	残存分布	大致起源地区	生活方式和文化取向
南美洲	阿拉瓦克语系（Arawakan）	亚马孙河流域和加勒比群岛，但是不包括古巴西部地区	亚马孙河流域西南部（乌德拉和普鲁斯河上游地区）[4]	农耕活动，以木薯和玉米为主要物种在广场周围建圆形村落，形成等级社群，与萨拉多德（Saladoid）和巴兰考德（Barrancoid）装饰陶器相关
	图皮语系	亚马孙河流域南部和南美洲东海岸地区，直至阿根廷和巴拉圭	亚马孙河流域西南部（乌德拉河和瓜波雷河上游地区）[5]	农耕活动，以木薯和玉米为主要物种，与彩饰陶器相关。公元 500 年后向南方扩散（图皮-拉瓜尼语系）
	加勒比语系	南美洲北部大部分地区，但是史前阶段未必扩散至加勒比群岛	亚马孙河流域东部[6]	农耕活动，以木薯和玉米为主要物种
	克丘亚语系和艾马拉语系	安第斯山脉地区中部	安第斯山脉地区中部[7]	公元 1 年随形成时期和古典时期安第斯文明扩散，公元 1438 年之后，随印加文明继续扩散

1 Robert Rankin, "Siouan tribal contacts and dispersions," in John Staller et al., eds., *Histories of Maize: Multidisciplinary Approaches to the Prehistory, Linguistics, Biogeography,Domestication, and Evolution of Maize* (Elsevier, 2006), 564 – 577.

2 Michael Schillaci et al., "Linguistic clues to Iroquoian prehistory," *Journal of Anthropological Research* 73 (2017): 448 – 485.

3 Jane Hill, "Mesoamerica and the southwestern United States: Linguistic history," in Peter Bellwood, ed., *The Global Prehistory of Human Migration* (Wiley, 2015), 327 – 332.

4 Robert Walker and Lincoln Ribeiro, "Bayesian phylogeography of the Arawak expansion in lowland South America," *Proceedings of the Royal Society of London, Series B: Biological Sciences* 278 (2011): 2562 – 2577.

5 Jose Iriarte et al., "Out of Amazonia: Late–Holocene climate change and the Tupi–Guarani trans–continental expansion," *The Holocene* 27 (2017): 967 – 975; Thiago Chacon, "Migration and trade as drivers of language spread and contact in indigenous Latin America," in S. Mufwene and A. Escobar, eds., *The Cambridge Handbook of Language Contact* (online prepublication, 2019).

6 Alexandra Aikhenvald, "Amazonia: Linguistic history," in Peter Bellwood, ed., *The Global Prehistory of Human Migration* (Wiley, 2015), 384 – 391.

7 Paul Heggarty and David Beresford–Jones, eds., *Archaeology and Language in the Andes* (published for the British Academy by Oxford University Press, 2012); Nicholas Emlan and Willem Adelaar, "Proto–Quechua and Proto–Aymara agropastoral terms," in Martine Robbeets and Alexander Savelyev, eds., *Language Dispersal beyond Farming* (John Benjamins,2017), 25 – 46.

区周围是沙漠和山地，所以位于美国西北部的玉米种植族群并未进入加利福尼亚州。西班牙人到来之前，该地区一直被本土狩猎–采集者占据，他们有些人采用精细方法管理资源。

某些语言族群人口众多、分布广泛，其中既有农耕者，也有非农耕者，比如犹他–阿兹特克语系族群中，既有强健的墨西哥阿兹特克人，又有居住在美国西部半干旱大盆地的派尤特人和肖肖尼人。前者种植玉米，后两者则以狩猎–采集为生。阿尔岗琴语系族群同样如此——有的在美国东北部农业地带聚居，有的则占据气候寒冷得多的加拿大地盾区，从事狩猎–采集活动。这些族群中出现了混合式自给生活方式，在研究他们的起源时，就出现了一个有意思的问题：他们最初的扩散和狩猎–采集活动还是农业生产活动有关？下文我会以犹他–阿兹特克和阿尔岗琴语系为例，展开讨论。

从语言学角度看，当欧洲人开始和美洲原住民接触时，完全从事狩猎–采集活动的族群包括北极地区的爱斯基摩–阿留申语系族群，以及占据北美洲西北部大部分地区、在史前农耕地区之外生活的纳–德内语系族群。两者都经历了距今较近的，持续时间较长的狩猎–采集者迁移期，而且留下丰富的考古记录。

我在第6章末尾曾提到，公元800年至1300年气候温暖，因纽特人（爱斯基摩–阿留申语系族群）沿加拿大北极地区海岸线迁移，最终到达格陵兰岛。在更远的南方，猎食美洲野牛、隶属于阿萨帕斯卡语系（纳–德内超语系内主要语系）的阿帕契人和纳瓦霍人从加拿大出发，南行3000千米，并于公元1350年之后进入美国西南部。当时，亚利桑那州和新墨西哥地区以玉米种植为基础的普韦布洛（Pueblo）文化遭受重创，人口数量急剧下降，无力与之争锋。

在距今较近的美洲史前史上，因纽特人和阿帕契人的迁移具有重要意义。这是由狩猎–采集者完成的两次迁移活动，而且他们在迁移过程中，他们的新领地都是几乎或完全被之前的占据者遗弃的地方。如果不是之前的族群撤离，因纽特人、阿帕契人和纳瓦霍人的迁移就不可能如此成功。根据考古和历史记录，在族群人口密度和技术能力旗鼓相当的情况下，其他地方不曾发生这类事件：狩猎–采集族群迁移到已经被其他狩猎–采集族群占据的领地。1976年，生物人类学家格罗弗·克兰茨（Grover Krantz）就曾敏锐地指出："狩猎族群一般不会大举迁移……但是他们偶尔会进入未被占据，或者未被充分利用的领地……任何人如果提出与狩猎族群大规模迁移并占据其他狩猎者领地的假说，那至少应该解释：他们采取了什么样的手段才顺利完成迁移之旅。"[31] 但是农耕者的迁移活动显然具备不同特征。

美洲大陆上的农业传播：举例说明

和旧大陆一样，美洲农耕者往往能够扩散至狩猎–采集者的领地，并且在那里长期聚居。早在开始扩散之前，这些迁移者已经利用驯化资源从事农业生产，对此我们毫不怀疑。当欧洲人开始与美洲人接触的时候，许多完全由农耕者构成的语系族群中，其语言史估计少于 6000 年，大部分族群的语言时间深度远远低于 6000 年。如此看来，语言的起源与发展也发生在农业发展时期内。

从这一角度看，苏语系、易洛魁语系和马斯科吉语系在北美洲的分布可以视为美国东部林地史前农业发展的成果，农耕 / 语言中心集中在密西西比河流域的许多支流的沿岸地区。在该地区，本土植物的驯化可能始于 5000 年前，但是各语系及其族群不可能在那么早的时候已经扩散，并形成其最终的分布状况。看起来，他们的主要扩散活动发生在公元后第一个千年内，即在该地区已经普遍种植玉米之后。苏语系族群可能与璀璨的密西西比文化相关，公元 800 年之后，该文化中心位于密西西比河东岸的卡霍基亚

（Cahokia）遗址。那里距圣路易斯不远，有大规模的土丘建筑群。但是我们必须得承认，密西西比文化也可能与南面的马斯科吉语系族群相关。欧洲人到来之后，密西西比河中游地区的所有本土语言均已失传，没有留下任何记录，所以我们可能永远无法了解它的历史真相了。

美洲中部地区的情况与北美洲类似：在农业发展的过程中，奇布查语系、玛雅语系、奥托曼格安语系、米塞-索克语系和犹他-阿兹特克语系族群诞生了。但是，由于这里是地峡区，上述族群往往深受狭窄的地理环境的限制，不易扩散，而犹他-阿兹特克语系族群就属于例外情况。他们冲破阻碍，大举迁移，从墨西哥出发，几乎抵达加拿大边境。这样一块狭长的土地上居然有如此多的农耕族群比邻而居。如果我们将来发现过去6000年该地区有复杂的史前史，也不应该感到意外。

让我们先看个例子。科学家从伯利兹（Belize）洞穴中的人类骸骨中提取古DNA进行分析，并且研究骸骨中留下的饮食痕迹。这项新研究的结果表明，大约公元前3500年，农耕族群从哥斯达黎加和巴拿马迁移到当地，将改进的玉米品种从南美洲带回中美洲。由于中美洲是玉米的起源地，所以他们的迁移方向可能与科学家预测的情况相反。这说明，在食物生产技术改进的条件下，无论作为研究对象的农作物（在这种情况下是玉米）的起源地在哪里，人类都有可能在迁移过程中又回到原来的地方。伯利兹遗址内早期农耕者移民的DNA与哥斯达黎加和巴拿马的奇布查语系族群（分布地点参见地图12.3）相匹配，而现代玛雅人也携带这一祖先的DNA，大约占总其基因的50%。[32]

这里有个颇为明显的复杂情况：玛雅语系和奇布查语系并无紧密的亲缘关系，它显然在大约公元前2000年时起源自危地马拉高地。现代玛雅人的DNA分析结果还表明，他们与墨西哥人和危地马拉高地人有显著联系。目前，我们依然难以解释这些现象，但是它表明，过去 4000 年来，在占据中美洲大部分地区的狭窄地峡上，各族群争夺领地，人口迁移和混合事件频繁出现。

在南美洲，亚马孙河流域西南地区的史前农业生产发展过程中，阿拉瓦克语系、图皮语系、帕诺–塔卡纳纳语系和图卡诺亚语系诞生。这些语系起源于马德拉河、普鲁斯河以及亚马孙河上游其他水系的流域，人们正是在这里首次驯化木薯和其他重要的农作物品种（参见地图 12.3）。[33] 同样，在附近的安第斯山中部，克丘亚语系和艾马拉语系也在早期的农耕族群中诞生，但是其主要语言传播活动发生在公元后第一个千年之内和之后，即安第斯帝国初步壮大的过程中。[34] 加勒比群岛被阿拉瓦克语系农耕者（泰诺人）占据，他们是大约公元前 800 年时，经奥里诺科河（Orinoco）流域和小安地列斯群岛（Lesser Antilles）抵达当地的移民。遗传学证据表明，他们取代了之前在岛上生活的狩猎–采集者，而这些狩猎–采集者自大约公元前 4000 年起就一直占领古巴和海地岛。[35]

最有意思的是，尽管安第斯山脉和亚马孙河流域西南地区的环境显然不一样，但是看起来，如此多的语系都在与两地相邻的区域发展壮大。各语系之间的联系显然具有重要意义，而涉及知识和成功驯化物种传播的交流尤其珍贵。

某些其他的南美洲农耕者语系，比如耶语系（Jê，又称超耶语系，即 Macro-Ge）和加勒比语系，都位于东部热带地区（参见地图 9.3），其分布范围同样广泛，但是很难找到其起源地与农业起源地之间的联系。也许，这些语系族群从外地引进了农耕生活方式。但是，在史前史上，很少有狩猎–采集族群能够完全依靠自己的力量转变为食物生产族群。在缺乏古 DNA 数据的情况下，很难找到相关例子。我期待科学家能够继续研究，以提供更多信息。

阿尔冈琴语系和犹他-阿兹特克语系族群

除上文探讨的例证之外，还有两大美洲语系族群由各自独立而且分布广泛的狩猎-采集和食物生产者构成，它们又是如何发展起来的呢？这个问题引人深思。

首先来看阿尔冈琴语系。欧洲人来到新大陆时，阿尔冈琴语系族群分布在美国东北多个地区，以及加拿大亚北极中部和东部全境。其中，居住在五大湖周围和南部、美国东部沿海地区的族群自从大约 1500 年起就掌握了玉米种植技术，而占据加拿大盾地的族群主要从事狩猎活动，在殖民时代则靠猎获动物毛皮为生。若是读者看过詹姆斯·费尼莫尔·库珀（James Fennimore Cooper）的小说《最后的莫西干人》(*The Last of the Mohicans*, 1826)，就知道纽约上州和佛蒙特州的莫西干人属于阿尔冈琴语系族群，而住在西边的莫霍克人与之紧邻，则属于易洛魁语系族群。两者互为仇雠，冲突不断。

于是，一个很有意思的问题摆上桌面：早期的阿尔冈琴人是农耕者，还是狩猎者？如果是农耕者，那么他们是否在北迁的过程中改变生活方式，转而以狩猎为生？如果是狩猎者，那么他们是否在南迁时转而从事农耕活动？或者从最初他们就既狩猎，又耕作，然后顺应新的环境条件，选择其中一种生活方式？

无论是考古还是语言学研究，目前看来都无法提供清晰的答案。但是语言学家认为，阿尔冈琴原始语言起源于靠近五大湖的某个地方。语言学家重构的阿尔冈琴原始语言中并无与玉米相关的词汇，所以该语系的扩散与该农作物的存在之间并无相关性。即便如此，阿尔冈琴语祖先族群无疑曾经历过波澜壮阔的迁移、扩散运动。根据语言学家和考古学家的估算结果，该扩散发生的年代大多在过去 1500 年之间。[36] 作为狩猎-采集者，他们进入加拿大，可能中世纪温暖期提供的有利气候条件是此次扩散成功的原因。毕竟，正是在这样的气候条件下，因纽特人才能在海上冰层消退的时候，在加拿大北极海岸聚居。总之，这一问题确实饶有趣味，值得深究。

与阿尔冈琴语系相比，我们对犹他-阿兹特克语系的起源和发展史有更清晰的理解。犹他-阿兹特克语系从中美洲扩散到北部大盆地，几乎抵达加拿大边界。语言学家简·希尔（Jane Hill）提出，5000 年前到 4000 年前，该语系诞生于中美洲早期玉米种植族群。[37]她比较研究美国西南部和墨西哥两地的犹他-阿兹特克语系分支，并根据研究结果做出上述推论。其中，美国西南部的犹他-阿兹特克诸语言包括亚利桑那州的霍皮语（Hopi），而这些语言在墨西哥的近亲又包括纳华特语（阿兹特克人的语言）。在我看来，她的推论彻底推翻了一个语言学的旧观念：原始犹他-阿兹特克语起源于美国西南部的狩猎-采集族群，这群人迁移至中美洲，在那里从事玉米种植活动，然后回迁至美国西南部，开始兴建普韦布洛村落。这种解释相对繁杂，相比之下，简·希尔的推论简单明了，而亚利桑那州和墨西哥北部的考古记录也为她的观点提供了有力证据。

直至 20 世纪 90 年代，许多考古学家依然认为，仅在大约公元前 400 年时，以玉米种植为特征的农耕生活方式才从中美洲扩散至美国西南部。在没有外来族群迁入的情况下，美国西南部的狩猎-采集者自那时逐渐开始从事农耕活动。在墨西哥北部和美国亚利桑那州南部，近期的考古发现（其中多次考古发掘都与当地开展的道路和城市建设项目相关）急速改变了人们的看法。

在亚利桑那州南部图森地区有许多位于洪泛平原的考古遗址。这些考古记录表明，公元前 2000 年前，玉米就从中美洲来到这里。公元前 1500 年，人们已经开辟出面积达数公顷的玉米种植区。这些农耕区由许多小型方块式农田构成，人们开挖水渠，引来附近河水灌溉农田。在与这些农耕区配套的聚居地上，考古学家还发现了下陷式圆形房屋地板，这里偶尔还有陶器碎片出土。在公元前1500年之后，陶器日益常见。[38] 在墨西哥北部，同一时代的遗址内则有面积广阔的阶地。人们在这些阶地上修建住宅、种植玉米。两地的建筑群都有大量证据表明人们从事玉米种植活动，并把玉米存储在钟形地窖中。考古学家还在这些遗址中发现倭瓜、烟草和棉花等植物遗存。可见在这些遗址上，农耕生活方式应该占较大比重。随着年代距今越来越近，人们猎获的大型动物数量越来越少。这表明，由于人口不断增加，环境承受的压力也逐渐增大。

公元前1500年，玉米种植技术已经传播到美国西南部大部分地区，其中包括科罗拉多州和新墨西哥州的高原乡村。某个来自中美洲北部的犹他-阿兹特克语系族群可能就是把玉米带到此地的功臣，而他们也正是在美国西南部兴建普韦布洛古建筑的族群的祖先。现代霍皮人就是他们后代中的一个支系。由于墨西哥北部低地大部分处于干旱地带，这一引进玉米的祖先族群在迁移过程中，极有可能穿过西马德雷山地（Sierra Madre Occidental）内水资源较丰富的地带，那里是靠近加利福尼亚湾的内陆地区。[39]

最让人吃惊的，就是美国西南部引进玉米种植技术的年代如此之早，其实那时中美洲的村居生活也才刚刚开始不久。亚利桑那州出土的灌溉水渠可能比中美洲目前出土的任何同类水渠年代更早，陶器碎片也是如此。但是这未必意味着，居住在亚利桑那州的祖先族群首先发明农田灌溉和陶器技术。比如，美国佛罗里达州以及委内瑞拉出土的陶器的年代要早得多，当时这两地的族群以狩猎-采集为生。在墨西哥北部大部分地区，除了紧邻美墨边境的遗址，很少有早于公元前2000年的考古记录。简言之，考古新发现总有可能再次带给我们新的信息。

史前阿尔岗琴语系族群和犹他-阿兹特克语系族群各自拥有亲

缘性极强的诸种语言，所以这两大族群具有内在的统一性。但是他们的生活方式并非整齐划一，有的从事狩猎和采集活动，有的则种植玉米，从事食物生产活动。这是否意味着，在史前史阶段，他们能够在这两种自给体系中随意切换？我觉得未必。

北美大盆地和加利福尼亚州东南部的犹他–阿兹特克语系族群迁入干旱地带，由于降雨量不足，不具备从事农耕的条件，派尤特人、肖肖尼人和切梅惠韦（Chemehuevi）人都是如此。这些人要么成为狩猎–采集者，要么就得按原路返回。大约 2000 年前，他们做出抉择，留在干旱地带从事狩猎和采集活动——至少这是现代科学家根据近期的语言学和古 DNA 研究成果做出的推论。[40]

许多其他北美洲本土族群也做出类似的选择。欧洲人进入新大陆之后，这种情况尤其普遍：东部林地太多适合农耕的土地已经被入侵的欧洲聚居者占据，原住民被迫西进，以免遭到屠戮。和北美大盆地类似，北美大平原气候也十分干旱。在史前时期，人们无法在这里从事农耕活动——他们身处落基山脉东面的背风雨影区（rain shadow zone）。但是，18 世纪和 19 世纪内，许多在密西西比河东部生活的北美洲原住民部落的农田被政府征收，他们只好迁移到这一干旱地带。在这里，他们能够骑马追猎美洲野牛。更新世末期，马这一物种曾一度灭绝，而在殖民时代，西班牙人又将马再次引进至美洲。

许多苏语系族群、阿尔岗琴语系族群和卡多语系族群都以这种方式持续迁移，进入北美大平原中部地区。隶属于犹他—阿兹特克语系族群的科曼奇人，也是这样进入北美大平原南部地区的。好莱坞西部片就从这些原住民的生存环境以及历史传奇中寻找灵感，但是许多电影爱好者可能并没有意识到，这种纵马驰骋的浪漫场景并非北美洲原住民史前生活方式的真实写照。

第13章 从猿人到农业兴起

　　以上就是我对人类 500 万年漫长进化史的简要叙述。我们如今居住的世界不仅仅只有过去数千年以来有文字可考的历史。我们的祖先的成就为它奠定了基础——史前人类在塑造历史的过程中，发挥了更基础的作用。之前，公众对我们的祖先缺乏了解，但是最近，得益于全世界成千上万的学者持续不懈的研究，人们开始关注他们，想要了解他们在历史上建立的功勋。

　　如果我们把人亚族以及人类的历史视为一体，就能发现这一进程中某些具有决定意义的转折点。其中包括人亚族中灵长类物种与黑猩猩和倭黑猩猩祖先的分化，人亚族首次始于非洲的外迁活动；人属物种的出现；智人物种的出现及其最终"走出非洲"的迁移之旅；以及最后同样关键的一步——食物生产方式在数个地区起源、发展，并引发迁移风潮。每一次变局都构成历史发展的里程碑，并以不可逆的方式推动人亚族及其人类后代朝新的方向前进。

　　我们能否利用人亚族和人类历史的相关知识预测我们共同的未来？有时候，这样的观点听起来令人宽慰：在走向未来的过程中，人类能够吸取过去失败的教训。今天的世界依然变化莫测、动荡不安，我们面临的风险甚至可能更高。在这种背景下，人们尤其需要寻找安慰。话虽如此，我依然认为我们根本无法精准地预测人类的未来。我个人的观点是，我们无法利用历史知识判定未来。换言之，历史研究的意义不在于它能够以任何实质性的方式帮助我们判定未来，而在于它让我们意识到我们共同的人性。一旦对人类共同的人性有了清醒的意识，我们自然就会受益良多。其中有个益处就是，在民族和种族矛盾激化、猜疑和厌憎情绪甚嚣尘上的时候，人类会对这种状况加以控制。此外，人类还会加强合作，以确保所有民族能公平地获取全世界丰富的资源。

本书已经进入尾声，不如回顾一下我们在试图理解人类史前史时出现的某些重要论题。在探讨这些论题的时候，我无法提供让人人都满意的权威理论。所有的探讨都涉及多学科领域内的研究。我认为，我们可能永远无法找到其中许多问题的答案，而在这种情况下，我们无疑会更积极地就这些论题展开辩论。如果真的能解开人类历史上的所有谜团，那我们就会失去好奇心，史前史也会变得枯燥无味。

第一个论题就是人亚族和黑猩猩亚族的分化。它发生于何时何地，又是如何发生的？东非大裂谷地带的裸露沉积层中出土了很多早期人亚族化石，但是那里并没有年代足够久远（500 万至 1000 万年前）的、可开掘的沉积带能够提供与该分化相关的化石记录。古人类学家也不能冲向已知的可能会有化石出土的地方着手开掘——考古并非寻宝探险。我们无论怎么做，都不可能提高相关化石出土的速度。实际上，我们可能永远也无法找到可以称之为"铁证"的化石遗骸，即经鉴定确实属于人亚族和黑猩猩亚族共同祖先的化石遗迹。

第二个论题是，距今 200 万至 250 万年前，非洲上新世人亚族中，到底谁才是首批人属的祖先？从理论上讲，古 DNA 和蛋白质的研究应该能够解答这一问题，但是由于这一年代的化石中的原骨骸已经完全矿化，所以从中提取到古 DNA 和蛋白质的可能性为零。目前，科学家从人亚族骨骸中提取到的年代最久远的古 DNA 大约有 40 万年的历史，来自西班牙骸骨坑。相比之下，最古老的蛋白质记录对应的年代要早得多。在德曼尼西遗址中，科学家甚至从动物化石中提取到了 170 万年前的蛋白质。将来，科技的进步是否会给我们带来更多惊喜？目前我们只能耐心等待。

更新世早期人属出现之后，其首个变革活动就是探寻走出非洲的途径。这一事件预示人属物种的美好前景，但是科学家并未就其精确年代达成一致意见。毕竟，目前我们通过科学分析得到的年代鉴定结果并非直接来自相关的石器或化石，而是来自埋藏着这些石器或化石的沉积层。如果对其中的沉积背景的理解稍有偏差，其结论就可能"谬以千里"。在非洲之外，最古老的人亚族遗骸来自格鲁吉亚的德曼尼西人，距今大约170万年。最古老的石器据说来自中国，其历史已经超过200万年。这些年代是否"正确"？我认为很难判断。

无论具体发生在什么年代，非洲人亚族的外迁之旅可能都是早期人属进化史上的关键事件之一。但是也有科学家认为，人亚族起源于欧亚大陆这一假说也未必没有研究价值（我曾在第2章提过这一假说；从目前的证据看，我对这一假说的科研前景缺乏信心）。走出非洲之后，人亚族的生存地几乎扩大了两倍。非洲面积约为3000万平方千米，欧亚大陆则约为5500万平方千米，但是那里并非全是宜居之地，甚至如今也有些地方不合适人类居住。在非洲和欧亚大陆，人亚族逐步进化，最终衍生出多类人属物种。在演变过程中，有的人亚族种脑容量增大，另外一些则在隔绝状态下保持了脑容量小这一特征。

古人类学家为了区分这些更新世人亚族物种，试图辨识其特征并冠以不同的名称，但是作为分别繁殖的族群，他们究竟处在什么样的状态之中？随着时间的推移，他们是否逐渐发展为相互隔离的族群，最终无法实现跨物种交配，生出具有生殖能力的后代？进化科学告诉我们，这种现象其实颇为常见。但是在另外一些情况下，他们可能保持了杂交繁殖的能力，形成基因交流。其中最典型的情况：某一物种的成员在迁移过程中进入另一物种的领地并与之深度接触。

化石记录和遗传分析结果都表明，上述两种可能性也许同时存在。比如，第一，智人可能和尼安德特人以及丹尼索瓦人都有杂交；第二，三者原本有共同的遗传起源，智人作为独立物种，又在其起源后大约 70 万年取代了上述两大族群。但是目前，我们只能考察更新世中晚期人亚族的相关活动，因为缺乏更早之前的古 DNA 记录。

本书介绍的观点是，在过去 200 万年人属的进化历程中，体形和脑容量小的人亚族最先走出非洲，扩散到欧亚大陆；科学家也在格鲁吉亚、中国和爪哇发现了与之相关的考古记录。在迁移过程中，个别分支最终登上弗洛雷斯岛和吕宋岛，从此处于遗传隔绝状态。在南非部分地区，纳莱迪人的祖先可能有同样的经历，但是他们明明身处内陆，为何也会形成隔绝状态？其原因令人费解。

100 万年前之后，迁移风潮再起。脑容量较大的更新世中期族群不仅扩散到整个非洲大陆，他们的足迹也踏遍欧亚大陆大部分地区，侵犯之前的人亚族物种的领地，其中直立人更是深受影响。30 万年前，这些更新世中期祖先族群已经分化为非洲早期智人以及欧亚大陆尼安德特人和丹尼索瓦人。尼安德特和丹尼索瓦人在更新世晚期灭绝。在此之前，这三个人属物种之间一直具备杂交繁殖能力。在迁移过程中，丹尼索瓦人可能也曾成功抵达新几内亚和澳大利亚（但是目前科学家尚未找到确凿的证据）。如今在这些地区居住的现代原住民族群则是智人的后代，这些智人后来才进入这两个地区。

到目前为止，人类进化史相对清晰，但是智人时代来临，疑云又起。在这一阶段，古人类学记录和遗传学记录显然并不相符。以前者为参照，智人在 10 万多年前从非洲出发，进入欧洲和中东；但是后者却表明，不到 7 万年前，非洲智人才进入欧亚大陆。这意味着，在这波迁移运动中，最初离开非洲的智人族群未能成功地把基因遗传给今日存活的人类族群。这段历史颇为神秘。也许尼安德特人并不像普通大众想象的那样憨直可亲，他们其实十分抗拒来自非洲的智人移民。

早期智人在澳大利亚和欧亚大陆两地聚居，那里出土的遗物澄清了曾引发争议的一个历史疑点。在非洲大陆之外，比如黎凡特和澳大利亚地区，与智人遗骸明确相关的最古老的石器具备旧石器中期的技术特征意味着，考古学家界定的"旧石器时代晚期"石器技术（为避免争议，这里仅谈石器技术，不包括该考古时期的其他特征）是在智人迁移流散，进入欧亚大陆之后发展起来的。旧石器时代晚期的特殊形状的石器，比如琢背石叶石器和双面尖状石器，是从一个还是数个起源地传播出去的呢？科学家尚未达成一致意见。

但是，在欧亚大陆，旧石器时代晚期在 47000 年前之后才出现。而且看起来，欧亚大陆的旧石器时代晚期所有石器都经过改良，以适应当地更寒冷的气候。经年代鉴定，距今确实超过 5 万年的旧石器时代晚期的石器仅在南非一地出土，而那里位于撒哈拉沙漠以南非洲，又恰巧与智人作为单独物种出现的起源地（以遗传和遗骸记录为依据）部分重合。分别在非洲和欧亚大陆两地出现的旧石器时代晚期石器技术是否存在联系？是否为文化交流的成果？目前尚不清楚。我认为，大部分考古学家都情愿保持开放的心态，等待更多来自北非的证据。

但是，我之前也曾强调，旧石器时代晚期，人亚族的进化史并不仅仅体现在这批琢背和双面石器之中。在这一时期，艺术、有意识的丧葬活动、用来满足个人品位的身体装饰、在看不见陆地的广阔海域内的旅行等都以萌芽形式首次出现。这些行为（特征）是智人的专属吗？还是同样存在之前的人亚族物种（比如尼安德特人）之中？科学家对此仍有争议。

发现者声称，澳大利亚北部玛吉贝贝遗址出土的磨刃石斧距今

65000 至 53000 年，这一结论也让人疑惑。在世界上其他地方，我们并未发现任何年代如此久远的磨刃石斧。这一年代鉴定结果是否正确？如果是，它们是否预示着，智人进入澳大利亚，在那里独立发展石器技术，所以是这些石斧的年代和由考古学家界定的、以世界上其他地方的石器文化为依据而界定的旧石器时代中晚期相去甚远？还是这种石器称得上是"第三流派"（third stream）——也许只是多了一道磨刃工序，但是在其他方面，依然保留了旧石器时代中期的石核和石片？我一定要保持开放的心态，等待新的证据证实或否决这种可能性。

智人首次走出非洲、四处流散，无论当时发生了什么，有一个结果毋庸置疑：4 万年前，他们已经成功占据旧大陆上所有可居住地区，并且在此过程中取代了之前的人亚族物种（他们和其中某些人属物种还曾杂交并繁育后代）。我不知道这样看待问题是否明智，但是从某种意义上说，现代人类的祖先赢得了生存之战，并作为唯一留存的人亚族物种占据旧大陆。他们也并未停下迁移的脚步。

大约 15500 年前，最后一个冰期结束，加拿大西海岸的冰层日益消退，来自亚洲东北部的移民在美洲建立聚居地并开展活动。这片面积达 4250 万平方千米的陆地很快出现了人类迁移的脚步，而且很快，家犬的爪痕也混杂在人类的脚印之中。14500 年前，除了南极洲，全球各大洲都开始有了人类存在造成的影响。

旧石器时代的史前史最后一个知识点与交通工具有关。为了抵达澳大利亚、日本和美洲，人们乘舟而行。但是说到航海，我们不能忘记吕宋岛和弗洛雷斯岛上矮小的人亚族。他们提醒我们，完成跨海壮举的族群不仅仅有最初的澳大利亚人、美洲人或新石器时代的农耕者，还有他们。而最终实现技术突破、扬帆横跨太平洋的，只有新石器时代的农耕族群。

✦ 食物生产是否改变了规则？

公元前 10000 至 2000 年，世界上许多地方的各个族群开始发展食物生产，其结果为人口数量增长，人们对可耕种或可畜牧的高产土地的渴望也越来越强烈。由于食物资源有限，之前 500 万年中，人亚族和人类的数量相对较少；从事食物生产之后，人类开始突破这种限制。

由考古记录佐证的人口持续增长本身其实就是有效的线索，这表明人们成功发展出了食物生产体系，在动植物的有机存留物难以保存的情况下，这种线索更是意义重大。另一个线索则与语言传播历史有关：世界上许多地方的早期农耕者使用的语言四处扩散，各语系也逐渐形成。这都表明史前人类确实从事食品生产而且获得成功。

食物生产体系建立之后，人们开始迁移。在漫长的迁移过程中，世界上主要农耕族群的分布范围逐渐稳定下来。他们使用各自的语言，创建不同的物质文化。这一局面延续至公元 1492 年。但是，为了避免任何误解，我必须强调，没有人声称，食物生产的开端是导致 1492 年时的世界人口结构形成的直接原因。许多族群和语系扩张发生在食物生产发端期之后。在很多情况下，早期的人类图景会被完全抹去。

再者，大规模迁移往往具有周期性。静默期之后，不时出现狂飙突进式的迁移运动。比如，波利尼西亚人的祖先最初从台湾岛出发，之后历经 3000 年，他们才在被辽阔水域环绕的东波利尼西亚群岛安家。汉语语族发源于黄河附近，大约 4000 年之后，即汉朝时，该语族族群才在中国华南地区聚居。亚洲的突厥语族族群和通古斯语族族群的扩散时断时续，大约历时 2000 年。欧洲古老的罗曼语族族群也是如此，罗曼语族隶属于印欧语系，从印欧语系和阿尔泰语系起源的大致时间直到罗曼语族大幅度扩散的罗马帝国时期，也经历了数千年。

上述扩散活动中，语言／族群分支逐渐形成，而它们隶属的语系／族群的全部谱系的规模自然要大很多，这些扩散活动有时又会隐去或抹去之前的迁移活动留下的痕迹。更久远的人类图景有时会全部消失，印欧语系中的安纳托利亚语族和吐火罗语族就是如此。在欧洲殖民时代，这种族群的更替更是达到史上最大规模。由于存在历史记录，所以我们很容易找到其背景和原因。

许多考古学家质疑人类史前史农业的意义，认为它的重要性往往被高估。我认为，他们忽略了我在本书中记录的大型族群和语言扩散活动的重要性。在本书后半部分，我更是花了大量篇幅记述相关历史。人类进入食物生产状态真的是一个严重错误吗？有人声称，我们的祖先无意间选择了疾病、压迫和辛苦劳作，反而放弃了自由、轻松又富足的狩猎-采集生活方式。为了做出理智的判断，我们必须保持尽量公允的态度，毕竟两种生活方式显然各有利弊。

我个人认为，随着食物生产的发展，人口增长的潜力得以释放，人类族群分布格局因此形成，其中很大一部分直到今日也并未改变。考察世界上主要生物族群和语系的分布状况，我们不难察觉到这一格局的存在和影响。该格局是智人史前史上规模空前的迁移运动的产物，至少自智人这一物种在非洲境内扩散并走出非洲以来，史前史其他时期从未出现如此大规模的迁移运动。

所以，整体看来，食物生产的萌芽和发展属于人类的成就。起码从人口学角度看，人类大获成功。农耕者依托驯化动植物创造易于传播的生产体系。他们还能采用人工手段增加生产投入，实现增产目标。由此可见，和狩猎-采集者相比，农耕者具备毋庸置疑的优势。

但是，我们必须记住，狩猎-采集群体有时也会进行重要的迁移活动，但往往是迁入之前无人居住或者被人离弃的领地。年代相对较近的北美洲因纽特人和阿帕契人的迁移活动就是清楚的例证。从这一方面看，澳大利亚帕马-恩永甘语系族群的扩散令人疑惑：并无证据表明，在这次扩散发生之前，曾有领地被离弃或者发生过一定规模的族群迁移事件。目前，我们尚无法充分解释这次扩散活动，尤其因古 DNA 证据不足。

行文至此，能够得出什么样的结论？就在公元前 320 年前，亚历山大大帝挥师远征，从马其顿出发，止步于印度河流域。但是那时候，除了一些偏远地区，比如马达加斯加和波利尼西亚外围岛屿（人类后来才在这些地方聚居），人类分布的"大"格局早已稳定下来，而且已经持续数千年。直到 1492 年哥伦布大交换时代开启，这一格局才被打破。无论是亚历山大还是罗马人，都未曾对地球各地族群和语言分布状况造成实质性的影响，成吉思汗和他的蒙古军队也未曾真正改变这一格局。

换言之，如今我们所有活着的人继承的这个世界其实是由我们的史前祖先创建的。他们生活的年代远远早于文字、邦国以及帝国出现的时间；在大多数情况下，还远远早于大型城市、冶金技术和轮式车辆出现的时间，但是他们为今日世界奠定了最本质的基础。我们之中有很多人并未意识到这一点：他们有的从事自给自足的农耕活动，有的靠狩猎和采集为生。他们的生活方式带有部落文化特色，其组织以亲属血缘关系为基础。部落内部有时候还存在严重的不平等关系，但是他们为今天的人类及其多样性做出了巨大贡献。

这就引发了最后一个问题。人类之所以处于目前状态、与几乎被征服的自然界的关系如此紧张，其原因自然有许多，有些因素十分明显：人类物种的起源，人类具备感知能力。人类掌握相关知识，知道应该如何迁移到新的环境。人类掌握相关技术，知道如何从事食物生产活动。在这些因素中，是否存在最重要的一环，其影响超过其他所有因素？在我看来，有一环一直举足轻重：我们这一物种具备增加自身数量的能力——脑容量大的智人的人口增长往往达到令人瞩目的程度。

在特定环境下，人类能够把握机会展示出惊人的生殖能力。让我斗胆说一句，比起以超强的繁殖能力著称的野兔朋友，人类也不遑多让。我并不是说，人类迁移总是反映人口过剩这种现象。我认为，史前迁移活动刚刚开始的时候，往往只有少数人参与。但是当这些人发现在新的环境中，可利用的资源显著增加，这种活动就蔚然成风。1492 年之后新大陆的人口历史告诉我们，人类显然具备这种生殖能力。

在第 2 章，我曾提到保罗·莫兰的新著《人口浪潮》。在这本书的封底，我看到这样一句话："现代历史就是全球人口变迁史。"这话说得斩钉截铁，毫不含糊。我从史前史研究角度出发，得出结论："人类的全部历史，就是全球人口变迁史。"当然，人口变迁并非总和 1492 年之后一样，在"全球"范围内展开，但是其大意不变。

我们这个世界的资源有限，目前我们承受着有限的资源带来的压力。我们必须以更公平的方式共享这些资源。我们必须摆脱 20 世纪的普遍信念：人们一度认为，人类走向未来，增长永不停息。我们步入 21 世纪后，全球人口增长可能会变慢。但是如果想赢得后世的尊重，我们要做的依然很多。

注　释

前　言

1. Clare Goff, *An Archaeologist in the Making*: *Six Seasons in Iran* (Constable, 1980).

2. 比如，新西兰毛利人宗谱中记载，他们的祖先大多于公元 1250 年左右从传说中的"哈瓦基"（Hawaiki）出发，迁至当地。现代考古学研究和放射性碳年代鉴定实验结果都为这一说法提供了有力证据。

第 1 章

1. Charles Darwin, *The Descent of Man, and Selection in Relation to Sex* (John Murray, 1870), 689.

2. 听从我在澳大利亚国立大学的同事凯瑟琳·巴罗利亚的建议，我用"panin"，即"黑猩猩亚族"这一术语指代这两个同属"黑猩猩"的物种，两者之间有紧密的亲缘关系。

3. Jared Diamond, *The Rise and Fall of the Third Chimpanzee* (Vintage Books, 1992).

4. Simon Lewis and Mark Maslin, *The Human Planet*: *How We Created the Anthropocene* (Yale University Press, 2019), 3.

5. Paul Morland, *The Human Tide*: *How Population Shaped the Modern World* (John Murray, 2019).

第 2 章

1. Sergio Almécija et al., "Fossil apes and human evolution," *Science* 372 (2021): eabb4363.

2. Thomas Mailund et al., "A new isolation with migration model along complete genomes infers very different divergences processes among closely related great ape species," *PLoS Genetics* 8 (2012): e1003125; Yafei Mao et al., "A high-quality bonobo genome refines the analysis of human evolution," *Nature* 594 (2021): 77–81.

3. Frederick Engels, *The Origin of the Family*, *Private Property*, *and the State* (1884; repr., Pathfinder Press, 1972).

4. Graeme Ruxton and David Wilkinson, "Avoidance of overheating and selection for both hair loss and bipedality in humans," *PNAS* 108 (2011): 20965–20969.

5. Milford Wolpoff, *Paleoanthropology*, 2nd ed. (McGraw–Hill College, 1999), 222. Ian Tattersall, *Masters of the Planet*: *The Search for Our Human Origins* (Palgrave Macmillan, 2012).

6. Madelaine Böhme et al., "A new Miocene ape and locomotion in the ancestor of great apes and humans," *Nature* 575 (2019): 489–493.

7. Madelaine Böhme et al., *Ancient Bones*: *Unearthing the Astonishing New Story of How We Became Human* (Scribe, 2020).

8. Scott Williams et al., "Reevaluating bipedalism in Danuvius," *Nature* 586 (2020): E1–E3; 又见 Almécija et al., "Fossil apes."

9. Mao et al., "High–quality bonobo genome."

10. 基因突变指 DNA 序列的改变，往往发生在生殖过程中，源自 DNA 复制的错误。对基因选择的通俗理解是，出于某种原因（环境、性或文化），生物会生出繁殖能力最强的后代，因而对后代形成差异性基因贡献。基因漂变则由代际基因频率的随机波动造成。

11. Trenton Holliday et al., "Right for the wrong reasons: Reflections on modern human origins in the post–Neanderthal genome era," *Current Anthropology* 55 (2014): 696–724.

12. Mailund et al., "New isolation."

13. 参见科学家撰文综述的近期非洲的早期人亚族考古发现，详见 Lauren Schroeder, "Revolutionary fossils, ancient biomolecules," *American Anthropologist* 122 (2020): 306–320。

14. Clive Finlayson, *The Improbable Primate*: *How Water Shaped Human Evolution* (Oxford University Press, 2014).

15. Yohannes Haile–Selassie et al., "A 3.8–million–year–old hominin cranium from WoransoMille, Ethiopia," *Nature* 573 (2019): 214–219; Dean Falk, "Hominin brain evolution," in Sally Reynolds and Andrew Gallagher, eds., *African Genesis* (Cambridge University Press, 2012), 145–162.

16. Amélie Beaudet et al., "The endocast of StW 573 ('Little Foot') and

hominin brain evolution," *JHE* 126 (2019): 112–123.

17. Jeremy DeSilva et al., "One small step: A review of Plio–Pleistocene hominin foot evolution," *AJPA* 168, suppl. 67 (2019): 63–140.

18. Matthew Skinner et al., "Human–like hand use in Australopithecus africanus," *Science* 347 (2015): 395–399.

19. Mark Grabowski et al., "Body mass estimates of hominin fossils and the evolution of human body size," *JHE* 85 (2015): 75–93.

20. Ignacio De la Torre, "Searching for the emergence of stone tool making in eastern Africa," *PNAS* 116 (2019): 11567–11569.

21. 洛卡来雷遗址石器分析参见 H. Roche et al., "Early hominid stone tool production and technical skill 2.34 mya in West Turkana, Kenya," *Nature* 399 (1999): 57–60。师徒互动假说参见 Dietrich Stout et al., "Archaeology and the origins of human cumulative culture," *Current Anthropology* 60 (2019): 309–340。

22. Jessica Thompson et al., "Origins of the human predatory pattern," *Current Anthropology* 60 (2019): 1–23.

23. Julio Mercader et al., "4,300–year–old chimpanzee sites and the origins of percussive stone technology," *PNAS* 104 (2007): 3043–3048.

24. Kenneth Oakley, Man the Tool–Maker (British Museum, 1949) 是与该主题相关的经典著作。

26. Brian Villmoare, "Early Homo at 2.8 ma from Ledi–Geraru, Afar, Ethiopia," *Science* 347 (2015): 1352–1355.

27. Frank Brown et al., "Early Homo erectus skeleton from west Lake Turkana, Kenya," *Nature* 316 (1985): 788–792. 纳里奥科托姆男孩出土时共有 70 块遗骨，他死时年纪又小，所以科学家很难以之为据精确推测成年人的脑容量。遗骸出土于粉砂岩层，该岩层之下为火山凝灰岩，科学家采用钾氩（potassium–argon）法，测定其年代在 165 万年前。

28. Paul Manger et al., "The mass of the human brain," in Sally Reynolds and Andrew Gallagher, eds., *African Genesis* (Cambridge University Press, 2012), 181–204.

29. Leslie Aiello and Peter Wheeler, "The expensive–tissue hypothesis," *Current Anthropology* 36 (1995): 199–223.

30. Engels, *Origin of the Family*, 176.

31. Robin Dunbar, *Human Evolution*: *Our Brains and Behavior* (Pelican, 2014).

32. Donna Hart and Robert Sussman, *Man the Hunted*: *Primates, Predators, and Human Evolution* (Westview, 2005).

33. Timothy Taylor, *The Artificial Ape*: *How Technology Changed the Course of Human Evolution* (Palgrave Macmillan, 2010).

34. Richard Wrangham, *Catching Fire*: *How Cooking Made Us Human* (Profile, 2009); R. Wrangham, "Control of fire in the Paleolithic," *Current Anthropology* 58, suppl. 16 (2017): S303–313. 在南非的旺德沃克洞穴（Wonderwerk Cave）中，科学家发现烧焦的骨头以及余烬，说明大约100万年前人类就开始使用火。这可能是人类用火目前已知的最古老的证据。

35. John Gowlett, "Deep roots of kin: Developing the evolutionary perspective from prehistory," in N. J. Allen et al., eds., *Early Human Kinship*: *From Sex to Social Reproduction* (Blackwell, 2008), 48.

36. Henry Bunn et al., "FxJj50: An Early Pleistocene site in northern Kenya," *World Archaeology* 12 (1980): 109–136.

37. Glynn Isaac, "Emergence of human behaviour patterns," PTRSB 292 (1981): 187.

第3章

1. Kurt Lambeck et al., "Sea level and global ice volumes from the Last Glacial Maximum to the Holocene," *PNAS* 111 (2014): 15296–15303; Andrea Dutton et al., "Sea-level rise due to polar ice-sheet mass loss during warm wet periods," *Science* 349, no. 6244 (2015): aaa4019; Yusuke Yokoyama et al., "Rapid glaciation and a two-step sea level plunge into the Last Glacial Maximum," *Nature* 559 (2018): 603–607; Simon Lewis and Mark Maslin, *The Human Planet*: *How We Created the Anthropocene* (Yale University Press, 2019). 在这些文献中，科学家详细介绍了冰期和间冰期更替之际气候和海平面的变化。

2. 科学家提出，最后一个冰河时期发生于 2 万年前，详见 Geoff Bailey

et al., "Coastlines, submerged landscapes, and human evolution: The Red Sea Basin and the Farasan Islands," *JICA* 2 (2007): 140。

3. 详见Madelaine Böhme et al., *Ancient Bones*: *Unearthing the Astonishing New Story of How We Became Human* (Scribe, 2020).此书作者提出非洲回迁假说，论述有理有据，但是作者认为，人亚族更有可能实际起源于欧洲而不是非洲。

4. 过去40万年来，阿拉伯半岛上出现过高降雨量时期，详见 Huw Groucutt et al., "Multiple hominin dispersals into Southwest Asia over the past 400,000 years," *Nature* 597 (2021): 376–380。

5. 详见 Ofer Bar-Yosef and Miriam Belmaker, "Early and Middle Pleistocene faunal and hominin dispersals through southwestern Asia," *QSR* 30 (2011): 1318–1337; Hannah O'Regan et al., "Hominins without fellow travellers?," *QSR* 30 (2011): 1343–1352（原作者提法较隐晦）。

6. 科学家采用磁性地层学（magnetostratigraphy）研究方法、电子自旋共振法（electron-spin resonance）和哺乳类生物地层学（mammalian biostratigraphy）研究方法测得这些年代。参见 Mohamed Sahnouni et al., "1.9-million- and 2.4-million-year-old artifacts and stone tool-cutmarked bones from Ain Boucherit, Algeria," *Science* 362 (2018): 1297–1301。

7. Zhaoyu Zhu et al., "Hominin occupation of the Chinese Loess Plateau since about 2.1 million years ago," *Nature* 559 (2018): 608–612.

8. Rob Hosfield, "Walking in a winter wonderland," *Current Anthropology* 57 (2016): 653–682.

9. 关于动物不知人类的凶险的讨论，参见 Margaret E. Lewis, "Carnivore guilds and the impact of hominin dispersals"; Robin Dennell, "Pleistocene hominin dispersals, naive faunas and social networks," in Nicole Boivin et al., eds., *Human Dispersal and Species Movement*: *From Prehistory to Present* (Cambridge University Press, 2017), 29–61 and 62–89。

10. Ann Gibbons, "The wanderers," *Science* 354 (2016): 959–961; David Lordkipanidze et al., "A complete skull from Dmanisi, Georgia," *Science* 342 (2013): 326–331.

11. 印度尼西亚更新世史前史详见 Peter Bellwood, *First Islanders*: *Prehistory and Human Migration in Island Southeast Asia* (Wiley Blackwell, 2017)。

12. Julien Louys and Patrick Roberts, "Environmental drivers of megafauna and hominin extinction in Southeast Asia," *Nature* 586 (2020): 402–406.

13. Shuji Matsu'ura et al., "Age control of the first appearance datum for Javanese Homo erectus in the Sangiran area," *Science* 367 (2020): 210–214. 文献作者声称，仅在 130 万年前，直立人才来到爪哇中部的桑吉兰。

14. Marcia Ponce de Leon et al., "The primitive brain of early Homo," *Science* 372 (2021): 165–171.

15. Thomas Sutikna et al., "Revised stratigraphy and chronology for Homo floresiensis at Liang Bua in Indonesia," *Nature* 532 (2016): 366–369.

16. Gert van den Bergh et al., "Homo floresiensis–like fossils from the early Middle Pleistocene of Flores," *Nature* 534 (2016): 245–248.

17. Debbie Argue et al., "Homo floresiensis: A cladistic analysis," *JHE* 57 (2009): 623–629. 又见：Debbie Argue, "The enigma of Homo floresiensis," in Bellwood, *First Islanders*, 60–64.

18. Jeremy DeSilva et al., "One small step: A review of Plio–Pleistocene foot evolution," *AJPA* 168 (2019): S67.

19. J. Tyler Faith et al., "Plio–Pleistocene decline of African megaherbivores: No evidence for ancient hominin impacts," *Science* 362 (2018): 938–941; and Louys and Roberts, "Environmental drivers," 402–406.

20. Böhme et al., *Ancient Bones*, 221.

21. Böhme et al., *Ancient Bones*, 226, 文中提出：无论是弗洛雷斯人，还是吕宋人，其最初起源地都在欧亚大陆，而不是非洲。

22. Florent Détroit et al., "A new species of Homo from the Late Pleistocene of the Philippines," *Nature* 568 (2019): 181–186. 科学家最近采用铀系同位素法测定卡亚奥洞穴内的一颗牙齿的年代，其结果表明，这颗牙齿的历史超过 13 万年（详见 Rainer Grün, communication at International Conference on Homo luzonensis and the Hominin Record of Southeast Asia, Manila, February 2020）。

23. Thomas Ingicco et al., "Oldest known hominin activity in the Philippines by 709,000 years ago," *Nature* 557 (2018): 232–237. 科学家采用电子磁旋共振法对牙釉质和石英进行分析，测得此年代。

24. 也可能存在这种情况：前智人人亚族能够到达某些未被陆桥连接的地

中海岛屿，比如克里特岛和纳克索斯岛（Naxos）。See Andrew Lawler, "Searching for a Stone Age Odysseus," *Science* 360 (2018): 362–363.

25. A. P. Derevianko, *Three Global Human Migrations in Eurasia*, vol. 2, *The Original Peopling of Northern, Central and Western Central Asia* (Russian Academy of Sciences, 2017), 802.

第 4 章

1. 相关物种进化树参见 Xijun Ni et al., "Massive cranium from Harbin in northeastern China," *The Innovation* 2, no. 3 (2021), 100130; Anders Bergström et al., "Origins of modern human ancestry," *Nature* 590 (2021): 229–237; Elena Zavala et al., "Pleistocene sediment DNA reveals hominin and faunal turnovers at Denisova Cave," *Nature* 595 (2021): 399–403.

2. Alan Thorne and Milford Wolpoff, "The multiregional evolution of humans," *Scientific American* 266, no.4 (1992): 76–79, 82–83; Milford Wolpoff, *Paleoanthropology*, 2nd ed. (McGraw–Hill College, 1999). 又见 Sang–hee Lee, *Close Encounters with Humankind: A Paleoanthropologist Investigates Our Evolving Species* (W. W. Norton, 2018).

3. Svante Paabo, "The human condition—a molecular approach," *Cell* 157 (2014): 216–226.

4. 对于非专业人士而言（比如，我本人就不是遗传学家），所谓线粒体，就好比细胞中小小的发动机，它包含可以产生能量的酶。正常情况下，只有女性才能把线粒体传给下一代（显然，有记录表明，男性也能把线粒体传给后代，但是这种情况罕见），而且只有女性后代才能继续传递线粒体。受孕期间，女性线粒体基因的核苷酸有时会产生突变，继而形成新的遗传支系（或称基因型）。

5. Rodrigo Lacruz et al., "The evolutionary history of the human face," *Nature Ecology and Evolution* 3 (2019): 726–736.

6. Frido Welker et al., "The dental proteome of *Homo antecessor*," *Nature* 580 (2020): 235–238.

7. José Maria Bermudez de Castro and Maria Martinon–Torres, "A new model for the evolution of the human Pleistocene populations of Europe," *Quaternary*

International 295 (2013): 102–112; David Reich, *Who We Are and How We Got Here*: *Ancient DNA and the New Science of the Human Past* (Oxford University Press, 2018), 70. 又见 Madelaine Böhme et al., *Ancient Bones*: *Unearthing the Astonishing New Story of How We Became Human* (Scribe, 2020)，这本书提出，人亚族进化始于欧亚大陆，而不是非洲。

8. Rainer Grün et al., "Dating the skull from Broken Hill, Zambia," *Nature* 580 (2020): 372–375.

9. A. P. Derevianko, *Three Global Human Migrations in Eurasia*, vol. 4, *The Acheulean and Bifacial Lithic Industries* (Russian Academy of Sciences, 2019).

10. Ceri Shipton, "The unity of Acheulean culture," in Huw Groucutt, ed., *Culture History and Convergent Evolution*: *Can We Detect Populations in Prehistory?* (Springer, 2020), 13–28.

11. 有时也拼写为"Neandertal"，源自尼安德特河谷的德语拼写形式。

12. Chris Stringer, "Evolution of early humans," in Steve Jones et al., eds., *The Cambridge Encyclopedia of Human Evolution* (Cambridge University Press, 1992), 248.

13. Martin Petr et al., "The evolutionary history of Neanderthal and Denisovan Y chromosomes," *Science* 369 (2020): 1653–1656. 如图 4.1 下方所示，尼安德特人中，西班牙骸骨坑的线粒体 DNA 遗传支系被取代，而取代它的，是尼安德特人与智人混种杂交产生的新支系。

14. Nohemi Sala et al., "Lethal interpersonal violence in the middle Pleistocene," *PLoS One* 10, no. 5 (2015): e0126589.

15. Lu Chen et al., "Identifying and interpreting apparent Neanderthal ancestry in African individuals," *Cell* 180 (2020): 677–687.

16. Bergström et al., "Origins of modern human ancestry."

17. Benjamin Vernot et al., "Excavating Neanderthal and Denisovan DNA from the genomes of Melanesian individuals," *Science* 352 (2016): 235–239; João Teixeira et al., "Widespread Denisovan ancestry in Island Southeast Asia," *Nature Ecology and Evolution* 5 (2021): 616–624; Maximilian Larena et al., "Philippine Ayta possess the highest level of Denisovan ancestry in the world," *Current Biology* 31 (2021): 1–12.

18. 与该研究相关的学术文献中，最合适大众阅读的当属 Tom Higham 的 *The World before Us* (Viking, 2021)，最详细的专业文章为 Zenobia Jacobs et al., "Timing of archaic hominin occupation of Denisova Cave in southern Siberia," *Nature* 565 (2019): 594–599; Katerina Douka et al., "Age estimates for hominin fossils and the onset of the Upper Palaeolithic at Denisova Cave," *Nature* 565 (2019): 640–644。

19. Viviane Slon et al., "The genome of the offspring of a Neanderthal mother and a Denisovan father," *Nature* 561 (2018): 113–116.

20. Fahu Chen et al., "A late Middle Pleistocene Denisovan mandible from the Tibetan Plateau," *Nature* 569 (2019): 409–412. 科学家采用铀系法分析附着在化石表面的碳酸盐沉积物，测算出化石年代。D. Zhang et al., "Denisovan DNA in Late Pleistocene sediments from Baishiya Karst Cave," *Science* 370 (2020): 584–587.

21. Guy Jacobs et al., "Multiple deeply divergent Denisovan ancestries in Papuans," *Cell* 177 (2019): 1010–1021; Anders Bergström et al., "Insights into human genetic variation and population history," *Science* 367 (2020): eaay5012; Diyendo Massilani et al., "Denisovan ancestry and population history of early East Asians," *Science* 370 (2020): 579–583; Larena et al., "Philippine Ayta."

22. Ni et al., "Massive cranium"; Qiang Ji et al., "Late Middle Pleistocene Harbin cranium represents a new Homo species," *The Innovation* 2, no. 3 (2021): 100132.

23. Ann Gibbons, "'Dragon Man' may be an elusive Denisovan," *Science* 373 (2021), 11–12; Bergström et al., "Origins of modern human ancestry."

24. Marie Soressi et al., "Neandertals made the first specialized bone tools in Europe," *PNAS* 110 (2013): 14186–14190; Jacques Jaubert et al., "Early Neanderthal constructions deep in Bruniquel Cave in southwestern France," *Nature* 534 (2016): 111–114; Tim Appenzeller, "Europe's first artists were Neandertals," *Science* 359 (2018): 853–853; Clive Finlayson, *The Smart Neanderthal: Bird Catching, Cave Art, and the Cognitive Revolution* (Oxford University Press, 2019).

25. Rebecca Wragg Sykes, *Kindred: Neanderthal Life, Love, Death and Art*

(Bloomsbury, 2020).

26. Emma Pomeroy et al., "New Neanderthal remains associated with the 'flower burial' at Shanidar Cave," *Antiquity* 94 (2020): 11–26; Avraham Ronen, "The oldest burials and their significance," in Sally Reynolds and Andrew Gallagher, eds., *African Genesis*: *Perspectives on Hominin Evolution* (Cambridge University Press, 2012), 554–570.

27. Judith Beier et al., "Similar cranial trauma prevalence among Neanderthals and Upper Palaeolithic modern humans," *Nature* 563 (2018): 686–690.

28. Michael Balter, "The killing ground," *Science* 344 (2014): 1080–1083.

29. Kumar Akhilesh et al., "Early Middle Palaeolithic culture in India around 385–172 ka reframes Out of Africa models," *Nature* 554 (2018): 97–101.

30. Yan Rizal et al., "Last appearance of *Homo erectus* at Ngandong, Java, 117,000– 108,000 years ago," *Nature* 577 (2020): 381–385. 注：标题中的所谓"最后出现的时间"并不是指直立人灭绝的年代，仅仅指这一时间段内，爪哇岛上出现的直立人距今最近。

31. Peter Bellwood, *First Islanders*: *Prehistory and Human Migration in Island Southeast Asia* (Wiley Blackwell, 2017).

32. 科学家采用铀系法和电子自旋共振法测定年代。Paul Dirks et al., "The age of Homo naledi and associated sediments in the Rising Star Cave, South Africa," *eLife* 6 (2017): e24231.

33. Lee Berger and John Hawks, *Almost Human*: *The Astonishing Tale of* Homo naledi *and the Discovery That Changed Our Human Story* (National Geographic, 2017).

第 5 章

1. Paul Pettitt, "The rise of modern humans," in Chris Scarre, ed., *The Human Past*: *World Prehistory and the Development of Human Societies*, 4th ed. (Thames and Hudson, 2018), 117; John Hoffecker, *Modern Humans*: *Their African Origin and Global Dispersal* (Columbia University Press, 2017), table 4.3.

2. Carina Schlebusch et al., "Khoe–San genomes reveal unique variation and

confirm the deepest population divergence in Homo sapiens," *Molecular Biology and Evolution* 37 (2020): 2944–2954.

3. Rebecca Cann, Mark Stoneking, and Alan Wilson, "Mitochondrial DNA and human evolution," *Nature* 325 (1987): 31–36

4. Swapan Mallick et al., "The Simons Genome Diversity Project," *Nature* 538 (2016): 201–206; David Reich, *Who We Are and How We Got Here*: *Ancient DNA and the New Science of the Human Past* (Oxford University Press, 2018); Schlebusch et al., "Khoe–San genomes," 2944–2954.

5. Eva Chan et al., "Human origins in a southern African palaeo–wetland and first migrations," *Nature* 575 (2019): 185–189.

6. Carina Schlebusch et al., "Human origins in southern African palaeo–wetlands? Strong claims from weak evidence," *JAS* 130 (2021): 105374.

7. Mark Lipson et al., "Ancient West African foragers in the context of African population history," *Nature* 577 (2020): 665–670. Anders Bergström et al., "Insights into human genetic variation and population history," *Science* 367 (2020): eaay5012 一文的年代测定结论与之类似。

8. Martin Petr et al., "The evolutionary history of Neanderthal and Denisovan Y chromosomes," *Science* 369 (2020): 1653–1656.

9. Reich, Who We Are, 52, 88. A *Homo sapiens* leg bone from Ust'–Ishim in Siberia provides radiocarbon dating and genetic evidence for an episode of *sapiens*–Neanderthal mixture at around 55,000 years ago; see Qiaomei Fu et al., "Genome sequence of a 45,000–year–old modern human from western Siberia," *Nature* 514 (2014): 445–451.

10. Katerina Harvati et al., "Apidima Cave fossils provide earliest evidence of Homo sapiens in Eurasia," *Nature* 571 (2019): 500–504.

11. Israel Herschkovitz et al., "The earliest modern humans outside Africa," *Science* 359 (2018): 456–459.

12. Bernard Vandermeersch and Ofer Bar–Yosef, "The Paleolithic burials at Qafzeh Cave, Israel," *Paleo* 30, no. 1 (2019): 236–275.

13. Avraham Ronen, "The oldest burials and their significance," in Sally Reynolds and Andrew Gallagher, eds., *African Genesis*: *Perspectives on Hominin Evolution* (Cambridge University Press, 2012), 554–570.

14. Maria Martinon-Torres et al., "Earliest known human burial in Africa," *Nature* 593 (2021): 95–100.

15. 内舍尔拉姆拉颅骨遗骸出土于以色列中部的内舍尔拉姆拉，掘自一个堆满沉积物的落水洞（属于喀斯特地貌，又称溶坑、渗穴）。年代测定结果表明，这批遗骸距今大约有 14 万年的历史，最初发现该遗骸的科学家认为，颅骨主人既不是尼安德特人，也非智人，尽管他们存活的年代与这两大物种都重合，而且同样使用勒瓦娄哇石核和石片技术。Israel Herschkovitz et al., "A Middle Pleistocene Homo from Nesher Ramla, Israel," *Science* 372 (2021): 1424–1428; Yossi Zaidner et al., "Middle Pleistocene Homo behavior and culture at 140,000 to 120,000 years ago and interactions with *Homo sapiens*," *Science* 372 (2021): 1429–1433. 之后，Assaf Marom 和 Yoel Yak 又提出最新的说法：这些遗骸无疑属于尼安德特人，详见 "A Middle Pleistocene Homo from Nesher Ramla, Israel," *Science* 374, no. 6572 (2021), doi: 10.1126/science.abl14336。

16. Xue-feng Sun et al., "Ancient DNA and multimethod dating confirm the late arrival of anatomically modern humans in southern China," *PNAS* 118 (2021): e2019158118.

17. Petr et al., "Evolutionary history," 1653–1656.

18. Linda Schroeder, "Revolutionary fossils, ancient biomolecules," *American Anthropologist* 122, no. 2 (2020): 306–320. Aurélien Mounier 和 Marta Lahr 也提出类似观点，出处为，"Deciphering African late middle Pleistocene hominin diversity and the origin of our species," *Nature Communications* 10 (2019): 3406。又见 Reich, *Who We Are*, chapter 9。

19. Sally McBrearty and Alison Brooks, "The revolution that wasn't: A new interpretation of the origin of modern human behavior," *JHE* (2000) 39: 453–563; Christopher Henshilwood et al., "An abstract drawing from the 73,000-year-old levels at Blombos Cave, South Africa," *Nature* 562 (2018): 115–118; Manuel Will et al., "Human teeth from securely stratified Middle Stone Age contexts at Sibudu, South Africa," *AAS* 11 (2019): 3491–3501.

20. Manuel Will et al., "Timing and trajectory of cultural evolution on the African continent 200,000–30,000 years ago," in Yonatan Sahle et al., eds., Modern Human Origins and Dispersal (Kerns Verlag, 2019), 25–72.

21. Robin Dennell, *From Arabia to the Pacific*: *How Our Species Colonised Asia* (Taylor and Francis, 2020) 也表达了这一观点。

22. Ian Gilligan, *Climate, Clothing, and Agriculture in Prehistory*: *Linking Evidence, Causes, and Effects* (Cambridge University Press, 2019); 又见 Peter Frost, "The original Industrial Revolution: Did cold winters select for cognitive ability?," *Psych* 1 (2019): 161–181; Hoffecker, *Modern Humans*, 66–67.

23. Stanley Ambrose, "Chronological calibration of Late Pleistocene modern human dispersals, climate change and Archaeology with geochemical isochrons," in Sahle et al., *Modern Human Origins*, 171–213.

24. 有些科学家认为，多巴火山爆发仅仅对人类族群造成微弱影响。 Eugene Smith et al., "Humans thrived in South Africa through the Toba eruption about 74,000 years ago," *Nature* 555 (2018): 511–515; Michael Petraglia and Ravi Korisettar, "The Toba volcanic super–eruption," *Quaternary International* 258 (2012): 119–134.

25. Alex Mackay et al., "Coalescence and fragmentation in the Pleistocene archaeology of southernmost Africa," *JHE* 72 (2014): 26–51.

26. Jean–Jacques Hublin et al., "Initial Upper Palaeolithic Homo sapiens from Bacho Kiro Cave, Bulgaria," *Nature* 581 (2020): 299–302.

27. Reich, *Who We Are*; Iñigo Olalde and Cosimo Posth, "Latest trends in archaeogenetic research of west Eurasians," *Current Research in Genetics and Development* 62 (2020): 36–43.

28. Michael Petraglia et al., "Middle Paleolithic assemblages from the Indian Subcontinent before and after the Toba eruption," *Science* 417 (2012): 114–116; Laura Lewis et al., "First technological comparison of southern African Howieson's Poort and South Asian microlithic industries," *Quaternary International* 350 (2014): 7–24.

29. Maxime Aubert et al., "Earliest hunting scene in prehistoric art," *Nature* 576 (2019): 442–445; Adam Brumm et al., "Oldest cave art found in Sulawesi," *Science Advances* 7 (2021): eabd4648.

30. Paul Mellars and Jennifer French, "Tenfold population increase in western Europe at the Neandertal–to–Modern human transition," *Science* 333 (2011):

623–637; Jennifer French, "Demography and the Palaeolithic archaeological record," *Journal of Archeological Method and Theory* 23 (2016): 150–199; M. Bolus, "The late Middle Palaeolithic and the Aurignacian of the Swabian Jura, southwestern Germany," in A. P. Derevianko and M. Shunkov, eds., *Characteristic Features of the Middle to Upper Palaeolithic Transition in Eurasia: Proceedings of the International Symposium "Characteristic Features of the Middle to Upper Paleolithic Transition in Eurasia— Development of Culture and Evolution of Homo Genus," July* 4–10, 2011, *Denisova Cave, Altai* (Department of the Institute of Archaeology and Ethnography [Novosibirsk], 2011), 3–10. 31. Tim Flannery, *Europe: A Natural History* (Grove, 2020).

31. Tim Flannery,Europe:A Natural History（Grove,2020）.

32. Matthias Currat and Laurent Excoffier, "Strong reproductive isolation between humans and Neanderthals inferred from observed patterns of introgression," *PNAS* 108 (2011): 15129– 15134. 欲详细了解尼安德特人和现代人类混种杂交事宜，还可参阅 Reich, *Who We Are*, chapter 2。

33. Qiaomei Fu et al., "An early modern human from Romania with a recent Neanderthal ancestor," *Nature* 524 (2014): 445–449.

34. Hugo Zeberg and Svante Pääbo, "The major genetic risk factor for severe COVID–19 is inherited from Neanderthals," *Nature* 587 (2020): 610–612.

35. Anna Goldfield et al., "Modeling the role of fire and cooking in the competitive exclusion of Neanderthals," *JHE* 124 (2018): 91–104.

36. Kay Prufer, "The complete genome sequence of a Neanderthal from the Altai Mountains," *Nature* 505 (2014): 43–49; Sriram Sankararaman, "The genomic landscape of Neanderthal ancestry in present–day humans," *Nature* 507 (2014): 354–357; L. Rios et al., "Skeletal anomalies in the Neanderthal family of El Sidron (Spain) support a role of inbreeding in Neanderthal extinction," *Scientific Reports* 9 (2019): 1697.

37. Thomas Higham et al., "The timing and spatiotemporal patterning of Neanderthal disappearance," *Nature* 512 (2014): 306–309.

38. Dennell, *From Arabia to the Pacific*, 201.

39. 欲了解旧石器时代东亚人亚族物种详情，参阅 Hirofumi Matsumura et al.,

"Craniometrics reveal two layers of prehistoric human dispersal in eastern Eurasia," *Scientific Reports* 9 (2019): 1451; Hirofumi Matsumura et al., "Female craniometrics support the 'two-later model' of human dispersal in eastern Eurasia," *Scientific Reports* 11 (2021): 20830; Melinda Yang et al., "Ancient DNA indicates human population shifts and admixture in northern and southern China," *Science* 369, no. 6501 (2020): 282–288; Chuan-chou Wang et al., "Genomic insights into the formation of human populations in East Asia," *Nature* 591 (2021): 413–419。

40. James O'Connell et al., "When did Homo sapiens first reach Southeast Asia and Sahul?," *PNAS* 115 (2018): 8482–8490.

41. Hugh Groucutt et al., "Stone tool assemblages and models for the dispersal of Homo sapiens out of Africa," *Quaternary International* 382 (2015): 8–30.

42. Milford Wolpoff and Sang-hee Lee, "WLH 50: How Australia informs the worldwide pattern of Pleistocene human evolution," *PaleoAnthropology* (2014): 505–564.

43. João Teixeira et al., "Widespread Denisovan ancestry in Island Southeast Asia," *Nature Ecology and Evolution* 5 (2021): 616–624.

44. Chris Clarkson et al., "Human occupation of northern Australia by 65,000 years ago," *Nature* 547 (2017): 306–310.

45. O'Connell et al., "*When did Homo sapiens.*"

46. Jeremy Choin et al., "Genomic insights into population history and biological adaptation in Oceania," *Nature* 592 (2021): 583–589. 文中提出，智人仅在 45000 ~ 30000 年前才首次在新几内亚聚居。

47. Nicole Pedro et al., "Papuan mitochondrial genomes and the settlement of Sahul," *Journal of Human Genetics* 65 (2020): 875–887; Gludhug Purnomo et al., "Mitogenomes reveal two major influxes of Papuan ancestry across Wallacea," *Genes* 12 (2021): 965.

48. Michael Bird et al., "Early human settlement of Sahul was not an accident," *Scientific Reports* 9 (2019): 8220.

49. Sue O'Connor et al., "Pelagic fishing at 42,000 years before the present," *Science* 334 (2011): 1117–1120; Peter Bellwood, ed., *The Spice Islands in Prehistory: Archaeology in the Northern Moluccas, Indonesia* (Australian

National University Press, 2019).

50. 有些科学家认为，人类活动导致这些物种灭绝，参见 Frédérick Saltré et al., "Climate change not to blame for late Quaternary megafauna extinctions in Australia," *Nature Communications* 7 (2015): 10511; Susan Rule et al., "The aftermath of megafaunal extinction: Ecosystem transformation in Pleistocene Australia," *Science* 335 (2012): 1483–14867。也有科学家反对这一观点，详见 Julien Louys et al., "No evidence for widespread island extinctions after Pleistocene hominin arrival," *PNAS* 118 (2021): e2023005118。

51. Tim Flannery, *The Future Eaters*: *An Ecological History of the Australasian Lands and People* (Grove, 2002); Raquel Lopes dos Santos et al., "Abrupt vegetation change after the Late Quaternary megafaunal extinction in southeastern Australia," *Nature Geoscience* 6 (2013): 627–631.

52. Peter Bellwood, *First Migrants*: *Ancient Migration in Global Perspective* (Wiley Blackwell, 2013), 74.

53. Corey Bradshaw et al., "Minimum founding populations for the first peopling of Sahul," *Nature Ecology and Evolution* 3 (2019): 1057–1063; Jim Allen and James O'Connell, "A different paradigm for the initial colonization of Sahul," *Archaeology in Oceania* 55 (2020): 1–14.

54. O'Connell et al., "*When did Homo sapiens*"; Michael Bird et al., "Palaeogeography and voyage modeling indicates early human colonization of Australia was likely from Timor-Roti," *QSR* 191 (2018): 431–439.

55. Norma McArthur et al., "Small population isolates: A micro-simulation study," *Journal of the Polynesian Society* 85 (1976): 307–326.

56. 约翰·巴罗（John Barrow）爵士的《叛舰喋血记》（1831; repr., Oxford University Press, 1960）再现了皮特凯恩殖民地内早年的血腥历史。Also see John Terrell, *Prehistory in the Pacific Islands* (Cambridge University Press, 1986), 191; Bellwood, *First Migrants*, 75.

57. Joseph Birdsell, "Some population problems involving Pleistocene man," *Cold Spring Harbor Symposium on Quantitative Biology* 22 (1957): 47–69.

58. 许多科学家坚定地认为，在如今人类的基因和文化图景中，依然能够找到这些早期现代人类族群留下的印迹，但是遗传学家强烈反对这一观点，在我本人作品《最初的移民》（*First Migrants*）中，我表达了对这一观点的支持。又见 Nicole Boivin et al., "Human dispersal across diverse environments of Asia during the Upper Pleistocene," *Quaternary International* 300 (2013): 32–47; Hugo Reyes-Centeno et al., "Genomic and cranial phenotype data support multiple modern human dispersals from Africa and a southern route into Asia," *PNAS* 111 (2014): 7248–7253; Huw Groucutt et al., "Skhul lithic technology and the dispersal of Homo sapiens into Southwest Asia," *Quaternary International* 515 (2019): 30–52; Ryan Rabett, "The success of failed Homo sapiens dispersals out of Africa and into Asia," *Nature Ecology and Evolution* 2 (2018): 212–219。

59. Philip Habgood and Natalie Franklin, "The revolution that didn't arrive: A review of Pleistocene Sahul," *JHE* 55 (2008): 187–222; Maxime Aubert et al., "Palaeolithic cave art in Borneo," *Nature* 564 (2018): 254–257; Michelle Langley et al., "Symbolic expression in Pleistocene Sahul, Sunda and Wallacea," *QSR* 2019 (2019): 105883. 目前，澳大利亚最古老的岩石艺术大约有 17000 年的历史，参见 Damien Finch et al., "Ages for Australia's oldest rock paintings," *Nature Human Behaviour* 5 (2021): 310–318。

60. 我本人在《最初的岛民》一书中，曾探讨丹加于考古记录，并列出参考书目，详见：Peter Bellwood, *First Islanders: Prehistory and Human Migration in Island Southeast Asia* (Wiley Blackwell, 2017), 143–145。

第 6 章

1. Vladimir Pitulko et al., "Early human presence in the Arctic: Evidence from 45,000-year-old mammoth remains," *Science* 351 (2016): 260–263.

2. Nicolas Zwyns et al., "The northern route for human dispersal in central and northeast Asia," *Scientific Reports* 9 (2019): 11759.

3. Yusuke Yokoyama et al., "Rapid glaciation and a two-step sea level plunge into the Last Glacial Maximum," *Nature* 559 (2018): 603–607.

4. Melinda Yang et al., "40,000-year-old individual from Asia provides insight into early population structure in Eurasia," *Current Biology* 27 (2017): 3202–3208.

5. Xiaowei Mao et al., "The deep population history of northern East Asia," *Cell*

184, no. 12 (2021): 3256–3266.e13.

6. X. Zhang et al., "The earliest human occupation of the high–altitude Tibetan Plateau 40 thousand to 30 thousand years ago," *Science* 362 (2018): 1049–1051; Emilia Huerta–Sanchez et al., "Altitude adaptation in Tibetans caused by introgression of Denisovan–like DNA," *Nature* 512 (2014): 194–197.

7. Vladimir Pitulko et al., "The oldest art of the Eurasian Arctic," *Antiquity* 86 (2012): 642– 659; Pavel Nikolskiy and Vladimir Pitulko, "Evidence from the Yana Palaeolithic site, Arctic Siberia, yields clues to the riddle of mammoth hunting," *JAS* 40 (2013): 4189–4197; Martin Sikora, "The population history of northeastern Siberia since the Pleistocene," *Nature* 570 (2019): 182–188.

8. Sikora et al., "Population history of northeastern Siberia"; Naoki Osada and Yosuke Kawai, "Exploring models of human migration to the Japanese archipelago," *Anthropological Science* 129 (2021): 45–58.

9. Robin Dennell, *From Arabia to the Pacific*: *How Our Species Colonised Asia* (Taylor and Francis, 2020), 318.

10. John Hoffecker et al., "Beringia and the global dispersal of modern humans," *Evolutionary Anthropology* 25 (2016): 64–78. 加拿大育空地区（Yukon Territory）的蓝鱼洞穴群（Bluefish Caves）出土的马和北美驯鹿遗骨上有刮痕，这可能是人类的手笔，经鉴定，这批遗骨有 24000 年的历史，但是考古学家并未在该遗址内找到确实能用来刮骨的工具。Lauriane Bourgeon et al., "Earliest human presence in North America dated to the Last Glacial Maximum," *PLoS One* 12 (2017): 0169486.

11. Ted Goebel and Ben Potter, "First traces: Late Pleistocene human settlement of the Arctic," in T. M. Friesen and O. Mason, eds., *The Oxford Handbook of the Prehistoric Arctic* (Oxford Handbooks Online, 2016), 223–252.

12. Michael Waters, "Late Pleistocene exploration and settlement of the Americas by modern humans," *Science* 365 (2019): eaat5447.

13. Yousuke Kaifu et al., "Palaeolithic seafaring in East Asia," *Antiquity* 93 (2019): 1424–1441; Dennis Normile, "Update: Explorers successfully voyage to Japan," *Science News*, July 20, 2019, https://www.sciencemag.org/news/2019/07/explorers-voyage-japan-primitive-boat-hopes-unlocking-ancient-mystery; Yousuke Kaifu et al., "Palaeolithic voyage for invisible

islands beyond the horizon," *Scientific Reports* 10 (2020): 19785.

14. 科学家提出，末次冰川极盛期，日本和库页岛可能成为供人们躲避极寒气候的避难所，详见 Kelly Graf, "The good, the bad, and the ugly," *JAS* 36 (2009): 694– 707; Peter Bellwood, *First Migrants*: *Ancient Migration in Global Perspective* (Wiley Blackwell, 2013), 81–83。

15. Kazuki Morisaki and Hiroyuki Sato, "Lithic technological and human behavioral diversity before and during the Late Glacial: A Japanese case study," *Quaternary International* 347 (2014): 200–210; Masami Izuho and Yousuke Kaifu, "The appearance and characteristics of the early Upper Paleolithic in the Japanese Archipelago," in Y. Kaifu et al., eds., *Emergence and Diversity of Modern Human Behavior in Paleolithic Asia* (Texas A&M University Press, 2015), 289–313.

16. Yousuke Kaifu et al., "Pleistocene seafaring and colonization of the Ryukyu Islands, southwestern Japan," in Kaifu et al., *Emergence and Diversity*, 345–361; Fuzuki Mizuno et al., "Population dynamics in the Japanese Archipelago since the Pleistocene," *Scientific Reports* 11 (2021): 12018.

17. Masaki Fujita et al., "Advanced maritime adaptation in the Western Pacific coastal region extends back to 35,000–30,000 years before present," *PNAS* 113 (2016): 11184–11189; Sue O'Connor, "Crossing the Wallace Line," in Kaifu et al., *Emergence and Diversity*, 214–224; Harumi Fujita, "Early Holocene pearl oyster circular fishhooks and ornaments on Espiritu Santo Island, Baja California Sur," *Monographs of the Western North American Naturalist* 7 (2014): 129–134; Matthew Des Lauriers et al., "The earliest shell fishhooks from the Americas," *American Antiquity* 82 (2017): 498–516.

18. 科学家比较研究日本北海道东北地区（Tohoku）出土的一组八件绳文时代初期双面石器和北美洲克洛维斯遗址出土的类似成批石器。 Yoshitake Tanomata and Andrey Tabarev, "A newly discovered cache of large biface lithics from northern Honshu, Japan," *Antiquity* 94, no. 374 (2020): E8.

19. Fuzuki Mizuno et al., "Population dynamics in the Japanese Archipelago since the Pleistocene," *Scientific Reports* 11 (2021): 12018.

20. Jon Erlandson et al., "The Kelp Highway Hypothesis," *JICA* 2 (2007): 161– 174.

21. Eske Willerslev and David Meltzer, "Peopling of the Americas as inferred from ancient genomics," *Nature* 594 (2021): 356–364.

22. Bastien Llamas et al., "Ancient mitochondrial DNA provides high–resolution time scale of the peopling of the Americas," *Science Advances* 2, no. 4 (2016): e1501385.

23. Anders Bergström et al., "Insights into human genetic variation and population history," *Science* 367 (2020): eaay5012.

24. Lorena Becerra–Valdivia and Thomas Higham, "The timing and effect of the earliest human arrivals in North America," *Nature* 584 (2020): 93–97; Amy Goldberg et al., "Postinvasion demography of prehistoric humans in South America," *Nature* 532 (2016): 232–235.

25. Waters, "Late Pleistocene exploration."

26. Ciprian Ardelean et al., "Evidence of human occupation in Mexico around the Last Glacial Maximum," *Nature* 584 (2020): 87–92.

27. James Chatters et al., "Evaluating the claims of early human occupation at Chiquihuite Cave, Mexico," *PaleoAmerica* 8 (2022): 1–16; Ben Potter et al., "Current understanding of the earliest human occupations in the Americas," *PaleoAmerica* 8 (2022): 62–76.

28. 杜克泰洞穴遗址石器详情参见 Yan Coutouly, "Migrations and interactions in prehistoric Beringia," *Antiquity* 90 (2016): 9–31。日本更新世晚期石器技术演变序列详见 Kazuki Morisaki et al., "Human adaptive responses to environmental change during the Pleistocene–Holocene transition in the Japanese archipelago," in E. Robinson and F. Sellet, eds., *Lithic Technological Organization and Paleoenvironmental Change* (Springer, 2018), 91–122。

29. 此处讨论的考古记录综述详见 J. M. Adovasio and David Pedler, *Strangers in a New Land* (Firefly Books. 2016); David Meltzer, "The origins, antiquity, and dispersal of the first Americans," in Chris Scarre, ed., *The Human Past: World Prehistory and the Development of Human Societies*, 4th ed. (Thames and Hudson, 2018), 149–171; Waters, "Late Pleistocene exploration"; Loren Davis et al., "Late Upper Paleolithic occupation at Cooper's Ferry, Idaho, USA ~ 16,000 years ago," *Science* 365 (2019): 891–897。Chris Gilla 也曾探讨首批美洲人源自日本这一假说，详见 J. Uchiyama, et al., "Population

dynamics in northern Eurasian forests," *Evolutionary Human Sciences* 2 (2020): E16。

30. Todd Braje et al., "Fladmark + 40: What have we learned about a potential Pacific coast peopling of the Americas?," *American Antiquity* 85 (2019): 1–21.

31. Joseph Greenberg, *Language in the Americas* (Stanford University Press, 1987); Joseph Greenberg et al., "The settlement of the Americas: A comparison of the linguistic, dental, and genetic evidence," *Current Anthropology* 27 (1986): 477–497.

32. 格林伯格的理论也获得其他科学家的支持，详见 Merritt Ruhlen, *The Origin of Language*: *Tracing the Evolution of the Mother Tongue* (Stanford University Press, 1994)。

33. Morten Rasmussen et al., "The genome of a Late Pleistocene human from a Clovis burial site in western Montana," *Nature* 506 (2014): 225–229.

34. C. Scheib et al., "Ancient human parallel lineages within North America contributed to a coastal expansion," *Science* 360 (2018): 1024–1027; Cosimo Posth et al., "Reconstructing the deep population history of Central and South America," *Cell* 175 (2018): 1185–1197; J. Victor Moreno–Mayar et al., "Early human dispersals within the Americas," *Science* 362 (2018): eaav2621.

35. He Yu et al., "Paleolithic to Bronze Age Siberians reveal connections with First Americans and across Eurasia," *Cell* 181 (2020): 1232–1245.

36. Chao Ning et al., "The genomic formation of first American ancestors in east and North East Asia," *bioRxiv* (2020), https://doi.org/10.1101/2020.10.12.336628.

37. 白令陆桥滞留假说（Beringian standstill hypothesis）的遗传学证据详见 Maanasa Raghavan et al., "Genomic evidence for the Pleistocene and recent population history of Native Americans," *Science* 349 (2015): aab3884; Llamas et al., "Ancient mitochondrial DNA"; J. Victor MorenoMayar, "Terminal Pleistocene Alaskan genome reveals first founding population of Native Americans," *Nature* 553 (2018): 203–207; Martin Sikora et al., "The population history of northeastern Siberia since the Pleistocene," *Nature* 570 (2019): 182–188。

38. 乌什开遗址年代测定研究详见 Ted Goebel et al., "New dates from Ushki-1,

Kamchatka," *JAS* 37 (2010): 2640–2649。

39. Noreen von Cramon–Taubadel et al., "Evolutionary population history of early Paleoamerican cranial morphology," *Science Advances* 3 (2017): e1602289.

40. Moreno–Mayar et al., "Early human dispersals"; Ning et al., "Genomic formation."

41. André Strauss et al., "Early Holocene ritual complexity in South America: the archaeological record of Lapa do Santo," *Antiquity* 90 (2016): 1454–1473; Osamu Kondo et al., "A female human skeleton from the initial Jomon period," *Anthropological Science* 126 (2018): 151–164.

42. 继 Pontus Skoglund et al., "Genetic evidence for two founding populations of the Americas," *Nature* 525 (2015): 104–108 之后，又见 Raghavan, "Genomic evidence." 支持 Y 族群假说的最新遗传学研究参见 Marcos Castro e Silva et al., "Deep genetic affinity between coastal Pacific and Amazonian natives evidenced by Australasian ancestry," *PNAS* 118 (2021): e2025739118。

43. 比如，在加勒比岛，似乎找不到 Y 祖先族群留下的清晰的印记。 Daniel Fernandes, "A genetic history of the pre–contact Caribbean," *Nature* 590, no. 7844 (2021): 103–110.

44. Melinda Yang et al., "40,000–year–old individual from Asia provides insight into early population structure in Eurasia," *Current Biology* 27 (2017): 3206.

45. Xiaoming Zhang et al., "Ancient genome of hominin cranium reveals diverse population lineages in southern East Asia during Late Paleolithic," submitted to *Cell*.

46. Davis et al., "*Late Upper Paleolithic occupation.*"

47. Gustavo Politis and Luciano Prates, "Clocking the arrival of Homo sapiens in the southern cone of South America," in K. Harvati et al., eds., *New Perspectives on the Peopling of the Americas* (Kerns Verlag, 2018), 79–106.

48. Jon Erlandson et al., "Paleoindian seafaring, maritime technologies, and coastal foraging on California's Channel Islands," *Science* 331 (2011): 1181–1184.

49. Kurt Rademaker et al., "Paleoindian settlement of the high–altitude Peruvian Andes," *Science* 346 (2014): 466–469.

50. Angela Perri et al., "Dog domestication and the dual dispersal of people and

dogs into the Americas," *PNAS* 118 (2021): e2010083118.

51. 北美洲地区有大量研究北极史前史的文献，而且涉及多种学科，详见 Michael Fortescue and Max Friesen in P. Bellwood, ed., *The Global Prehistory of Human Migration* (Wiley, 2015); T. M. Friesen and O. Mason, eds., *The Oxford Handbook of the Prehistoric Arctic* (Oxford University Press, 2016). 这些文章质量上乘，值得查阅。

52. Pavel Flegontov et al., "Palaeo–Eskimo genetic ancestry and the peopling of Chukotka and North America," *Nature* 570 (2019): 236–240; Sikora et al., "Population history of northeastern Siberia."

53. Mikkel–Holger Sinding et al., "Arctic–adapted dogs emerged at the Pleistocene–Holocene transition," *Science* 368 (2020): 1495–1499.

第 7 章

1. 自本章起，我改用 BCE/CE（国际通行纪年体系）标明绝对年代。

2. Abigail Page et al., "Reproductive trade–offs in extant hunter–gatherers suggest adaptive mechanism for the Neolithic expansion," *PNAS* 113 (2016): 4694–4699.

3. Jean–Pierre Bocquet–Appel, "When the world's population took off," *Science* 333 (2011): 560–561.

4. 狩猎-采集者生育间隔相关论述参见 Nicholas Blurton–Jones, "Bushman birth spacing: A test for optimal interbirth intervals," *Ecology and Sociobiology* 7 (1986): 91–105。

5. Richard Lee, *The! Kung San: Men, Women, and Work in a Foraging Society* (Cambridge University Press, 1979), 312.

6. Ian Keen, *Aboriginal Society and Economy: Australia at the Threshold of Colonisation* (Oxford University Press, 2004), 381. 参阅 Fekri Hassan, *Demographic Archaeology* (Academic, 1981), 197,作者在文中指出，在加利福尼亚州中央谷地内，人口密度为每3.9平方千米3.9人。

7. Nathan Wolfe et al., "Origins of major human infectious diseases," *Nature* 447 (2007): 279–283.

8. Anders Bergström et al., "Origins and genetic legacy of prehistoric dogs,"

Science 370 (2020): 557–564.

9. Shahal Abbo and Avi Gopher, "Plant domestication in the Neolithic Near East: The humans–plants liaison," *QSR* 242 (2020): 106412. 又见 Shahal Abbo et al., *Plant Domestication and the Origins of Agriculture in the Ancient Near East* (Cambridge University Press, 2022).

10. Dorian Fuller, "Contrasting patterns in crop domestication and domestication rates," *Annals of Botany* 100 (2007): 903–924; George Willcox, "Pre-domestic cultivation during the late Pleistocene and early Holocene in the northern Levant," in Paul Gepts et al., eds., *Biodiversity in Agriculture*: *Domestication, Evolution, and Sustainability* (Cambridge University Press, 2012), 92–109; Dorian Fuller et al., "From intermediate economies to agriculture: Trends in wild food use, domestication and cultivation among early villages in Southwest Asia," *Paléorient* 44 (2018): 59–74.

11. 比如，大约公元前 8500 年，土耳其中部古西尔霍尤克遗址内，人们迅速驯化谷类和豆类物种。Ceren Kabukcu et al., "Pathways to domestication in Southeast Anatolia," *Scientific Reports* 11 (2021), Article 2112.

12. M. Kat Anderson, *Tending the Wild*: *Native American Knowledge and the Management of California' s Natural Resources* (University of California Press, 2005); M. Kat Anderson and Eric Wohlgemuth, "California Indian proto–agriculture: Its characterization and legacy," in Gepts et al., *Biodiversity in Agriculture*, 190–224; Harry Allen, "The Bagundji of the Darling Basin: Cereal gatherers in an uncertain environment," *World Archaeology* 5 (1974): 309–322.

13. Peter Richerson et al., "Was agriculture impossible during the Pleistocene but mandatory during the Holocene?," *American Antiquity* 66 (2001): 387–411.

14. Joan Feynman and Alexander Ruzmaikin, "Climate stability and the development of agricultural societies," *Climate Change* 84 (2007): 295–311.

15. David Smith et al., "The early Holocene sea level rise," *QSR* 30 (2011): 1846–1860; Kurt Lambeck et al., "Sea level and global ice volumes from the Last Glacial Maximum to the Holocene," *PNAS* 111 (2014): 15296–15303; A. Dutton et al., "Sea–level rise due to polar ice–sheet mass loss during warm wet periods," *Science* 349 (2015): aaa4019.

16. 在中东地区也是如此，参见 Stephen Shennan, *The First Farmers of Europe*: *An Evolutionary Perspective* (Cambridge University Press, 2018)。

17. Jared Diamond, "Evolution, consequences and future of plant and animal domestication," *Nature* 418 (2002): 34–41.

18. 例如，Mark Nathan Cohen, *The Food Crisis in Prehistory*: *Overpopulation and the Origins of Agriculture* (Yale University Press, 1977); Allen Johnson and Timothy Earle, *The Evolution of Human Societies*: *From Foraging Group to Agrarian State* (Stanford University Press, 2000).

19. Ian Gilligan, *Climate, Clothing, and Agriculture in Prehistory*: *Linking Evidence, Causes, and Effects* (Cambridge University Press, 2019)

第 8 章

1. 驯化植物物种参见 Weiss and Daniel Zohary, "The Neolithic Southwest Asian founder crops," *Current Anthropology* 52, suppl. 4 (2011): 237–254; Daniel Zohary et al., *Domestication of Plants in the Old World*, 4th ed. (Oxford University Press, 2012)。有些考古学家认为，新月沃地谷物和豆类的驯化地点不止一处，参见 Eleni Asouti and Dorian Fuller, "A contextual approach to the emergence of agriculture in Southwest Asia," *Current Anthropology* 54 (2013): 299–345。驯化动物物种参见 Melinda Zeder, "Out of the Fertile Crescent: The dispersal of domestic livestock through Europe and Africa," in Nicole Boivin et al., eds., *Human Dispersal and Species Movement*: *From Prehistory to Present* (Cambridge University Press, 2017), 261–303。

2. Dorian Fuller and Chris Stevens, "Between domestication and civilization," *Vegetation History and Archaeobotany* 28 (2019): 263–282.

3. W. J. Perry, *The Growth of Civilization* (1924; repr., Pelican, 1937), 46; V. Gordon Childe, *New Light on the Most Ancient East* (1928; repr., Routledge and Kegan Paul, 1958), 32.

4. Daniel Stanley and Andrew Warne, "Sea level and initiation of Predynastic culture in the Nile Delta," *Nature* 363 (1993): 425–428.

5. Robert Braidwood and Bruce Howe, *Prehistoric Investigations in Iraqi Kurdistan* (Oriental Institute of the University of Chicago, 1960), 1.

6. Amaia Arranz-Otaegui et al., "Archaeobotanical evidence reveals the origins of bread 14,400 years ago in northeastern Jordan," *PNAS* 115 (2018): 7925–7930.

7. Stephen Shennan, *The First Farmers of Europe*: *An Evolutionary Perspective* (Cambridge University Press, 2018). 推理过程中，研究者认为，放射性碳年代的数量可以视为反映人类活动强度的指标。在特定的史前状况下，这种办法未必可靠，但是总体看来，在从事历史人口学研究过程中，这一方法确实有效。

8. 参见 Andrew Moore and Gordon Hillman, "The Pleistocene to Holocene transition and human economy in Southwest Asia," *American Antiquity* 57 (1992): 482–494.

9. Eleni Asouti and Dorian Fuller, "A contextual approach to the emergence of agriculture in Southwest Asia," *Current Anthropology* 54 (2013): 299–345; George Willcox, "Pre-domestic cultivation during the late Pleistocene and early Holocene in the northern Levant," in Paul Gepts et al., eds., *Biodiversity in Agriculture*: *Domestication, Evolution, and Sustainability* (Cambridge University Press, 2012), 92–109.

10. Kathleen Kenyon, *Archaeology in the Holy Land* (Benn, 1960). 耶利哥城低于海平面近 300 米。

11. Harald Hauptmann, "Les sanctuaires mégalithiques de Haute-Mésopotamie," in JeanPaul Demoule, ed., *La révolution néolithique dans le monde* (CNRS Editions, 2009), 359–382; Oliver Dietrich et al., "The role of cult and feasting in the emergence of Neolithic communities," *Antiquity* 86 (2012): 674–695.

12. Klaus Schmidt, *Göbekli Tepe* (Ex Oriente, 2012). 2013 年，我有幸在"世界考古·上海论坛"结识克劳斯·施密特，并和他探讨哥贝克力遗址相关事宜，如今斯人已逝。

13. Andrew Curry, "The ancient carb revolution," *Nature* 594 (2021): 488–491.

14. Megan Gannon, "Archaeology in a divided land," *Science* 358 (2017): 28–30.

15. Sturt Manning et al., "The earlier Neolithic in Cyprus," *Antiquity* 84 (2010): 693–706.

16. Jean-Denis Vigne et al., "The early process of mammal domestication in the Near East," *Current Anthropology* 52, suppl. 4 (2011): 255–271.

17. Leilani Lucas and Dorian Fuller, "Against the grain: Long-term patterns in

agricultural production in prehistoric Cyprus," *Journal of World Prehistory* 33 (2020): 233–266.

18. Alessio Palmisano et al., "Holocene regional population dynamics and climatic trends in the Near East," *QSR* 252 (2021): 106739.

19. Ian Hodder, *Çatalhöyük*: *The Leopard' s Tale* (Thames and Hudson, 2006). 而在另外一篇参考文献［Ann Gibbons, "How farming shaped Europeans' immunity," *Science* 373 (2021): 1186］中，可以看到由艺术家精心复原的加泰土丘聚居地的图片。

20. Alessio Palmisano et al., "Holocene landscape dynamics and long–term population trends in the Levant," *The Holocene* 29 (2019): 708–727.

21. David Friesem et al., "Lime plaster cover of the dead 12,000 years ago," *Evolutionary Human Sciences* 1 (2020): E9.

22. 记述中国新石器时代史前史的文献和著作很多，最新研究进展参见 David Cohen, "The beginnings of agriculture in China," *Current Anthropology* 52, suppl. 4 (2011): 273–306; Gideon Shelach–Lavi, "Main issues in the study of the Chinese Neolithic," in P. Goldin, ed., *Routledge Handbook of Early Chinese History* (Routledge, 2018), 15–38。

23. Gideon Shelach–Lavi et al., "Sedentism and plant agriculture in northeast China emerged under affluent conditions," *PLoS One* 14, no. 7 (2019): e0218751.

24. Yunfei Zheng et al., "Rice domestication revealed," *Scientific Reports* 6 (2016): 28136; Xiujia Huan et al., "Spatial and temporal pattern of rice domestication during the early Holocene," *The Holocene* 31 (2021): 1366–1375.

25. Christian Peterson and Gideon Shelach, "The evolution of early Yangshao village organization," in Matthew Bandy and Jake Fox, eds., *Becoming Villagers*: *Comparing Early Village Societies* (University of Arizona Press, 2010), 246–275.

26. 中国水稻驯化史详见 Fabio Silva et al., "Modelling the geographical origin of rice cultivation in Asia," *PLoS One* 10 (2015): e0137024; Dorian Fuller et al., "Pathways of rice diversification across Asia," *Archaeology International* 19 (2016): 84–96; Yongchao Ma et al., "Multiple indicators of rice remains and

the process of rice domestication," *PLoS One* 13 (2018): e0208104.

27. Patrick McGovern et al., "Fermented beverages of pre- and proto-historic China," *PNAS* 101 (2004): 17593–17598; Ningning Dong and Jing Yuan, "Rethinking pig domestication in China," *Antiquity* 94 (2020): 864–879. 中国境内猪驯化的最新遗传分析参见 Ming Zhang et al., "Ancient DNA reveals the maternal genetic history of East Asian domestic pigs," *Journal of Genetics and Genomics* (pre-proof), doi.org/10.1016/j.jgg.2021.11.014。

28. Li Liu et al., "The brewing function of the first amphorae in the Neolithic Yangshao culture, North China," *AAS* 12 (2020): 28.

29. Bin Liu et al., "Earliest hydraulic enterprise in China, 5100 years ago," PNAS 114 (2017): 13637–13642; Colin Renfrew and Bin Liu, "The emergence of complex society in China: The case of Liangzhu," *Antiquity* 92 (2018): 975–990.

30. Yanyan Yu et al., "Spatial and temporal changes of prehistoric human land use in the Wei River valley, northern China," *The Holocene* 26 (2016): 1788–1901.

31. Melinda Zeder, "Out of the Fertile Crescent: The dispersal of domestic livestock through Europe and Africa," in Boivin et al., *Human Dispersal and Species Movement*, 261–303.

32. 撒哈拉沙漠暖湿期相关研究详见 Rudolph Kuper and Stefan Kröper, "Climate-controlled Holocene occupation in the Sahara," *Science* 313 (2006): 803–807; Wim van Neer et al., "Aquatic fauna from the Takarkori rock shelter," *PLoS One* 15 (2020): e0228588。

33. Noriyuki Shirai, "Resisters, vacillators or laggards? Reconsidering the first farmer-herders in prehistoric Egypt," *Journal of World Prehistory* 33 (2020): 457–512.

34. Marieke van de Loosdrecht et al., "Pleistocene North African genomes link Near Eastern and Sub-Saharan African human populations," *Science* 360 (2018): 548–552.

35. Julie Dunne et al., "First dairying in green Saharan Africa in the fifth millennium BCE," *Nature* 486 (2012): 390–394.

36. Frank Winchell et al., "On the origins and dissemination of domesticated

sorghum and pearl millet across Africa and into India," *African Archaeological Review* 35 (2018): 483–505; N. Scarcelli et al., "Yam genomics supports West Africa as a major cradle of crop domestication," *Science* Advances 5 (2019): eaaw1947.

37. Aleese Barron et al., "Snapshots in time," *JAS* 123 (2020): 105259; Dorian Fuller et al., "Transition from wild to domesticated pearl millet (Pennisetum glaucum)," *African Archaeological Review.*

38. (2021): 211–230. 38. Andrea Kay et al., "Diversification, intensification and specialization: Changing land use in western Africa from 1800 BC to AD 1500," *Journal of World Prehistory* 32 (2019): 179–228.

39. Robert Power et al., "Asian crop dispersal in Africa and late Holocene human adaptation to tropical environments," *Journal of World Prehistory* 32 (2019): 353–392; Alison Crowther et al., "Subsistence mosaics, forager–farmer interactions, and the transition to food production in eastern Africa," *Quaternary International* 489 (2018): 101–120.

40. Jack Golson et al., eds., 10,000 *Years of Cultivation at Kuk Swamp* (Australian National University Press, 2017).

41. Tim Denham, *Tracing Early Agriculture in the Highlands of New Guinea* (Routledge, 2018).

42. Ibrar Ahmed et al., "Evolutionary origins of taro (Colocasia esculenta) in Southeast Asia," *Ecology and Evolution* 10, no. 23 (2020): 13530–13543.

43. Ben Shaw, "Emergence of a Neolithic in Highland New Guinea by 5000 to 4000 years ago," *Science Advances* 6 (2020): eaay4573.

44. 相关示例参见 Philip Guddemi, "When horticulturalists are like hunter–gatherers: The Sawiyano of Papua New Guinea," *Ethnology* 31 (1992): 303–314。

45. Nicole Pedro et al., "Papuan mitochondrial genomes and the settlement of Sahul," *Journal of Human Genetics* 65 (2020): 875–887.

46. Glenn Summerhayes, "Austronesian expansions and the role of mainland New Guinea," *Asian Perspectives* 58 (2019): 250–260.

47. Tim Denham et al., "Horticultural experimentation in northern Australia reconsidered," *Antiquity* 83 (2009): 634–648.

48. 玉米传播史参见 Logan Kistler et al., "Multiproxy evidence highlights a complex

evolutionary legacy of maize in South America," Science 362 (2018): 1309–1312. 杜乔·博纳维亚（Duccio Bonavia）认为飞鸟把玉米从墨西哥传播到南美洲，参见 *Maize*: *Origin, Domestication, and Its Role in the Development of Culture* (Cambridge University Press, 2013)。中美洲和厄瓜多尔之间的交流史参见 Patricia Anawalt, "Traders of the Ecuadorian littoral," *Archaeology* 50, no. 6 (1997): 48–52。

49. James Ford, *A Comparison of Formative Cultures in the Americas*: *Diffusion or the Psychic Unity of Man* (Smithsonian Institution Press, 1969).

50. 新旧大陆之间的史前交流参见 Peter Watson, *The Great Divide*: *History and Human Nature in the Old World and the New* (Weidenfeld and Nicholson, 2012); Stephen Jett, *Ancient Ocean Crossings*: *Reconsidering the Case for Contacts with the Pre-Columbian Americas* (University of Alabama Press, 2017); and my review of Jett's excellent book in Journal of Anthropological Research 74 (2018): 281–284。

51. David Malakoff, "Great Lakes people amongst first coppersmiths," *Science* 371 (2021): 1299.

52. John Smalley and Michael Blake, "Sweet beginnings: Stalk sugar and the domestication of maize," *Current Anthropology* 44 (2003): 675–704; David Webster et al., "Backward bottlenecks," *Current Anthropology* 52 (2011): 77–104; Robert Kruger, "Getting to the grain," in Basil Reid, ed., *The Archaeology of Caribbean and Circum-Caribbean Farmers* 6000 *BC–AD* 1500 (Routledge, 2018), 353–369; Tiffany Tung et al., "Early specialized maritime and maize economies on the North Coast of Peru," *PNAS* 117, no. 51 (2020): 32308–32319.

53. Jazmin Ramos-Madrigal et al., "Genome sequence of a 5,310-year-old maize cob provides insights into the early stages of maize domestication," *Current Biology* 26 (2016): 3195–3201; Miguel Vallebueno-Estrada et al., "The earliest maize from San Marcos Tehuac á n is a partial domesticate with genomic evidence of inbreeding," *PNAS* 113 (2016): 14151–14156.

54. Douglas Kennett et al., "High-precision chronology for Central American maize diversification from El Gigante rockshelter, Honduras," *PNAS* 114 (2017): 9026–9031.

55. Douglas Kennett et al., "Early isotopic evidence for maize as a staple grain in the Americas," *Science Advances* 6 (2020): eaba3245.

56. Tom D. Dillehay, ed., *From Foraging to Farming in the Andes: New Perspectives on Food Production and Social Organization* (Cambridge University Press, 2011).

57. John Clark et al., "First towns in the Americas," in Bandy and Fox, *Becoming Villagers*, 205–245; Deborah Pearsall et al., "Food and society at Real Alto, an Early Formative community in Southwest coastal Ecuador," *Latin American Antiquity* 31 (2020): 122–142.

58. Dolores Piperno, "The origins of plant cultivation and domestication in the New World tropics," *Current Anthropology* 52, suppl. 4 (2011): 453–470. 其可能的后果参见 Kennett et al., "Early isotopic evidence"。

59. Tung et al., "Early specialized maritime," 32308–32319.

60. Jennifer Watling, "Direct evidence for southwestern Amazonia as an early plant domestication and food production centre," *PLoS One* 13 (2018): e0199868; S. Yoshi Maezumi et al., "The legacy of 4500 years of polyculture agroforestry in the eastern Amazon," *Nature Plants* 4 (2018): 540–547; Umberto Lombardo et al., "Early Holocene crop cultivation and landscape modification in Amazonia," *Nature* 581 (2020): 190–193; Jose Iriarte et al., "The origins of Amazonian landscapes," *QSR* 248 (2020): 106582.

61. Michael Moseley and Michael Heckenberger, "From village to empire in South America," in Chris Scarre, ed., *The Human Past: World Prehistory and the Development of Human Societies*, 4th ed. (Thames and Hudson, 2018), 636–669.

62. Mark Nathan Cohen, "Population pressure and the origins of agriculture," in C. Reed, ed., *Origins of Agriculture* (Mouton, 1977), 135–178.

63. Amy Goldberg et al., "Post–invasion demography of prehistoric humans in South America," *Nature* 532 (2016): 232–235.

64. Kistler et al., "Multiproxy evidence," 1309–1312; Keith M. Prufer et al., "Terminal Pleistocene through Middle Holocene occupations in southeastern Mesoamerica," *Ancient Mesoamerica* 32 (2021): 439–460.

65. Kent Flannery and Joyce Marcus, *The Creation of Inequality: How Our*

Prehistoric Ancestors Set the Stage for Monarchy, Slavery, and Empire (Harvard University Press, 2012), 299; William Sanders and Carson Murdy, "Cultural evolution and ecological succession in the Valley of Guatemala 1500 B.C.–A.D. 1524," in Kent Flannery, ed., *Maya Subsistence: Studies in Memory of Dennis E. Puleston* (Academic Press, 1982), 19–63. 又见 Richard Lesure, "The Neolithic demographic transition in Mesoamerica," *Current Anthropology* 55 (2014): 654–664, 但是本文作者并未考虑来自形成年代早期的丧葬证据。

66. 近期科学家对中美洲和亚马孙河流域早期农业发展中人口增长的分析参见 Richard Lesure et al., "Large scale patterns in the Agricultural Demographic Transition of Mesoamerica and southwestern North America," *American Antiquity* 86 (2021): 593–612.

67. Bruce Smith, "The cultural context of plant domestication in eastern North America," *Current Anthropology* 52, suppl. 4 (2011): 471–484。

第 9 章

1. Colin Renfrew, *Archaeology and Language: The Puzzle of Indo-European Origins* (Jonathan Cape, 1987); Peter Bellwood, "The great Pacific migration," in 1984 *Britannica Yearbook of Science and the Future* (Encyclopaedia Britannica, 1984), 80–93; Robert Blust, "The Austronesian homeland: A linguistic perspective," *Asian Perspectives* 26 (1984–1985): 45–67.

2. Peter Bellwood and Colin Renfrew, eds., *Examining the Farming/Language Dispersal Hypothesis* (McDonald Institute for Archaeological Research, 2002); Peter Bellwood, *First Farmers: The Origins of Agricultural Societies* (Blackwell, 2005).

3. Jared Diamond and Peter Bellwood, "Farmers and their languages: The first expansions," *Science* 300 (2003): 597–603.

4. Bellwood, *First Farmers*; Peter Bellwood, *First Migrants: Ancient Migration in Global Perspective* (Wiley Blackwell, 2013).

5. David Reich, *Who We Are and How We Got Here: Ancient DNA and the New Science of the Human Past* (Oxford University Press, 2018), xv.

6. 参见 Bellwood, *First Migrants*, 8–9.

7. Charles Darwin, *The Descent of Man, and Selection in Relation to Sex* (John Murray, 1871), 175, 113.

8. Marianne Mithun, *The Native Languages of North America* (Cambridge University Press, 1999), 2.

9. Alfred Crosby, *Ecological Imperialism*: *The Biological Expansion of Europe, 900–1900* (Cambridge University Press, 1986).

10. Bernal Diaz, *The Conquest of New Spain* (Penguin, 1963); Jared Diamond, *Guns, Germs, and Steel*: *The Fates of Human Societies* (Jonathan Cape, 1997).

11. Alexander Koch et al., "Earth system impacts of the European arrival and Great Dying in the Americas after 1492," *QSR* 207 (2019): 13–36; Linda Ongaro et al., "The genomic impact of European colonization of the Americas," *Current Biology* 29 (2020): 3974–3986.

12. S. Heath and R. Laprade, "Castilian colonization and indigenous languages," in Robert Cooper, ed., *Language Spread*: *Studies in Diffusion and Social Change* (Indiana University Press, 1982), 137.

13. Translator Jona Lendering, Livius.org.

14. Nicholas Ostler, *Empires of the Word*: *A Language History of the World* (HarperPerennial, 2005), 275, 525, 534, 536.

第 10 章

1. Kurt Gron et al., "Cattle management for dairying in Scandinavia' s earliest Neolithic," *PLoS One* 10, no. 7 (2015): e0131267; Laure S é gurel and Celine Bon, "On the evolution of lactase persistence in humans," *Annual Review of Genomics and Human Genetics* 18 (2017): 297–319; Sophy Charlton et al., "Neolithic insights into milk consumption through proteomic analysis of dental calculus," *AAS* 11 (2019): 6183–6196.

2. Maria Bodnar, "Prehistoric innovations: Wheels and wheeled vehicles," *Acta Archaeologica Academiae Scientarum Hungaricae* 69 (2018): 271–298.

3. Kurt Lambeck et al., "Sea level and global ice volumes from the Last Glacial

Maximum to the Holocene," *PNAS* 111 (2014): 15296–15303; Stephen Shennan, *The First Farmers of Europe: An Evolutionary Perspective* (Cambridge University Press, 2018), 27–28.

4. Gary Rollefson and Ilse Kohler-Rollefson, "PPNC adaptations in the first half of the 6th millennium BC," *Paléorient* 19 (1993): 33–42.

5. Clark Larsen et al., "Bioarchaeology of Neolithic Çatalhöyük reveals fundamental transitions in health, mobility, and lifestyle in early farmers," *PNAS* 116 (2019): 12615–12623.

6. 参见 Nigel Goring-Morris and Anna Belfer-Cohen, "'Great Expectations,' or the inevitable collapse of the early Neolithic in the Near East," in Matthew S. Bandy and Jake R. Fox, eds., *Becoming Villagers: Comparing Early Village Societies* (University of Arizona Press, 2010), 62–77.

7. Nicolas Rascovan et al., "Emergence and spread of basal lineages of Yersinia pestis during the Neolithic decline," *Cell* 176 (2019): 295–305. Julian Susat et al., "A 5,000-year-old huntergatherer already plagued by Yersinia pestis," *Cell Reports* 35 (2021): 1092678, 作者声称鼠疫杆菌起源于新石器时代，具体年代大约在 7000 年前。

8. Arkadiusz Marciniak, "Çatalhöyük and the emergence of the late Neolithic network," in Maxime Brami and Barbara Horejs, eds., *The Central/Western Anatolian Farming Frontier: Proceedings of the Neolithic Workshop Held at 10th ICAANE in Vienna, April* 2016 (Austrian Academy of Sciences, 2019), 127–142; Ian Hodder, 出自 2021 年 5 月在澳大利亚国立大学召开的研讨会上的报告。

9. Katerina Douka et al., "Dating Knossos and the arrival of the earliest Neolithic in the southern Aegean," *Antiquity* 91 (2017): 304–321.

10. 安纳托利亚新石器时代生活方式的扩散详见 Mehmet Ozdogan, "Archaeological evidence on the westward expansion of farming communities from eastern Anatolia to the Aegean and the Balkans," *Current Anthropology* 52, suppl. 4 (2011): 397–413; Douglas Baird et al., "Agricultural origins on the Anatolian Plateau," *PNAS* 115 (2018): E3077–E3086; 又见 Brami and Horejs, *Central/Western Anatolian Farming Frontier* 一书中相关章节。

11. Marko Porcic et al., "Expansion of the Neolithic in southeastern Europe," *AAS*

13 (2021): 77.

12. Jerome Dubouloz, "Impacts of the Neolithic demographic transition on Linear Pottery Culture settlement," in Jean-Pierre Bocquet-Appel and Ofer Bar-Yosef, eds., *The Neolithic Demographic Transition and Its Consequences* (Springer, 2008), 208. 大屠杀证据详见 Mark Golitko and Lawrence Keeley, "Beating ploughshares back into swords: Warfare in the Linearbandkeramik," *Antiquity* 81 (2007): 332–343。

13. Stephen Shennan et al., "Regional population collapse followed initial agriculture booms in mid-Holocene Europe," *Nature Communications* 4 (2013): 2486; Andrew Bevan et al., "Holocene fluctuations in human population demonstrate repeated links to food production and climate," PNAS 114 (2017): E10524–10531. Shennan, *First Farmers of Europe* 也探讨了这些衰落现象。

14. Wolfgang Haak et al., "Massive migration from the steppe was a source for IndoEuropean languages in Europe," *Nature* 522 (2015): 207–211.

15. Krisztian Oross et al., "'It's still the same old story': The current southern Transdanubian approach to the Neolithisation process of central Europe," *Quaternary International* 560–561 (2020): 154–178.

16. Selina Brace et al., "Ancient genomes indicate population replacement in early Neolithic Britain," *Nature Ecology and Evolution* 3 (2019): 765–771.

17. Lia Betti et al., "Climate shaped how Neolithic farmers and European hunter-gatherers interacted," *Nature Human Behaviour* 4 (2020): 1004–1010.

18. Gulsah Kilinç et al., "The demographic development of the first farmers in Anatolia," *Current Biology* 26 (2016): 1–8; Mark Lipson et al., "Parallel palaeogenomic transects reveal complex genetic history of early European farmers," *Nature* 551 (2017): 369–372; Michal Feldman et al., "Late Pleistocene human genome suggests a local origin for the first farmers of central Anatolia," *Nature Communications* 10 (2019): 1218.

19. Iosif Lazaridis et al., "Genomic insights into the origin of farming in the ancient Near East," *Nature* 536 (2016): 419–424.

20. Gordon Hillman, "Late Pleistocene changes in wild plant-foods available to huntergatherers of the northern Fertile Crescent: Possible preludes to cereal

cultivation," in D. Harris, ed., *The Origins and Spread of Agriculture and Pastoralism in Eurasia* (UCL Press, 1996), 159–203.

21. 伊朗克尔曼沙赫省内甘吉·达列赫（Ganj Dareh）遗址内的建筑就是其中一例。"Architectural innovation and experimentation at Ganj Dareh, Iran," *World Archaeology* 21 (1990): 323–335.

22. Jean–François Jarrige, "Mehrgarh Neolithic," *Pragdhara* (Lucknow) 18 (2007–2008): 135–154.

23. Farnaz Broushaki et al., "Early Neolithic genomes from the eastern Fertile Crescent," *Science* 353 (2016): 499–503; Iain Mathieson et al., "The genomic history of southeastern Europe," *Nature* 555 (2018): 197–203.

24. Lazaridis et al., "Genomic insights"; C. Wang et al., "Ancient human genome–wide data from a 3000–year interval in the Caucasus," *Nature Communications* 10 (2019): 590.

25. Reyhan Yaka et al., "Variable kinship patterns in Neolithic Anatolia revealed by ancient genomes," *Current Biology* 11 (2021): 244–268.

26. Robin Coningham and Ruth Young, *The Archaeology of South Asia*: *From the Indus to Asoka, c.* 6500 *BCE*–200 *CE* (Cambridge University Press, 2015).

27. Dorian Fuller, "Finding plant domestication in the Indian subcontinent," *Current Anthropology* 52, suppl. 4 (2011): 347–362.

28. Vasant Shinde et al., "Ancient Harappan genome lacks ancestry from steppe pastoralists or Iranian farmers," *Cell* 179 (2019): 729–735. 戈诺尔遗址考古记录详见 Megan Gannon, "An oasis civilization rediscovered," *Archaeology* 74, no. 1 (2021): 40–47。

29. Gordon Childe, The Aryans (K. Paul, Trench, Trubner & Co., 1926); Marija Gimbutas, "Primary and secondary homelands of the Indo–Europeans," *Journal of Indo–European Studies* 13 (1985): 185–202; David Anthony, *The Horse, the Wheel, and Language*: *How Bronze–Age Riders from the Eurasian Steppes Shaped the Modern World* (Princeton University Press, 2007).

30. David Anthony, "Ancient DNA, mating networks, and the Anatolian split," in Matilde Serangeli and Thomas Olander, eds., *Dispersals and Diversification*: *Linguistic and Archaeological Perspectives on the Early Stages of Indo–*

European (Brill, 2020), 21–53.

31. Philip L. Kohl, *The Making of Bronze Age Eurasia* (Cambridge University Press, 2007).

32. Pablo Librado et al., "The origins and spread of domestic horses from the western Eurasian steppes," *Nature* 598 (2021): 634–640.

33. Jean Manco, *Ancestral Journeys: The Peopling of Europe from the First Venturers to the Vikings* (Thames and Hudson, 2013); Kristian Kristiansen et al., "Re-theorising mobility and the formation of culture and language among the Corded Ware culture in Europe," *Antiquity* 91 (2017): 334–347.

34. Hannes Schroeder et al., "Unravelling ancestry, kinship, and violence in a late Neolithic mass grave," *PNAS* 116 (2019): 10705–10710.

35. Iosif Lazaridis et al., "Genetic origins of the Minoans and Mycenaeans," *Nature* 548 (2017): 214–218; Mathieson et al., "Genomic history," 197–203; Florian Clemente et al., "The genomic history of the Aegean palatial civilizations," *Cell* 184, no. 10 (2021): 2565–2586.e21.

36. Cristina Valdiosera et al., "Four millennia of Iberian biomolecular prehistory," *PNAS* 115 (2018): 3428–3433; Daniel Fernandes et al., "The spread of steppe and Iranian-related ancestry in the islands of the western Mediterranean," *Nature Ecology and Evolution* 4 (2020): 334–345; Fernando Racimo et al., "The spatiotemporal spread of human migrations during the European Holocene," *PNAS* 117 (2020): 8989–9000.

37. Andaine Seguin-Orlando et al., "Heterogeneous hunter-gatherer and steppe-related ancestries in Late Neolithic and Bell Beaker genomes from present-day France," *Current Biology* 31 (2021): 1072–1083.

38. Helene Malström et al., "The genomic ancestry of the Scandinavian Battle Axe culture people," *Proceedings of the Royal Society of London, Series B: Biological Sciences* 286 (2019): 20191528.

39. Iñigo Olalde et al., "The Beaker phenomenon and the genomic transformation of northwest Europe," *Nature* 555 (2018): 190–196; Thomas Booth et al., "Tales from the supplementary information: Ancestry change in Chalcolithic-Early Bronze Age Britain was gradual with varied kinship organization," *Cambridge Archaeological Journal* 31, no. 3 (2021): 379–400.

40. Satya Pachori, *Sir William Jones*: *A Reader* (Oxford University Press, 1993), 175.

41. Nicholas Thomas et al., eds., *Observations Made during a Voyage around the World* (University of Hawai'i Press, 1996), 185.

42. 印欧诸语言概述参见 see Benjamin Fortson, *IndoEuropean Language and Culture*: *An Introduction* (Wiley Blackwell, 2011)。

43. J. P. Mallory and Victor Mair, *The Tarim Mummies*: *Ancient China and the Mystery of the Earliest Peoples from the West* (Thames and Hudson, 2000).

44. Harry Hoenigswald, "Our own family of languages," in A. Hill, ed., *Linguistics* (US Information Service, 1969), 67–80.

45. 形成这一状况的部分原因为，语言学家为划分各语言分支而深入研究印欧诸语言的特征，但是从这些特征的分布看，它们并无内在相关性和同一性。比如，名词的性别区分（可分为阴性，阳性和中性），形成动词时态的方式，"100"这一单词的发音（拉丁语为"centum"，古伊朗语则为"satem"），以及文化词汇的具体条目等的分布呈相互交错状态，而且分散在不同的语言分支之中。由于这些特征的分布太过复杂、混乱，所以无论使用什么样的统计数据，近期印欧谱系图的所有分类从内在关系上看都有明显差别。

46. Remco Bouckaert et al., "Mapping the origins and expansion of the Indo-European language family," *Science* 337, no. 6097 (2012): 957–960（又见本章图 10.1）。他们基于同源词汇进行数据计算，并依据计算结果得出推论：大约公元前 6500 年，印欧原始语系在安纳托利亚出现。后来他们又将这一年代更正为公元前 5500 年，修订说明详见 Remco Bouckaert et al., "*Corrections and clarifications*," Science 342 (2013): 1446。

47. Colin Renfrew, *Archaeology and Language*: *The Puzzle of Indo-European Origins* (Jonathan Cape, 1987).

48. 支持欧洲存在底层印欧语假说的观点参见 Bernard Mees, "A genealogy of stratigraphy theories from the Indo-European West," in Henning Andersen, ed., *Language Contacts in Prehistory*: *Language Contacts in Prehistory*: *Studies in Stratigraphy* (John Benjamins, 2003), 11–44。

49. 相关论述参见印欧语系起源研讨会论文集中的两章：the two chapters by Paul Heggarty, "Why Indo-European?," and "Indo-European and the

ancient DNA revolution," in Guus Kroonen et al., eds., *Talking Neolithic*: *Proceedings of the Workshop on Indo–European Origins Held at the Max Planck Institute for Evolutionary Anthropology, Leipzig, December 2–3*, 2013 (Institute for the Study of Man, 2018), 69–119, 120–173. 科学家采用遗传模拟方法进行研究，其结果表明，人们可能不是一次性完成从黑海大草原到欧洲中部的大规模迁移，而是持续不断、分期分批地进行。Jérémy Rio et al., "Spatially explicit paleogenomic simulations support cohabitation with limited admixture between Bronze Age Central European populations," *Communications Biology* 4 (2021): 1163. 另一组科学家则分析乙肝病毒古 DNA，其结果显示，造成该病毒在欧洲广泛传播的是新石器人类族群而非颜那亚人。Arthur Kocher et al., "Ten millennia of hepatitis B virus evolution," *Science* 374 (2021): 182–188.

50. Gimbutas, "Primary and secondary homelands."

51. Lara Cassidy et al., "A dynastic elite in monumental Neolithic society," *Nature* 582 (2020): 384–388.

52. 颜那亚人的牙垢上留下了他们食用奶制品的证据，详见 Shevan Wilkin et al., "Dairying enabled Early Bronze Age Yamnaya steppe expansions," *Nature* 598 (2021): 629–633。

53. Rascovan et al., "Emergence and spread"；Susat et al., "5,000–year–old hunter–gatherer."

54. 乌拉尔语系族群史前史参见 Vaclav Blazek, "Northern Europe and Russia: Uralic linguistic history," in Peter Bellwood, ed., *The Global Prehistory of Human Migration* (Wiley–Blackwell, 2015), 178–183.

55. Thiseas Lamnidis et al., "Ancient Fennoscandian genomes reveal origin and spread of Siberian ancestry in Europe," *Nature Communications* 9 (2018), article 5018。

56. Peter Damgaard et al., "The first horse herders and the impact of early Bronze Age steppe expansions into South Asia," *Science* 360 (2018): eaar7711; Vagheesh Narasimhan et al., "The formation of human populations in South and Central Asia," *Science* 365 (2019): eaat7487.

57. Asko Parpola, *The Roots of Hinduism*: *The Early Aryans and the Indus Civilization* (Oxford University Press, 2015).

58. Nils Riedel et al., "Monsoon forced evolution of savanna and the spread of agropastoralism in peninsular India," *Scientific Reports* 11 (2021): 9032.

59. Dorian Fuller, "South Asia: Archaeology," in Bellwood, *Global Prehistory*, 245–253.

60. Franklin Southworth and David McAlpin, "South Asia: Dravidian linguistic history," in Bellwood, *Global Prehistory*, 235–244.

61. Vishnupriya Kolipakam et al., "A Bayesian phylogenetic study of the Dravidian language family," *Royal Society Open Science* 5 (2018): 171504.

62. Franklin Southworth, *Linguistic Archaeology of South Asia* (Routledge Curzon, 2005).

63. Guillermo Algaze, *The Uruk World System: The Dynamics of Expansion of Early Mesopotamian Civilization* (University of Chicago Press, 2004).

第 11 章

1. 例如，在中国南部，科学家发现古 DNA 证据表明那里至少存在三个独立的旧石器人类族群。Tianyi Wang et al., "Human population history at the crossroads of East and Southeast Asia since 11,000 years ago," *Cell* 184 (2021): 3829–3841.

2. Murray Cox, "The genetic history of human populations in island Southeast Asia during the Late Pleistocene and Holocene," in Peter Bellwood, *First Islanders: Prehistory and Human Migration in Island Southeast Asia*, 107–116 (Wiley Blackwell, 2017).

3. Hirofumi Matsumura et al., "Craniometrics reveal two layers of prehistoric human dispersal in eastern Eurasia," *Scientific Reports* 9 (2019): 1451; Hirofumi Matsumura et al., "Female craniometrics support the 'two layer model' of human dispersal in eastern Eurasia," *Scientific Reports* 11 (2021): 20830.

4. Hugh McColl et al., "The prehistoric peopling of Southeast Asia," *Science* 361 (2018): 88–92; Mark Lipson et al., "Ancient genomes document multiple waves of migration in Southeast Asian prehistory," *Science* 361 (2018): 92–95; Melinda Yang et al., "Ancient DNA indicates human population shifts and admixture in northern and southern China," *Science* 369, no. 6501 (2020):

282–288; Chuan-chao Wang et al., "Genomic insights into the formation of human populations in East Asia," *Nature* 591 (2021): 413–419; Selina Carlhoff et al., "Genome of a middle Holocene hunter-gatherer from Wallacea," *Nature* 596 (2021): 543–547.

5. Martine Robbeets et al., "Triangulation supports agricultural spread of the Transeurasian languages," *Nature* 599 (2021): 616–621; Peter Bellwood, "Tracking the origin of Transeurasian languages," *Nature* 599 (2021): 557–558.

6. Chao Ning et al., "Ancient genomes from northern China," *Nature Communications* 11 (2020): 2700. 族群先分化、之后又发生基因混合，这种情况与第 8 章叙述的新月沃地史前史类似。

7. Martine Robbeets and Mark Hudson, "Archaeolinguistic evidence for the farming/language dispersal of Koreanic," *Evolutionary Human Sciences* 2 (2020): E52; Tao Li et al., "Millet agriculture dispersed from northeast China to the Russian Far East," *Archaeological Research in Asia* 22 (2020): 100177; Yating Qu et al., "Early interaction of agropastoralism in Eurasia," *AAS* 12 (2020): 195; Sarah Nelson et al., "Tracing population movements in ancient East Asia through the linguistics and archaeology of textile production," *Evolutionary Human Sciences* 2 (2020): E5.

8. Gary Crawford, "Advances in understanding early agriculture in Japan," *Current Anthropology* 52, suppl. 4 (2011): 331–345.

9. Rafal Gutaker et al., "Genomic history and ecology of the geographic spread of rice," *Nature Plants* 6 (2020): 492502.

10. Choongwon Jeong et al., "A dynamic 6,000-year genetic history of Eurasia's eastern steppes," *Cell* 183, no. 4 (2020): 890–904. 蒙古语族和通古斯语族祖先族群携带阿穆尔河流域遗传标记，参见 Wang et al., "Genomic insights"。

11. Chuan-chao Wang and Martine Robbeets, "The homeland of Proto-Tungusic inferred from contemporary words and ancient genomes," *Evolutionary Human Sciences* 2 (2020): E8.

12. Junzo Uchiyama et al., "Population dynamics in northern Eurasian forests," *Evolutionary Human Sciences* 2 (2020): E16.

13. Dominic Hosner et al., "Spatiotemporal distribution patterns of archaeological sites in China," *The Holocene* 26 (2016): 1576–1593.

14. Menghan Zhang et al., "Phylogenetic evidence for Sino–Tibetan origin in northern China in the late Neolithic," *Nature* 569 (2019): 112–115; Laurent Sagart et al., "Dated language phylogenies shed light on the ancestry of Sino–Tibetan," *PNAS* 116 (2019): 10317–10322; Hanzhi Zhang et al., "Dated phylogeny suggests early Neolithic origins of Sino–Tibetan languages," *Scientific Reports* 10 (2020): 20792.

15. Guiyun Jin et al., "The Beixin culture," *Antiquity* 94 (2020): 1426–1443.

16. Randy LaPolla, "The role of migration and language contact in the development of the SinoTibetan language family," in Alexandra Aikhenvald and Robert Dixon, eds., *Areal Diffusion and Genetic Inheritance*: *Problems in Comparative Linguistics* (Oxford University Press, 2001), 225–254.

17. Lele Ren et al., "Foraging and farming: Archaeobotanical and zooarchaeological evidence for Neolithic exchange on the Tibetan plateau," *Antiquity* 94: 637–652 (2020).

18. Ruo Li et al., "Spatio–temporal variation of cropping patterns in relation to climate change in Neolithic China," *Atmosphere* 11, no. 7 (2020): 677.

19. Ting Ma et al., "Holocene coastal evolution preceded the expansion of paddy field rice farming," *PNAS* 117 (2020): 24138–24143.

20. Zhang Chi and Hsiao–chun Hung, "Eastern Asia: Archaeology," in Peter Bellwood, ed., *The Global Prehistory of Human Migration* (Wiley, 2015), 209–216.

21. Matsumura et al., "Craniometrics reveal two layers."

22. Marc Oxenham et al., "Between foraging and farming," *Antiquity* 92 (2018): 940–957; Hsiao–chun Hung, "Prosperity and complexity without farming: The South China coast, c. 5000–3000 BC," *Antiquity* 93 (2019): 325–341.

23. 高庙遗址详情参见 Hirofumi Matsumura et al., "Mid–Holocene hunter–gatherers 'Gaomiao' in Hunan, China," in Philip Piper et al., eds., *New Perspectives in Southeast Asia and Pacific Prehistory* (Australian National University Press, 2017), 61–78. 曼北遗址详见 Marc Oxenham et al., *Man Bac: The Excavation of a Neolithic Site in Northern Vietnam* (Australian National

University Press, 2011); Lipson et al., "Ancient genomes"。

24. Tim Denham et al., "Is there a centre of early agriculture and plant domestication in southern China?," *Antiquity* 92 (2018): 1165–1179.

25. Wang et al., "Human population history"; Yang et al., "Ancient DNA."

26. Charles Higham, *Early Mainland Southeast Asia*: *From First Humans to Angkor* (River Books, 2014); Philip Piper et al., "The Neolithic of Vietnam," in Charles Higham and Nam Kim, eds., *The Oxford Handbook of Early Southeast Asia* (Oxford University Press, 2021), 194–215.

27. Zhenhua Deng et al., "Bridging the gap on the southward dispersal of agriculture in China," *AAS* 12 (2020): 151.

28. Ming–Shan Wang et al., "863 Genomes reveal the origin and domestication of chicken," *Cell Research* 30 (2020): 693–701.

29. Jade d'Alpoim Guedes et al., "3000 Years of farming strategies in central Thailand," *Antiquity* 94 (2020): 966–982.

30. Fiorella Rispoli, "The incised and impressed pottery of mainland Southeast Asia," East and West 57 (2007): 235–304. 这类陶器的图片参见 Bellwood, *First Islanders*, plates 6 and 7。

31. Weera Ostapirat, "Kra–Dai and Austronesian: Notes on phonological correspondences and vocabulary distribution," in Laurent Sagart et al., eds., *The Peopling of East Asia*: *Putting Together Archaeology*, *Linguistics and Genetics* (Routledge Curzon, 2005), 107–131; Jin Sun et al., "Shared paternal ancestry of Han, Tai–Kadai–speaking, and Austronesian–speaking populations," *AJPA* 174 (2020): 686–700.

32. Wang et al., "Genomic insights"; S. Wen et al., "Y–chromosome–based genetic pattern in East Asia affected by Neolithic transition," *Quaternary International* 426 (2016): 50–55.

33. Jim Goodman, *Delta to Delta*: *The Vietnamese Move South* (The Gioi, 2015).

34. Felix Rau and Paul Sidwell, "The Munda maritime hypothesis," Journal of the Linguistic Society of Southeast Asia 12 (2019): 35–57.

35. Kai Tätte et al., "The genetic legacy of continental scale admixture in Indian AustroAsiatic speakers," Scientific Reports 9 (2019): 3818.

36. 近期发表的南岛语系族群概况综述参见 Bellwood, *First Islanders*; Patrick

Kirch, *On the Road of the Winds*: *An Archaeological History of the Pacific Islands before European Contact*, rev. ed. (University of California Press [Berkeley], 2017); Mike Carson, *Archaeology of Pacific Oceania*: *Inhabiting a Sea of Islands* (Routledge, 2018); Peter Bellwood and Peter Hiscock, "Australia and the Pacific Islands," in Chris Scarre, ed., *The Human Past*: *World Prehistory and the Development of Human Societies*, 5th ed. (Thames and Hudson, 2022, in production)。

37. For Austronesian linguistic history, see Robert Blust, "The Austronesian homeland and dispersal," *Annual Review of Linguistics* 5 (2019): 417–434.

38. Kuo-Fang Chung, "Paper mulberry DNA attests Taiwan as Austronesian ancestral homeland," in *The Origins of the Austronesians* (Council of Indigenous Peoples, Taiwan, 2021), 157–197.

39. Christopher Buckley, "Looms, weaving and the Austronesian expansion," in A. Acri et al., eds., *Spirits and Ships*: *Cultural Transfers in Early Monsoon Asia* (Institute of Southeast Asian Studies, Singapore, 2017), 273–374.

40. Peter Bellwood, "Holocene population history in the Pacific region as a model for worldwide food producer dispersals," *Current Anthropology* 52, suppl. 4 (2011): 363–378; Peter Bellwood et al., "Are cultures inherited?," in Benjamin Roberts and Marc Vander Linden, eds., *Investigating Archaeological Cultures*: *Material Culture, Variability, and Transmission* (Springer, 2011), 321–354; Bellwood, *First Islanders*.

41. Victoria Chen et al., "Is Malayo-Polynesian a primary branch of Austronesian? A view from morphosyntax," *Diachronica*, in press.

42. Kai Tätte et al., "The Ami and Yami aborigines of Taiwan and their genetic relationship to East Asian and Pacific populations," *European Journal of Human Genetics* 29 (2021): 1092–1102; Jeremy Choin et al., "Genomic insights into population history and biological adaptation in Oceania," *Nature* 592 (2021): 583–589.

43. Mike Carson, *Archaeology of Pacific Oceania* (Routledge, 2018); I. Pugach et al., "Ancient DNA from Guam and the peopling of the Pacific," *PNAS* 118 (2021): e2022112118.

44. Pontus Skoglund et al., "Genomic insights into the peopling of the southwest

Pacific," *Nature* 538 (2016): 510–513.

45. Antoinette Schapper, "Farming and the Trans–New Guinea family," in Martine Robbeets and Alexander Savelyev, eds., *Language Dispersal beyond Farming* (John Benjamins, 2017), 155–182.

46. Mark Lipson et al., "Three phases of ancient migration shaped the ancestry of human populations in Vanuatu," *Current Biology* 30 (2020): 4846–4856.

47. Kirch, *On the Road of the Winds*; Alexander Ioannidis et al., "Paths and timings of the peopling of Polynesia inferred from genomic records," *Nature* 597 (2021): 522–526.

48. William Wilson, "The northern outliers–East Polynesian theory expanded," *Journal of the Polynesian Society* 127 (2018): 389–423.

49. Lipson et al., "Three phases of ancient migration."

50. Alexander Ioannidis et al., "Native Native American gene flow into Polynesia predating Easter Island settlement," *Nature* 583 (2020): 572–577; Thor Heyerdahl, *The Kon–Tiki Expedition: By Raft across the South Seas* (Allen and Unwin, 1950).

51. Cheng–hwa Tsang and Kuang–ti Li, *Archaeological Heritage in the Tainan Science Park of Taiwan* (National Museum of Prehistory, Taitung, 2015).

52. Zhenhua Deng et al., "Validating earliest rice farming in the Indonesian Archipelago," *Scientific Reports* 10 (2020): 10984.

53. Ornob Alam et al., "Genome analysis traces regional dispersal of rice in Taiwan and Southeast Asia," *Molecular Biology and Evolution*, 38 (2021): 4832–4846.

第 12 章

1. Roger Blench, *Archaeology, Linguistics and the African Past* (Altamira, 2006).

2. Alexander Militarev, "The prehistory of a dispersal: The Proto–Afrasian (Afro–Asiatic) farming lexicon," in Peter Bellwood and Colin Renfrew, eds., *Examining the Farming/Language Dispersal Hypothesis* (McDonald Institute, Cambridge University, 2002), 135–150.

3. Vaclav Blazek, "Levant and North Africa: Afro–Asiatic linguistic history,"

in Peter Bellwood, ed., *The Global Prehistory of Human Migration* (Wiley Blackwell, 2015), 125–132.

4. Aharon Dolgopolsky, "More about the Indo–European homeland problem," *Mediterranean Language Review* 6 (1993): 230–248.

5. Shyamalika Gopalan et al., "Hunter–gatherer genomes reveal diverse demographic trajectories following the rise of farming in East Africa," *bioRxiv* (2019), https://dx.doi.org/10.1101 /517730 (see their figure 1); Carina Schlebusch, "Population migration and adaptation during the African Holocene," in Yonatan Sahle et al., eds., *Modern Human Origins and Dispersal* (Kerns Verlag, 2019), 261–283. 最近，科学家对如今存活的族群进行遗传分类，将库希特语族、奥莫语族和乍得语族族群归入撒哈拉以南非洲的现代族群，把柏柏尔和闪语族群归入中东和欧洲族群。Pavel Duda and Jan Zrzavy, "Towards the global phylogeny of human populations based on genetic and linguistic data," in Sahle et al., *Modern Human Origins*, 331–359.

6. Verena Schuenemann et al., "Ancient Egyptian mummy genomes," *Nature Communications* 8 (2017): 15694.

7. Rosa Fregel et al., "Ancient genomes from North Africa," *PNAS* 115 (2018): 6774–6779.

8. Fiona Marshall and Lior Weisbrod, "Domestication processes and morphological change: Through the lens of the donkey and African pastoralism," *Current Anthropology* 52, suppl. 4 (2011): 397–414.

9. Carina Schlebusch et al., "Khoe–San genomes reveal unique variation and confirm the deepest population divergence in Homo sapiens," *Molecular Biology and Evolution* 37 (2020): 2944–2954.

10. Schlebusch, "Population migration and adaptation"; Ke Wang et al., "Ancient genomes reveal complex patterns of population movement, interaction and replacement in sub–Saharan Africa," *Science Advances* 6 (2020): eaaz0183. 过去，科伊科伊人被称为"霍屯督人"（Hottentots）。

11. Christopher Ehret, "Sub–Saharan Africa: Linguistics," in Bellwood, *Global Prehistory*, 96–106.

12. Sen Li et al., "Genetic variation reveals large scale population expansion and

migration during the expansion of Bantu-speaking peoples," *Proceedings of the Royal Society of London, Series B: Biological Sciences* 281 (2014): 20141448.

13. Ezequiel Koile et al., "Phylogeographic analysis of the Bantu language expansion supports a rainforest route," forthcoming in *PNAS*.（待出版）See also Koen Bostoen et al., "Middle to late Holocene paleoclimatic change and the early Bantu expansion," *Current Anthropology* 56 (2015): 327–353; Rebecca Grollemund et al., "Bantu expansion shows that habitat alters the route and pace of human dispersals," *PNAS* 112 (2015): 13296–13301; Etienne Patin et al., "Dispersals and genetic adaptation of Bantu-speaking populations in Africa and North America," *Science* 356 (2017): 543–546.

14. Peter Robertshaw, "Sub-Saharan Africa: Archaeology," in Bellwood, *Global Prehistory*, 107–114; Dirk Seidensticker et al., "Population collapse in Congo rainforests from 400 CE urges reassessment of the Bantu expansion," *Science Advances* 7 (2021): eabd8352.

15. Armando Semo et al., "Along the Indian Ocean coast: Genomic variation in Mozambique provides new insights into the Bantu expansion," *Molecular Evolution and Biology* 37, no. 2 (2019): 406–416; Ananyo Choudhury et al., "High-depth African genomes inform human migration and health," *Nature* 586 (2020): 741–748.

16. James Webb, "Malaria and the peopling of early tropical Africa," *Journal of World History* 16 (2005): 269–291.

17. 澳大利亚史前史参见 Peter Hiscock, *Archaeology of Ancient Australia* (Routledge, 2008)。托阿利安石器文化详见 Peter Bellwood, *First Islanders: Prehistory and Human Migration in Island Southeast Asia* (Wiley Blackwell, 2017), 155–159。

18. 有科学家提出，琢背石器的制造与 5000 年前至 4000 年前澳大利亚因厄尔尼诺（El Niño）现象而形成的干旱气候之间可能存在联系。Peter Hiscock, "Pattern and context in the Holocene proliferation of backed artifacts in Australia," in Robert Elston and Steven Kuhn, eds., *Thinking Small: Global Perspectives on Microlithization* (American Anthropological Association, 2002), 163–177.

19. Patrick McConvell, "Australia: Linguistic history," in Bellwood, *Global Prehistory*, 362– 368; Remco Bouckaert et al., "The origin and expansion of Pama–Nyungan languages across Australia," *Nature Ecology and Evolution* 2 (2018): 741–749.

20. Peter Sutton, "Small language survival and large language expansion on a hunter–gatherer continent," in Tom Güldemann et al., eds., *The Language of Hunter–Gatherers* (Cambridge University Press, 2020), 356–391.

21. Arman Ardalan et al., "Narrow genetic basis for the Australian dingo," Genetica 140 (2012): 65–73. 澳大利亚土犬到达澳大利亚的年代参见 Jane Balme et al., "New dates on dingo bones from Majura cave provide oldest firm evidence for arrival of the species in Australia," *Scientific Reports* 8 (2018): 9933。

22. Loukas Koungoulos and Melanie Fillios, "Hunting dogs down under?," *Journal of Anthropological Archaeology* 58 (2020): 101146.

23. Ray Wood, "Wangga," *Oceania* 88 (2018): 202–231.

24. Tim Denham et al., "Horticultural experimentation in northern Australia reconsidered," *Antiquity* 83 (2009): 634–648.

25. Peter Bellwood, *First Migrants*: *Ancient Migration in Global Perspective* (Wiley Blackwell, 2013).

26. Ray Tobler et al., "Aboriginal mitogenomes reveal 50,000 years of regionalism in Australia," *Nature* 544 (2017): 180–184.

27. Manfred Kayser et al., "Independent histories of human Y chromosomes from Melanesia and Australia," *American Journal of Human Genetics* 68 (2001): 173–190.

28. Anna–Sapfo Malaspinas et al., "A genomic history of Aboriginal Australia," Nature 538 (2016): 207–214.

29. 许多澳大利亚读者会意识到，最近几年，科学家围绕这一问题争论不休：史前时期的澳大利亚原住民是否从事类似于农耕的活动。参见 Bill Gammage, *The Biggest Estate on Earth*: *How Aborigines Made Australia* (Allen & Unwin, 2011); Bruce Pascoe, *Dark Emu*: *Aboriginal Australia and the Birth of Agriculture* (Magabala Books, 2018); Peter Sutton and Keryn Walshe, *Farmers or Hunter–Gatherers? The Dark Emu Debate* (Melbourne

University Press, 2021). 据我所知，并无证据表明，史前澳大利亚人曾从事农耕活动（以我在本书第 7 章中提出的定义为衡量标准）。参见我为 Sutton and Walshe 2021 写的书评：*Oceania* 91 (2021): 375–376。

30. Sutton and Walshe, *Farmers or Hunter–Gatherers?*

31. Grover Krantz, "On the nonmigration of hunting peoples," *Northwestern Anthropology Research Notes* 10 (1976): 209–216.

32. Douglas Kennett et al., "South–to–north migration preceded the advent of intensive farming in the Maya Region," *Nature Communications*, in press (2021); Keith M. Prufer et al., "Terminal Pleistocene through Middle Holocene occupations in southeastern Mesoamerica," *Ancient Mesoamerica* 32 (2021): 439–460. 在此鸣谢大卫·赖克和基斯·普吕弗（Keith Prufer）就这一重要研究开展的讨论。

33. 参见如下专著的相关章节以及书中的参考书目：Peter Bellwood, *First Farmers: The Origins of Agricultural Societies* (Blackwell, 2005); Bellwood, *First Migrants*; and Bellwood, *Global Prehistory*. 又见 Robert Walker and Lincoln Ribeiro, "Bayesian phylogeography of the Arawak expansion in lowland South America," *Proceedings of the Royal Society of London, Series B: Biological Sciences* 278 (2011): 2562–2577; Jose Iriarte et al., "The origins of Amazonian landscapes," *QSR* 248 (2020): 106582。

34. Paul Heggarty and David Beresford–Jones, "Agriculture and language dispersals," *Current Anthropology* 51 (2010): 163–192.

35. Matthew Napolitano et al., "Reevaluating human colonization of the Caribbean," *Science Advances* 5 (2019): eaar7806; Daniel Fernandes et al., "A genetic history of the pre–contact Caribbean," *Nature* 590 (2021): 103–110.

36. Stuart Fiedel, "Are ancestors of contact period ethnic groups recognizable in the archaeological record of the Early Lake Woodland?," *Archaeology of Eastern North America* 41 (2013): 221–229.

37. Jane Hill, "Proto–Uto–Aztecan as a Mesoamerican language," *Ancient Mesoamerica* 23 (2012): 57–68.

38. Volume 23, no.1 of *Archaeology Southwest Magazine* (Center for Desert Archaeology, 2009, https://www.archaeologysouthwest.org/pdf/arch–sw–v23–

no1.pdf) 详细介绍了这些考古发现。Also see James Vint and Jonathan Mabry, "The Early Agricultural period," in Barbara Mills and Severin Fowles, eds., *The Oxford Handbook of Southwest Archaeology* (Oxford University Press, 2017), 247–264.

39. Rute Da Fonseca et al., "The origin and evolution of maize in the Southwestern United States," *Nature Plants* 1 (2015): 14003.

40. Victor Moreno–Mayar et al., "Early human dispersals within the Americas," *Science* 362 (2018): eaav2621; Jane Hill, "Uto–Aztecan hunter–gatherers," in Güldemann et al., *Language of Hunter–Gatherers*, 577–604.

致　谢

　　首先，感谢我的妻子克劳迪亚·莫里斯（Claudia Morris）。本书创作过程中，她一直承担大部分的编辑工作，而且督促我按计划完成书稿。诸位同仁和我探讨过书中具体问题，在此也一并致谢：黛比·阿古、凯瑟琳·巴罗利亚（Katharine Balolia）、默里·考克斯（Murray Cox）、诺琳·克莱蒙·陶巴德（Noreen Cramon-Taubadel）、诺曼·哈蒙德（Norman Hammond）、保罗·海葛迪（Paul Heggarty）、马克·哈德森（Mark Hudson）、菲利普·派珀（Philip Piper）、科斯莫·波斯特（Cosimo Posth）、基斯·普吕弗（Keith Prufer）、大卫·赖克、马丁·罗贝兹、保罗·西德维尔、蓬托斯·斯科格伦德（Pontus Skoglund）、克里斯·斯特林格和彼得·萨顿。他们未必全都同意我在书中提出的观点，我也期待着和他们展开更深入的讨论。感激菲利普·派珀拨冗通读书稿，凯瑟琳·巴罗利亚检阅前四章。感谢澳大利亚国立大学的玛姬·奥托的鼎力相助，精心制作书中的文物和颅骨照片。本书大部分内容于新冠疫情期间完成，感激各位同仁克服困难，和我面对面地讨论问题。

　　我使用各种不同的线上资源核对参考文献，迅速查阅资料，如果不在此表示感激，未免有失公允：Academia、Google Scholar 和 Wikipedia 都有海量可靠资源，为学术研究提供便利。当然，我的主要研究工作依然在线下完成，我所在的单位即澳大利亚国立大学图书馆馆藏丰富，我能在那里查阅资料。本书每一章结尾处都以注释的形式，列出了引用文献的出处。大部分图表都由我本人使用 Adobe Illustrator 软件（2020 版本）制作，用作背景的世界地图则于

2012 年由澳大利亚国立大学亚太研究学院 CartoGIS Services 为我提供。考古遗址照片大多由我本人拍摄，如果系他人提供，文中也会标明来源。

我还要感谢负责本书制作出版的美国团队：我的作品代理人纽约莱文·格林伯格·罗斯坦作品代理公司（Levine Greenberg Rostan Literary Agency）的詹姆斯·A. 莱文（James A. Levine），普林斯顿大学出版社的艾莉森·卡莱特（Alison Kalett）、哈莉·谢弗（Hallie Schaeffer）、伊丽莎白·伯德（Elizabeth Byrd）和迪米特里·卡列特尼科夫（Dimitri Karetnikov）以及威斯特切斯特出版公司（Westchester Publishing Services）的约翰·多诺霍（John Donohue）和薇姬·威斯特（Vickie West）。

译后记

本书介绍从猿人到农业兴起这段时间的人类历史。历史总是会吸引人，因为面向普通读者撰写历史书籍的成功作者，往往是卓越的说书人，当年明月、易中天等人就是其中翘楚。但问题在于，如果历史过于久远，我们又如何知道曾在地球上发生的故事？

本书告诉我们，只有开展多学科研究，才能越过时间的阻隔，空间的变换，窥见上古历史的面貌，其中核心就是考古学、古人类学、遗传学和比较语言学。科学家在化石、人类 DNA 和语言中寻找点滴证据，再像拼图一样，拼接出上古人类历史概况。

找寻的过程历尽艰辛，但是对于真正的科学家而言，这无异于寻宝探险，不仅目标充满诱惑，过程同样精彩。问题是，科学家如何面向普通人传播科学？

本书是作者科普方面的处女作，即使他尽力照顾我们的非专业背景和有限的知识水平，但是本书读上去，依然没有那么"通俗易懂"。好在身为译者的我，和读者的距离更近，和作者的距离甚远，算是起到了桥梁作用。

作者在自己的专业领域纵横捭阖，在广袤的时空中任意遨游，所到之处，无论化石、基因，还是语言，都信手拈来，头头是道。而本人由于知识储备不足，阅读的时候常有疑问，和语言本身并无关系，主要是缺乏背景知识，理解起来就容易产生偏差。

于是我把所有存疑之处，详细地标出页码，把原文和我的理解写出来，整理成电邮发给作者。作者火速回信，一一答疑，在此深表感谢。

　　白居易写诗之后，要读给老婆婆听，确保诗句浅白易懂。而我不仅忝列译者之中，更是充当了"白居易的老婆婆"这一角色，希望这本书因此能够被更多非专业读者接受并喜爱，因为它真的值得。

顾捷昕

2024 年 2 月 1 日